■ UDP 表頭的格式（本書第 260 頁）

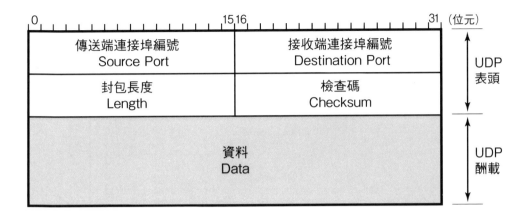

■ TCP 表頭的格式（本書第 262 頁）

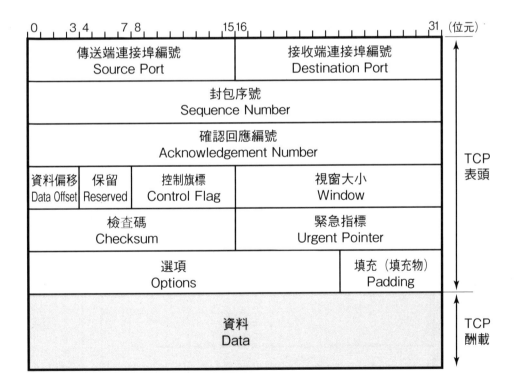

■ IPv4 表頭的格式（本書第 176 頁）

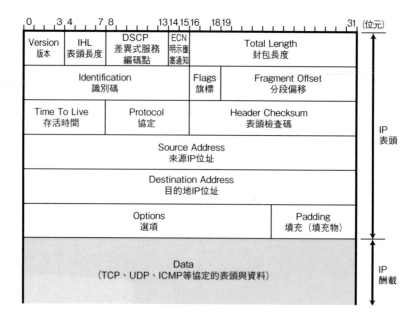

■ IPv6 表頭的格式（本書第 182 頁）

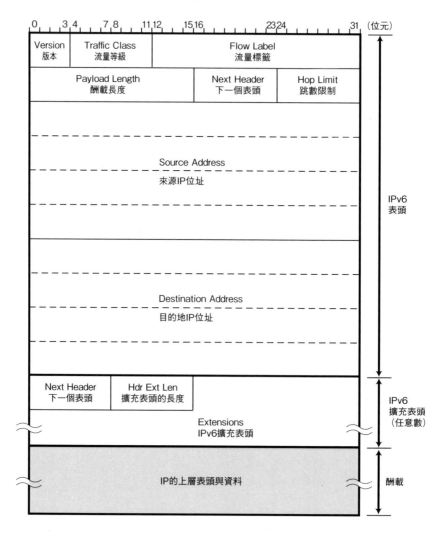

■ IP 位址的結構（本書第 155 ～ 157 頁）

例）假設 172.20.100.52 的前 26 位元是網路位址

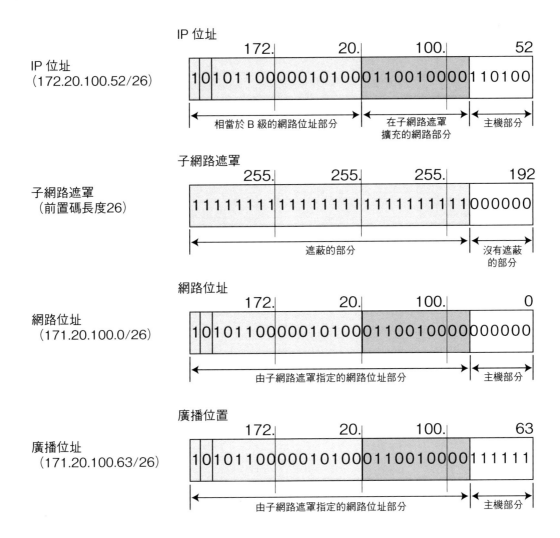

■ IPv6 位址的結構（本書第 174 頁）

未定義	0000 ... 0000（128 位元）	::/128
回送位址	0000 ... 0000（128 位元）	::1/128
唯一本地位址	1111 110	FC00::/7
連結本地單播位址	1111 1110 10	FE80::/10
群播位址	1111 1111	FF00::/8
全球單播位址	（其他全部）	

■ 具有代表性的 RFC（本書第 68 頁）

* 到 2019 年 10 月為止

協定	STD	RFC	狀態
IP（版本 4）	STD5	RFC791, RFC919, RFC922	標準
IP（版本 6）	STD86	RFC8200	標準
ICMP	STD5	RFC792, RFC950, RFC6918	標準
ICMPv6	-	RFC4443, RFC4884	標準
ARP	STD37	RFC826, RFC5227, RFC5494	標準
RARP	STD38	RFC903	標準
TCP	STD7	RFC793, RFC3168	標準
UDP	STD6	RFC768	標準
IGMP（版本 3）	-	RFC3376, RFC4604	提案標準
DNS	STD13	RFC1034, RFC1035, RFC4343	標準
DHCP	-	RFC2131, RFC2132	草案標準
HTTP（版本 1.1）	-	RFC2616, RFC7230	提案標準
SMTP	-	RFC821, RFC2821, RFC5321	草案標準
POP（版本 3）	STD53	RFC1939	標準
FTP	STD9	RFC959, RFC2228	標準
TELNET	STD8	RFC854, RFC855	標準
SSH	-	RFC4253	提案標準
SNMP	STD15	RFC1157	歷史性
SNMP（版本 3）	STD62	RFC3411, RFC3418	標準
MIB-II	STD17	RFC1213	標準
RMON	STD59	RFC2819	標準
RIP	STD34	RFC1058	歷史性
RIP（版本 2）	STD56	RFC2453	標準
OSPF（版本 2）	STD54	RFC2328	標準
EGP	STD18	RFC904	歷史性
BGP（版本 4）	-	RFC4271	草案標準
PPP	STD51	RFC1661, RFC1662	標準
PPPoE	-	RFC2516	資料
MPLS	-	RFC3031	提案標準
RTP	STD64	RFC3550	標準
對主機的安裝要求	STD3	RFC1122, RFC1123	標準
對路由器的安裝要求	-	RFC1812, RFC2644	提案標準

圖解

TCP/IP

網路通訊協定　涵蓋IPv6

2021修訂版

井上 直也・村山 公保・竹下 隆史・荒井 透・苅田 幸雄 合著

吳嘉芳 譯

Original Japanese Language edition

MASTERING TCP/IP NYUMON-HEN (DAI 6 HAN)

by Naoya Inoue, Yukio Murayama, Takafumi Takeshita, Toru Arai, Yukio Karita

Copyright © Naoya Inoue, Yukio Murayama, Takafumi Takeshita, Toru Arai, Yukio Karita 2019

Published by Ohmsha, Ltd.

Traditional Chinese translation rights by arrangement with Ohmsha, Ltd.

through Japan UNI Agency, Inc., Tokyo

Complex Chinese Character translation copyright © 2021 by GOTOP INFORMATION INC.

序

資訊社會這個名詞相信大家都耳熟能詳。現在，我們在任何角落都可以利用行動電話等資訊設備來進行各種資料交換。實現這種通訊的環境稱作網路，而目前網路最常使用的通訊方法（協定）就是 TCP/IP。

在 TCP/IP 出現之前，網路主要是為了在有限設備之間，交換有限的訊息而開發的手法。不僅可連線的設備有限，用法也有限制，與現在的網路相比，並不方便。在這種背景下，為了能更自由、輕易連接大量設備，才開發出 TCP/IP。

如今，除了電腦之外，車子、相機、家電產品等也可以使用 TCP/IP 連線。電腦系統的虛擬化、雲端等結構也都把 TCP/IP 當作核心網路技術。隨著 IoT（Internet of Things）的普及，現在使用 TCP/IP 的網路已經運用在各種設備控制或資料傳輸上，進化成為重要的社會基礎。

可是，伴隨著網路的發展與普及，衍生出許多課題。為了因應使用者急速增加與使用方法的多樣化，瞬間且有效率地處理大量資料，而需要一個複雜的網路結構。除此之外，還要在網路上執行精密的路由控制。這些課題衍生出必須更新能符合市場需求的網路設備、開發可以輕鬆穩定運用複雜網路的應用工具，以及瞭解並妥善運用網路技術等需求。

在運用方面也有值得探討的課題。在現在的網路中，不論是否刻意，都發生過因為錯誤操作或行為，對其他網路使用者帶來重大影響的案例。不僅出現以竊盜、詐騙為目的的網站，甚至還發生故意竄改或洩漏資料等預謀犯罪的情況。過去是基於人性本善的概念，讓有限的使用者運用網路，如今必須提高網路使用者的道德標準，不瀏覽可疑網頁，避免使用不明應用程式。

供應面所面臨的挑戰是得隨時執行最新的資安對策，預防出現故障，以及發生問題時，採取能盡量避免影響使用者，或把傷害降到最低的策略，防止犯罪，並進行追蹤。

如果想解決這些問題，建構並維持安心、安全的網路，瞭解 TCP/IP 是不可或缺的重要關鍵，本書的目的就是要幫助你瞭解 TCP/IP 的基本技術。

作者筆

關於第六版的修訂內容

本書於 1994 年 6 月出版《マスタリング TCP/IP 入門編》，1998 年 5 月出版《マスタリング TCP/IP 入門編 第 2 版》，2002 年出版《マスタリング TCP/IP 入門編 第 3 版》，2007 年 2 月出版《マスタリング TCP/IP 入門編 第 4 版》，2012 年 2 月出版《マスタリング TCP/IP 入門編 第 5 版》，這次修訂是第 6 版。

這本書在 1994 年出版，當時電腦網路、網際網路、TCP/IP 並沒有這麼普遍。之後在普及時期，重視的是「該怎麼做才能沒有限制又方便」。可是，現今電腦網路、網際網路變得十分廣泛普遍，在重要性與日俱增的同時，也從「單純的連線」演變成強烈要求「安全的連線」、「安全使用」了。

電腦網路、網際網路並非是未完成品，而是陸續有各式各樣新的需求及服務不斷產生。今後應該會朝著多樣化、複雜化的方向持續發展下去。支援電腦網路及網際網路的 TCP/IP 也是一樣的道理，符合使用者需求的新技術一定會源源不絕地問世。

因此，這本書維持了和前面版本一樣的方針與方向，配合網際網路及社會狀況的變化，更新內容之後，推出了第 6 版。

目錄

第 2 章　TCP/IP 的基礎知識　　　　　　　　　　61

第 3 章　資料連結　　　　　　　　　　　　　　　　91

第1章

網路的基礎知識

本章整理了學習 TCP/IP 的必備基礎知識，說明電腦與網路的發展歷史及標準化、OSI 參考模型、瞭解網路所應具備的概念、構成網路的設備等。

7 應用層 （Application Layer）	〈應用層〉 TELNET, SSH, HTTP, SMTP, POP, SSL/TLS, FTP, MIME, HTML, SNMP, MIB, SIP, …
6 表現層 （Presentation Layer）	
5 交談層 （Session Layer）	
4 傳輸層 （Transport Layer）	〈傳輸層〉 TCP, UDP, UDP-Lite, SCTP, DCCP
3 網路層 （Network Layer）	〈網路層〉 ARP, IPv4, IPv6, ICMP, IPsec
2 資料連結層 （Data-Link Layer）	乙太網路、無線網路、PPP、… （雙絞線、無線、光纖、…）
1 實體層 （Physical Layer）	

1.1　電腦網路的歷史背景

1.1.1　電腦的普及與多元化

電腦對我們的社會與生活而言，帶來了無法衡量的影響。有人說「電腦是 20 世界最大的發明」，的確如此，電腦確實運用在各種領域。在辦公室、工廠、學校、教育機構、研究所等地，理所當然地導入電腦，就連一般住家，擁有個人電腦也變得十分尋常。隨身攜帶筆記型電腦、平板電腦、行動裝置▼的人也愈來愈多。此外，乍看之下，似乎與電腦無關的家電產品、音樂播放器、辦公設備、汽車等，現在也都普遍與電腦結合。在我們沒有特別意識到的情況下，已經自然而然接觸到電腦，而這些電腦多數都具備透過網路來通訊的功能。

電腦問世到現在，已經進行了各種進化及發展，推出了大型電腦▼、超級電腦▼、迷你電腦▼、個人電腦▼、工作站、筆記型電腦、智慧型手機等各式各樣的電腦。功能不斷提升，價格卻逐年下降，體積也變得愈來愈輕巧。

1.1.2　從單機模式到網路模式

以前電腦都是獨立運作，這種使用型態稱作單機模式▼。

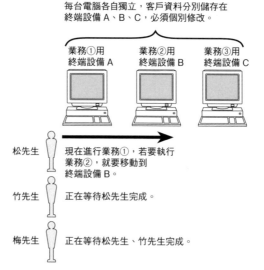

每台電腦各自獨立，客戶資料分別儲存在終端設備 A、B、C，必須個別修改。

業務①用　終端設備 A　　業務②用　終端設備 B　　業務③用　終端設備 C

松先生　　現在進行業務①，若要執行業務②，就要移動到終端設備 B。

竹先生　　正在等待松先生完成。

梅先生　　正在等待松先生、竹先生完成。

圖 1-2
以網路模式使用電腦
的狀態

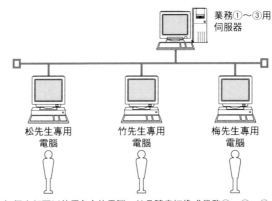

業務①～③用
伺服器

松先生專用
電腦

竹先生專用
電腦

梅先生專用
電腦

每個人都可以使用各自的電腦，並且隨意切換成業務①、②、③，
共用資料還能利用伺服器來進行統一管理。

▼ LAN
（Local Area Network）

區域網路。在一個區域、一
棟建築物，或一個校園等狹
窄區域中的網路。

▼ WAN
（Wide Area Network）

廣域網路。可以擴及到地
理性範圍廣大的網路。比
WAN 還窄的都會等級網路
也稱作 MAN（Metropolitan
Area Network）都會區域網
路。

可是，隨著電腦技術的提升而開發出多台電腦相互連接的電腦網路，不
再以單機模式獨立使用。多台電腦彼此串連，將可以在多台電腦之間共
用儲存於每台電腦中的資料，或瞬間將資料傳送到遠端的電腦。

電腦網路依照網路的規模，可以分成 LAN▼及 WAN▼等種類。

圖 1-3
LAN

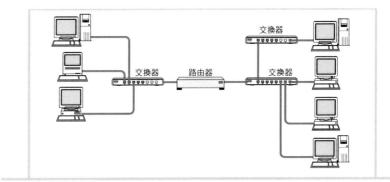

交換器　　路由器　　交換器

在一棟建築物或大學校園等有限狹窄範圍內的網路。

圖 1-4
WAN

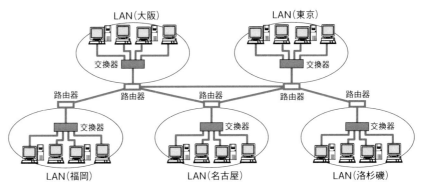

LAN（大阪）　　　　　　LAN（東京）

交換器　　　　　　　　　　交換器

路由器　　路由器　　路由器　　路由器　　路由器

交換器　　　　　交換器　　　　　交換器

LAN（福岡）　　　　LAN（名古屋）　　　　LAN（洛杉磯）

連接遙遠地區的電腦或各個LAN的網路。

▼ 1.1.3　從電腦通訊到資訊通訊環境

初期的電腦網路是由管理者將特定的電腦連接在一起。換句話說，就是形成了　種私有網路（Private Network）。例如，同公司或研究所的電腦，或有生意往來的特定企業電腦彼此連接。

由於這些私有網路彼此相連的情況變得熱絡，而當作公共網路來使用網際網路，讓網路的使用環境產生了戲劇性的變化。

連上網際網路之後，不只公司或組織內的電腦，所有連接網際網路的電腦都可以進行通訊。網際網路彌補了一直以來我們使用電腦、郵件、傳真等聯絡方式的缺點，並且更加方便，因而受到多數人的認同。

正因為建構出稱作網際網路的世界級電腦網路，並且變得普及，還能連接各式各樣的通訊設備，才形成了現在的綜合性資料通訊環境。

▼ 1.1.4　電腦網路的功用

電腦網路的功用就像人類的神經。好比身體的所有資料是透過神經傳達給人腦，世界上的資料是透過網路傳送到你的電腦中。

由於網際網路的爆發性普及，資訊網路成為我們生活中不可缺少的工具。社團或學校的同學之間，製作郵寄清單▼、網頁、電子佈告欄等，藉此通知開會或聯絡事項，透過部落格▼、聊天室、即時聊天系統、社群媒體▼等交換訊息的情況也增加了。

今後，網路更加進步之後，應該會變成和我們呼吸空氣一樣自然，甚至不會特別意識到網路的存在。

資訊網路與我們的生活息息相關。可是，在不久之前，不要說網路，甚至電腦都還是我們一般人無法輕易使用的稀有產品。

▼郵寄清單
（Mailing List）
列出所有電子郵件，類似通訊錄的清單。將電子郵件傳送給郵寄清單上的收件者，所有在上面註冊了電子郵件的成員，都會收到該封電子郵件。

▼部落格
（blog, weblog）
使用者就像在寫日記，可以輕易更新內容，提供以文字為主的網頁或服務。

▼社群媒體（SNS, Social Networking Service）
透過關心的事物、活動、日常言論、作品等，在網路上建立個人或團體社群，提供支援服務的結構。

1.2 電腦與網路發展的七個階段

電腦與網路到目前為止，經過了何種發展？在思考本書的主題 TCP/IP 之前，絕對不能忽略了電腦與網路的發展。瞭解了兩者的發展歷史與現狀，即可明白 TCP/IP 的重要性。

以下將簡單介紹電腦的演進與網路相關的歷史。從電腦廣泛運用於全球的 1950 年代開始，到目前為止，電腦使用型態的變遷大致可以分成七大階段。

▼ 1.2.1 批次處理

若要讓多數人可以使用電腦，就需要有執行批次處理（Batch Processing）的電腦。所謂的批次處理是指，對要執行的程式或資料等進行統一處理。先將程式或資料記錄在卡片或磁帶上，再依序匯入電腦中，統一進行處理。

當時的電腦非常昂貴且巨大，所以一般辦公室不可能導入這種電腦。通常電腦是放在專門管理或運用電腦的計算機中心，使用者若想寫程式或處理資料，就得拿著輸入程式或資料的卡片或磁帶，前往計算機中心。

圖 1-5
批次處理

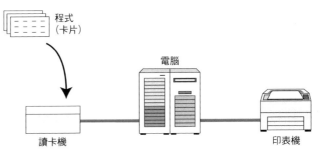

記錄在卡片中的程式，透過讀卡機輸入電腦。
由電腦負責處理，幾個小時之後，印表機會輸出結果。

此時的電腦操作非常複雜。並非每個人都能輕鬆學會，執行程式時，要交給專門的操作人員負責。如果需要花費一段時間才能輸出處理結果，或使用者眾多無法馬上執行程式時，就得過幾天，再到計算機中心取回結果。

在批次處理的時代，電腦是用來執行大規模運算或處理的設備，感覺不是很方便，也不是任何人都可以輕易使用。

1.2.2 分時系統

▼TSS
（Time Sharing System）

▼終端設備
具有鍵盤及螢幕的輸出入裝置。最初還包括打字機。

繼批次處理之後，在 1960 年代出現了分時系統（TSS▼）。TSS 是在一台電腦連接多台終端設備▼，多位使用者可以同時使用電腦的系統。當時的電腦價格非常昂貴，根本不可能一人使用一台專用電腦。可是，TSS 出現之後，利用虛擬方式，可以達到一人一機的目標，每台設備的使用者會感覺到「自己像擁有一台專用電腦」，這就是 TSS 的特色。

圖 1-6
分時系統（TSS）

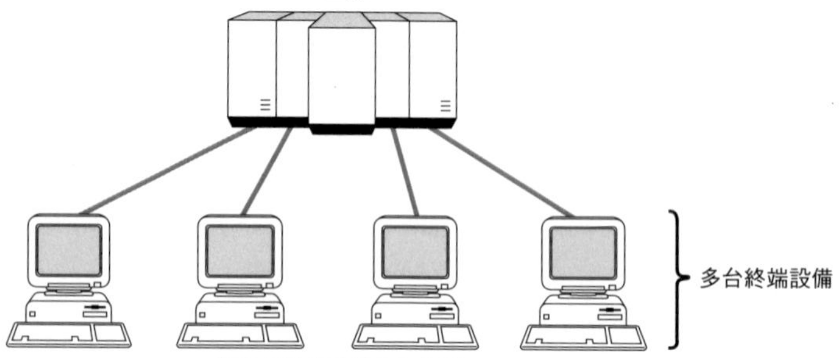

▼這是指使用者每次給予指示時，電腦處理之後再傳回結果。在現代電腦中，這是非常普通的操作方法。但是在分時系統出現之前，無法達到這種操作。

▼BASIC（Beginner's All purpose Symbolic Instruction Code）
這是 1965 年，由美國達特茅斯學院的 Kemeny 與 Kutz 發表的程式語言。原本是為了讓初學者在分時系統中使用而開發的語言，由於非常簡單易懂，所以初期的電腦都會安裝這種語言。

▼星型
星星形狀。在＊的中心有台電腦，周圍以網路線連接其他設備，形成星型。

分時系統（TSS）出現之後，大幅提升了電腦的方便性。尤其最重要的是，可以進行互動式（對話性）操作▼，因此讓電腦變得愈來愈人性化。

此外，還開發出像 BASIC▼這種能與電腦對話的程式語言。在此之前使用的 COBOL 或 FORTRAN 等語言，是以批次處理為前提而開發的。BASIC 屬於重視分時系統的初學者使用的程式語言，主要是為了讓更多人學習程式設計而開發的。

分時系統出現之後，造就了使用者可以直接操作電腦的環境。在分時系統中，電腦與設備之間，通訊線路連接成星型▼。此時，「網路（通訊）」與「電腦」開始連接。另外，小型的迷你電腦也在此時登場，辦公室及工廠等開始逐步導入電腦。

◢ 1.2.3　電腦之間的通訊

圖 1-7
電腦之間的通訊

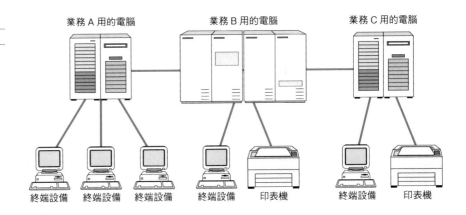

在分時系統中，只用線路將電腦與終端設備連接起來，不代表電腦與電腦之間已經相連。

到了 1970 年代，電腦的效能大幅提升，體積小型化，價格也變得非常便宜。因此，不僅研究機構，就連一般企業也因為使用電腦處理公司內部事務的需求提高，而開始導入電腦。為了用電腦提高工作效率，衍生出讓電腦彼此通訊的技術。

▼外部儲存媒體
這是指可以從儲存資料的電腦中，取下或插入的插拔式設備。過去使用的是磁帶、磁碟片，現在大部分用的是 CD/DVD 及 USB 隨身碟等電子式媒體。

在此之前，要將一台電腦中的資料移動到其他電腦時，必須將資料暫存在磁帶或磁碟片等外部儲存媒體▼中，再以物理方式傳送資料。不過，當電腦之間的通訊技術開發出來後，只要用通訊線路連接各個電腦，就可以瞬間傳送資料，而大幅縮短了傳送資料的時間與步驟。

在電腦之間可以互相通訊的技術出現之後，提高了電腦的便利性。不再只能以一台電腦來統一處理資料，而可以由多台電腦進行分散處理，再整合所有結果。

過去一家公司只有一台電腦的情況，變成以部門或營業據點為單位來導入電腦。部門內的資料可以直接處理，再透過通訊網路，將最後的結果傳送回總部。

此後，開始能建構出配合使用者的目的或規模的靈活系統，讓電腦更貼近我們的生活。

◤ 1.2.4　電腦網路的出現

圖 1-8
電腦網路
（1980 年代）

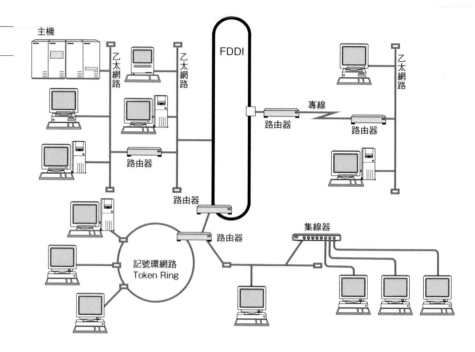

在 1970 年代初期，開始利用封包交換技術進行電腦網路的實驗，研究不同品牌的電腦之間，也可以彼此通訊的技術。到了 1980 年代，出現了可以讓各種電腦互相連接的電腦網路。從超級電腦或主機等大型電腦到小型的個人電腦，各式各樣的電腦都能透過網路彼此相連。

▼視窗系統
（Window System）
在電腦畫面上，可以開啟多個視窗的系統。代表性的系統包括 UNIX 機器常用的 X Window System 及 Microsoft 的 Windows、Apple 的 macOS。依照各個視窗區隔多個程式，可以依序切換執行。

電腦的發展與普及，讓網路成為我們生活的一部分。尤其視窗系統▼出現之後，對使用者來說，網路變得更方便。使用視窗系統，不僅可以同時執行大量程式，還能一邊切換、一邊操作。例如，利用工作站建立文件、登入主機、執行程式、從資料庫伺服器下載必要的資料、透過電子郵件與遠距離對象通訊往來，這些工作都可以同時執行。視窗系統與網路結合，讓我們可以待在自己的電腦桌前，暢遊在電腦網路之中，使用散布在各地的電腦資源。

圖 1-9
視窗系統的出現與電
腦網路

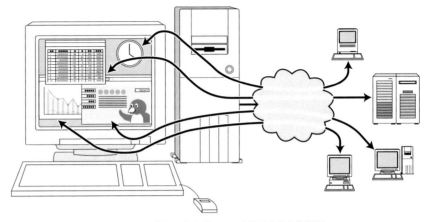

視窗系統的出現，使得一台電腦可以同時使用大量網路資源。

1.2.5　網際網路的普及

在 1990 年代初期，致力於資料處理的企業或大學，造就了一人一台電腦，使用者可使用專用電腦的環境。此外，組織精簡、連接多供應商▼（不同機種之間相互連接）等名詞在當時曾經非常流行。組織精簡、連接多供應商主要是為了讓不同品牌的電腦彼此相連，建構出經濟實惠的系統。而連接這些不同機種的機器，就是使用了網際網路的通訊技術▼。

同時期，也掀起了使用電子郵件（E-Mail）及利用 WWW（World Wide Web）傳播資料的浪潮，網際網路開始普及到企業與一般家庭。

受到這個趨勢的影響，各電腦廠商努力研發讓自家商品能彼此相連，進行通訊，並讓自己公司的獨家網路技術也能與網際網路技術相容。另外，除了大型企業之外，也推出了以一般家庭或 SOHO▼為目標對象的網路連線服務及各種網路產品。

▼多供應商
（Multi Vendor）
Vendor 是指機器的製造商或軟體製造商。以單一製造商的機器或軟體建構的網路，稱作單一供應商（Single Vendor）。多供應商是指組合各製造商的機器或軟體，建構網路的情況。

▼ 1990 年，Novell 公司的 NetWare 是個人電腦連接區域網路時常用的系統。可是，因為想連接主機、迷你電腦、UNIX 工作站、個人電腦等所有電腦設備，使得 TCP/IP 技術更受關注。

▼ SOHO（Small Office/ Home Office）
意指把小型辦公室或家裡當作辦公場所的工作者。

■　**組織精簡（Downsizing）**

1990 年代初期，個人電腦及 UNIX 工作站已經擁有了與主機旗鼓相當的效能。另外，個人電腦及 UNIX 工作站的網路功能也往上提升，可以利用便宜的電腦輕鬆架設網路。結果，原本在大型主機執行的企業主要業務，大量轉移到以個人電腦或 UNIX 工作站建構的系統上，這種行為就稱作組織精簡。

現在，網際網路、E-Mail、Web、網頁等已經成為我們日常生活中耳熟能
詳的名詞，這也表示資訊網路、網際網路已滲透到社會上的各個角落。
過去個人電腦（單機）只不過是一種個人用的工具，如今絕大多數的
人，都把它都當作存取網際網路的主要設備來運用。透過網路與全球其
他電腦連結，就能打破距離與國界的藩籬，與全世界的人溝通聯絡。

圖 1-10
企業與一般家庭都連
接上網際網路

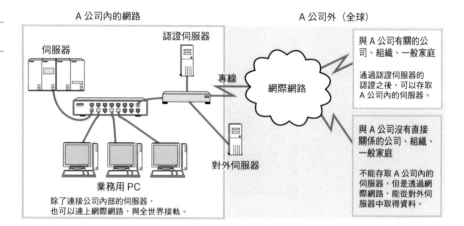

▼ 1.2.6　進入以網際網路技術為中心的時代

網際網路的普及與發展，對所有通訊領域帶來了極大的影響。

一直以來個別發展的多項技術，全都朝著網際網路的方向前進。過去主
要的通訊管道是電話網，如今卻因為網際網路的急速發展，使得立場顛
倒過來。網際網路的技術之一「IP 網路」取代了電話網，成為廣泛運用
的通訊基礎。透過 IP 網路，我們可以打電話、看電視、用電腦溝通、建
立網際網路。連接網路的設備也不再侷限於稱作「電腦」的產品，涵蓋
了行動電話、家電產品、遊戲機等設備。今後應該所有的設備都會連接
上網吧！

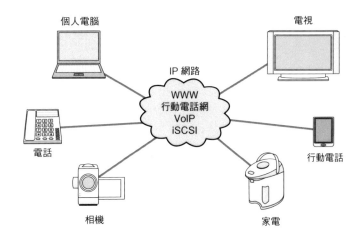

圖 1-11
透過 IP 統一通訊、播放

個人電腦　電視

IP 網路

WWW
行動電話網
VoIP
iSCSI

電話　　行動電話

相機　　家電

IP 也運用在沒有連接網際網路的控制系統領域。例如，火力發電廠的鍋爐控制、工廠的機器人控制、辦公室的空調及照明控制、自來水站及污水站的泵浦與控制閥的管控、取得鐵路的列車位置資料及信號控制等控制系統原本就有使用專用的協定。隨著網路技術的普及，現在有許多設施及設備都使用了 IP。基於安全問題，控制系統的網路是以沒有連接外部網路的封閉網路▼建構而成，但是現在有愈來愈多控制系統連接了網際網路。工廠等地為了有效管理供應鏈▼，透過網際網路，增加了與客戶之間共享需求與庫存資料的互動。我們現在也能透過智慧型手機，按照火車路線查詢列車的位置。這是藉由將列車的行車管理系統資料上傳到網際網路上來達成的。

未來一切事物應該都會像這樣連接到網際網路吧！

▼封閉網路的英文是 closed network。

▼管理供應鏈
與客戶之間共享需求與庫存的資料，提高物流效率。生產商品時，通常是將不同工廠製造的零件組合在一起。此時，當某個零件缺貨時，就無法生產商品，造成損失。為了避免發生這種問題而導入這項對策。

▼詳細說明請參考 8.7.5。

■ IT、ICT、OT

IT 是 Information Technology 的縮寫，中文是「資訊技術」，這是指所有以電腦為主的技術。IT 一般會和網路一起使用，為了強調這一點，有時會使用 ICT 這個名詞。ICT 是 Information and Communication Technology 的縮寫，中文是「資訊通訊技術」。

OT 是 Operational Technology 的縮寫，意指控制技術或運用技術，通常用來代表發電廠或工廠使用的控制系統▼。儘管 OT 與 IT 不同，是另外發展出來的技術，但是現在不論是 IT 或 OT，網際網路技術 TCP/IP 都扮演著重要的角色。

▼ 1.2.7　從「單純連線」時代進入「安全連線」時代

網際網路已經進化成為讓全世界的人們透過電腦跨越國界，隨心所欲聯繫的唯一網路。利用網際網路搜尋資料、溝通、分享訊息、報導、控制設備，這些在 20 年前，我們從未想過的超方便資訊環境已然呈現在我們眼前。現在的網際網路，已經成為社會基礎建設不可或缺的一環。

可是，隨著方便性與日俱增，也帶來了其他問題。電腦病毒的危害、企業或個人資料外洩、網路詐騙案件等，因為使用網際網路而捲入麻煩事件的情況層出不窮。在現實世界中，只要別涉足危險場所，就不會受到危害，不過一旦連上網際網路，即使待在辦公室或家裡沒有出門，仍可能受到這些侵害。不僅如此，因為設備問題而無法使用網際網路，也會對企業或個人活動帶來莫大損失，這些缺點也不容忽視。

在網際網路普及之初，我們的目標是連接網際網路，以及能隨心所欲自由連線。然而現在，我們追求的目標已不再侷限於「純粹連線」，而是強烈渴望「安全連線」。

企業或社會團體等在連接網際網路時，必須充分瞭解通訊架構，檢討連線之後的運用，徹底進行自我防衛，以維持安全且健全的通訊方法。現在這些已經變成非做不可的事情了。

表 1-1
電腦使用型態的變遷

年代	內容
1950 年代	批次處理時代
1960 年代	分時系統時代
1970 年代	電腦之間通訊的時代
1980 年代	電腦網路時代
1990 年代	網際網路普及時代
2000 年代	以網際網路技術為中心的時代
2010 年代	隨時隨地萬物皆 TCP/IP 網路的時代
2020 年代	各種結構都透過網路相連的時代

1.2.8 人到物，物到事

電腦網路的目的是將電腦彼此相連，建構出更方便的電腦環境。電腦環境的目的之一，就是「提高生產力」。考慮到這一點，你應該能大概瞭解從批次處理到電腦網路的發展脈絡。可是現在這個目的逐漸出現了變化。

網際網路出現之後，我們可以向位於世界彼端的人傳遞訊息，請對方給予意見，或即時溝通。這些事沒有網際網路之前，是不可能做到的。但是現在我們已經可以在遠處控制家裡的空調、電力、浴室等。甚至還能透過網際網路管理從車載電腦上取得的豐富資訊，評估是否需要檢查，或運用到交通訊息。

這些手法也滲透到過去與資訊通訊沒有關聯性的產業。比方說，醫院、工廠、農場等開始積極運用網際網路技術來收集資料，採取因應對策。以前是以網際網路為主來發展，今後網際網路的運用將不斷進步，連接各種物品，並根據該物品取得的資料創造新事物的手法也將愈來愈多。這種結構稱作 Iot（Internet of Things），若導入製造工廠時，則稱作 IIoT（Industrial IoT）或 Industry 4.0。

我們的日常生活、學校教育、研究活動、企業活動都因此產生了劇烈的變化，所以網際網路技術又稱作第四次產業革命。

1.2.9 掌握所有關鍵的 TCP/IP

如同前面說明過，網際網路是結合各自發展的多種通訊技術所形成的。能整合這些技術且具備應用能力的，就是 TCP/IP。那麼，TCP/IP 是以何種架構來運作呢？

TCP/IP 是通訊協定的總稱。在學習下一節的 TCP/IP 架構之前，讓我們先來徹底瞭解什麼是「協定」。

1.3 ╱ 何謂協定？

▼ 1.3.1　五花八門的協定！

在電腦網路及資料通訊的世界裡，經常會提到「協定」這個名詞。具有代表性的協定包括用於網際網路的 IP、TCP、HTTP 等。除此之外，還有 LAN 常用的 IPX 及 SPX▼等協定。

「網路架構（network architecture）」能有系統地整合這些協定。「TCP/IP」也是 IP、TCP、HTTP 等協定的集合體。現在許多機器都支援 TCP/IP，不過除此之外，還有不使用 TCP/IP，而是使用其他網路架構的設備或環境，例如 Novell 公司的 IPX/SPX、Apple 公司的電腦使用的 AppleTalk、IBM 公司開發，大規模網路使用的 SNA▼、舊 DEC 公司▼開發的 DECnet 等。

▼ IPX/SPX
（Internetwork Packet Exchange / Sequenced Packet Exchange）
Novell 公司開發、銷售的 NetWare 系統協定。

▼ Systems Network Architecture

▼ DEC
（Digital Equipment Corporation）
到 1998 年為止，陸續被各企業收購、併購。

表 1-2
各種網路架構及協定

▼ Xerox Network Services

網路架構	協定	主要用途
TCP/IP	IP, ICMP, TCP, UDP, HTTP, TELNET,SNMP, SMTP ...	網際網路、區域網路
IPX/SPX （NetWare）	IPX, SPX, NPC ...	個人電腦區域網路
AppleTalk	DDP, RTMP, AEP, ATP, ZIP ...	使用於 Apple 公司產品的區域網路
DECnet	DPR, NSP, SCP ...	使用於舊 DEC 公司的迷你電腦
OSI	FTAM, MOTIS, VT, CMIS/CMIP, CLNP,CONP ...	─
XNS▼	IDP, SPP, PEP ...	主要使用於 Xerox 公司的網路

▼ **1.3.2　為何需要協定？**

平常，當我們在傳送電子郵件時，或從網頁上收集資料時，並不會察覺到協定的存在。因為只要知道應用程式的用法，就能使用網路。就算不懂得協定是什麼，也幾乎不會造成影響。可是，利用網路進行溝通時，協定扮演著非常重要的角色。

簡而言之，所謂的協定是指電腦之間透過網路來通訊時，事先訂下的「約定」。即便電腦的品牌、CPU、OS 不一樣，只要使用相同的協定，就可以彼此通訊；反之，如果沒有使用相同的協定，就無法通訊。協定的種類有很多，每一種都已經制定了明確的規格。若要讓電腦彼此通訊，兩台電腦要能理解、處理相同的協定才行。

■ **CPU 與 OS**

CPU（Central Processing Unit）的中文是「中央處理器」。這是電腦的心臟部位，負責實際執行程式。CPU 的效能主宰了電腦大部分的功能，所以我們可以說電腦的歷史等同於 CPU 的歷史。

現在常用的 CPU 產品包括 Intel Core、Intel Atom、ARM Cortex 等。

OS（Operating System）的中文是「作業系統」。它整合了執行程式（軟體），負責管理電腦的 CPU 及記憶體、週邊設備及執行程式管理。本書介紹的 TCP 及 IP 協定處理，大部分都嵌入在 OS 之中。

現在個人電腦最常使用的代表性 OS 包括 UNIX、Windows、macOS、Linux 等。

電腦可以執行的指令會隨著 CPU 及 OS 而有所不同，所以適合某種 CPU 或 OS 的程式，不見得可以直接在別的 CPU 或 OS 中執行。電腦可以處理的檔案格式也會依照 CPU 或 OS 的種類而產生差異。安裝了不同 CPU 及 OS 的電腦，可以彼此通訊的原因在於，互相能瞭解共用的協定，並且使用該協定來溝通的緣故。

另外，電腦的 CPU 通常同時只能執行一個程式。因此，包含了裝置驅動程式的 OS 會在短時間內，切換多種程式，並讓 CPU 負責處理，這稱作多工處理（Multi Tasking）。同一 OS 使用多核 CPU 或多個 CPU，還有 1.2.2 提到的分時系統（TSS），就是採用了這個功能。

▀ 1.3.3　把協定想像成人與人之間的對話

假設 A 只會講中文，B 只會講英文，而 C 同時會講英文與中文。假如 A
要與 B 對話，該如何溝通？另外，當 A 與 C 對話時，又會發生什麼情
形？此時，請想成

- 中文與英文是「協定」

- 透過言語來溝通是「通訊」

- 講話的內容是「資料」

即使 A 與 B 想要對話，卻因為 A 講的是中文、B 講的是英文，使得彼此
無法瞭解對方說的內容。結果 A 與 B 沒辦法讓對方瞭解自己想表達的意
思而不能溝通。在這個例子中，A 與 B 對話所用的語言，亦即「協定」
不同，所以彼此無法傳送資料（對話內容）▼。

接下來，A 與 C 的情況又是如何？此時，兩者都使用「中文」這個協
定，就可以瞭解彼此的內容。由於 A 與 C 使用了相同的協定，將想要
傳遞的資料（談話的內容）傳給對方，讓對方理解，而能成功通訊（溝
通）。

我想，用這種方式來思考，應該就能大致瞭解協定的意義。這裡單純以
人們面對面說話的情況為例來做說明，不過你可以把電腦之間透過網路
通訊的情況，當成和這個例子一樣▼。

▼兩者之間如果有口譯人員
的幫忙，就能順利溝通。換
成網路的話，1.9.7 介紹的
閘道（Gateway），扮演的
就是口譯的角色。

▼這種我們日常生活中，認
為理所當然的行為，剛好可
以套用在協定的概念上。

圖 1-12
用對話來比喻協定

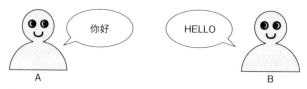

使用的語言(協定)不同，所以無法溝通。

使用的語言(協定)一樣，所以溝通無礙。

▼ 1.3.4 電腦中的協定

人類擁有智慧、應用力、理解力，即使有些脫離原則，仍可以溝通無礙。不僅如此，還可以立刻更改規則或擴充規則。

可是，電腦之間的通訊就不能這樣。電腦不具備人類的智慧、應用力及理解力。因此，從連接器的形狀等物理性層面，到應用程式的種類等軟體層面，各個部分都已經訂出明確的規範，一定要確實遵守，才能成功通訊。此外，雙方的電腦中，一定要安裝通訊必備的最基本功能。將前面例子中的 A、B、C 換成電腦，亦即必須要開發出明確定義協定並且遵守的軟體或硬體。

我們平時不用特別注意就能自然說話，即便如此，絕大部分都可以在不讓對方產生誤解的情況下，將內容告訴對方。而且，就算不小心聽漏了部分內容，也能根據前後的對話來推測意思，瞭解對方想說的內容。可是，電腦卻做不到。開發程式或硬體時，一定要預先設想通訊中可能引起的各種問題，例如中途發生問題時，該如何處理。實際發生問題時，也得開發出讓通訊電腦之間，彼此進行適當處理的機器或程式。

在電腦通訊中，最重要的是先仔細制定電腦之間的約定，並且遵守這個約定進行處理。而這個約定，就是「協定」。

圖 1-13
電腦的通訊協定

仔細制定電腦之間的約定（協定），並且遵守約定，才能成功通訊。

▼ 1.3.5　封包交換協定

封包交換是指，將大型資料以封包（Packet）為單位，進行分割之後再傳送的方法。用字典查詢 Packet 這個單字，上面記載的意思是「小包裹」。亦即，將大型資料分成小包裹，再寄送給對方。

圖 1-14
封包通訊

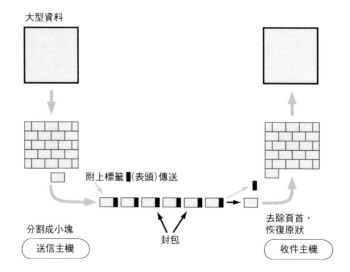

用小包裹寄送物品時，我們會貼上寫著寄件者地址與收件者地址的標籤，再拿到郵局寄送。電腦通訊也一樣，把資料分割成一個封包，輸入傳送端電腦與接收端電腦的位址，傳送給通訊電路。寫上自己的位址與收件位址、資料編號的部分，稱作封包的表頭。

另外，把大型檔案分成幾個封包時，也會同時寫入原本資料代表哪個部分的編號。接收端可以查詢這些號碼，把分成小包的資料組合成原本的檔案。

在通訊協定中，規定了要將什麼資料寫在表頭、該如何處理這個資料。各個進行通訊的電腦將依照協定，建立表頭、解讀表頭的內容，再進行處理。如果要正確進行通訊，封包的傳送端與接收端必須對表頭的內容有著相同的定義與解釋。

究竟通訊協定是由誰決定的呢？其實有一個機關負責制定通訊協定的規格，建立全球的使用標準，讓各個品牌的電腦彼此可以通訊。下一節將要介紹協定的標準化過程。

1.4 / 協定是誰制定的?

◤ 1.4.1 從電腦通訊的出現到標準化

電腦通訊開始之初,沒有人考慮到系統化與標準化的重要性。所以各大電腦品牌的製造商,自行開發網路產品來進行電腦通訊,沒有特別強烈意識到協定功能的系統化、層級化。

▼ SNA
(Systems Network
Architecture)

1974 年,IBM 公司發表了將自家公司的電腦通訊技術系統化後的網路架構 SNA▼。之後,各大電腦廠商也紛紛發表各自的網路架構,進行協定的系統化。可是,每家公司的獨家網路架構、協定無法相容,即使以物理性方式連接不同品牌的產品,仍無法正確通訊。

這種情況對於使用者而言,非常不方便。這意味著,一開始導入了某家電腦網路,之後就得持續購買相同品牌的產品。萬一廠商倒閉,或不支援該產品,就得更換掉所有設備。另外,不同部門要是購買其他品牌的產品,即使各部門的網路相連,多半也因為協定不同而無法通訊。這種毫無彈性的網路,缺乏擴充性,對於使用者來說,實在很難用。

圖 1-15
協定的方言與共用語言

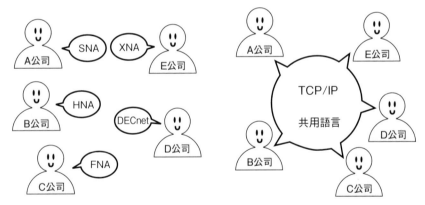

各公司使用方言,而無法溝通。　　　　各公司使用共用語言,就可以溝通。

可是,隨著電腦的重要性與日俱增,多數企業導入電腦網路之後,開始意識到,使用不同品牌也能彼此通訊的相容性有多麼重要。而這就促使了網路的開放化、多供應商化。因為大家強烈渴望不同品牌的電腦之間,可以隨心所欲通訊的環境。

1.4.2 協定的標準化

▼ ISO
International Organization for Standardization
國際標準化機構。

▼ OSI
Open Systems Interconnection
開放型系統之間相互連接。

▼ IETF
Internet Engineering Task Force

▼業界標準
De facto Standard。
非國家、國際機構等公家機關制定的標準，而是事實上的標準。

為了解決這種問題，ISO▼（國際標準化組織）制定了稱作 OSI▼的國際標準，將通訊體系標準化。儘管現在 OSI 制定的協定沒有廣泛普及，但是設計 OSI 協定時所提倡的 OSI 參考模型，卻成為思考網路協定的參考。

本書說明的 TCP/IP 並非 ISO 的國際標準。TCP/IP 是由 IETF▼提案並進行標準化的協定。當時以大學研究機構及電腦業界為主力，負責推動 TCP/IP 的標準化，促進 TCP/IP 的發展。TCP/IP 是網際網路上的標準，也是世界上最廣泛使用的通訊協定，因而成為業界標準▼。網際網路使用的機器或軟體，也遵循著由 IETF 推動標準化的 TCP/IP 協定。

當協定標準化，所有的機器都遵循這個標準，就可以不用在意電腦的硬體及 OS 的差異，讓連接網路的電腦彼此通訊。隨著標準化的落實，電腦網路也變成非常方便。

■ 標準化

標準化是指，建立讓不同品牌的產品擁有相容性，可以使用的規格。

除了電腦通訊之外，「標準」一詞也常見於鉛筆、衛生紙、電源插座、音響、錄影帶等日常生活的物品中。假如這些產品的大小、形狀隨著品牌而不同，將會非常麻煩。

推動標準化的組織大致可以分成三種，包括國際級的機構、國家級的機構、民間團體。國際性組織有 ISO、ITU-T▼等，國家級的機構有制定日本 JIS 的 JISC、美國的 ANSI▼，台灣是由經濟部標準檢驗局負責。民間團體有推動網際網路協定標準化的 IETF 等。

在現實世界中，有很多優秀的技術，因為開發公司沒有公開規格，而無法廣泛普及，沒有被使用。其中，有些技術因為企業獨占，而無法公開規格當作業界標準，不能持續使用，實在令人感到惋惜。

標準化可說是對世界帶來強大影響，非常重要的過程。

▼ ITU-T
International Telecommunication Union Telecommunication Standardization Sector。
制定通訊相關國際規格的委員會。
ITU（International Telecommunication Union，國際電信聯盟）的附屬機構。舊國際電信電話諮詢委員會（CCITT，International Telegraph and Telephone Consultative Committee）。

▼ ANSI
American National Standards Institute。
美國國家標準學會，美國國內的標準化機構。

1.5 協定的層級化與 OSI 參考模型

1.5.1 協定的層級化

ISO 在推動 OSI 協定標準化之前，對網路架構相關議題進行了徹底的探討，然後提倡了 OSI 參考模型，當作設計通訊協定時的指標。這個模型將通訊必備的功能分成七個層級，藉由分割功能的方式，讓比較複雜的網路協定變簡單。

在這個模型中，每個層級都從下面層級接收特定服務，再為上面層級提供特定服務。上下層級之間，各種服務進行溝通時的約定，稱作「協定」。

▼模組化
整合執行某個功能稱作模組，而模組化是指在開發過程中，把模組當作零件使用。

這種協定的層級化，類似開發軟體時的模組化▼。在 OSI 的參考模型中，理想的狀態是，建立從第一層到第七層的七個模組，彼此連接，就可以通訊。優點是，可以獨立處理形成層級化的各層級。即使更改了系統中的某個層級，也不會影響到整個系統，能建構出極具擴充性、彈性的系統。另外，由於分割了通訊功能，可以輕易執行各個層級的協定，讓責任劃分變明確，這也是優點之一。

缺點是，過度模組化會讓處理負載變重，各模組必須進行類似的處理。

圖 1-16
協定的層級結構

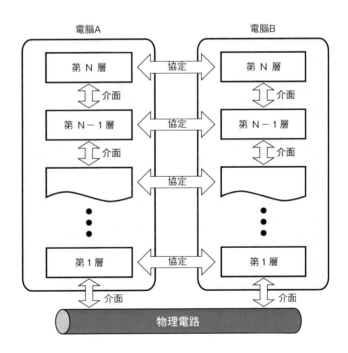

◢ 1.5.2　利用交談瞭解層級化

以下我們以 A 與 C 交談為例，簡單說明協定的層級化。這裡我們只考慮分成言語層及通訊設備層等兩個層級的情況。

首先，假設 A 與 C 用電話來交談。圖 1-17 上圖是 A 與 C 使用電話的通訊設備層，用中文的語言協定來交談。讓我們再進一步思考這種狀況。

雖然 A 與 C 看起來沒有用中文直接交談，其實 A 與 C 都可以從電話的聽筒聽到對方的聲音，並透過麥克風說話。沒看過電話的人，看到這種景象會怎麼想呢？對那個人而言，看起來就像是 A 與 C 在跟電話說話。

人類說話的語言協定，變成音波進入電話的麥克風中，在通訊設備層轉換成電子訊號，傳達到對方的電話中，然後在對方的通訊設備層轉換成音波。換句話說，A 與 C 使用了透過電話，以音波傳達語言的介面。

圖 1-17
語言層與通訊設備層
等兩層模型

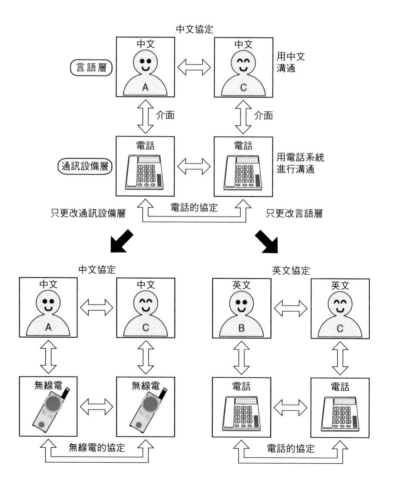

平常我們可能覺得，打電話就像直接在跟對方說話。可是仔細分析思考之後，其實仍無法忽略電話介於兩人之間的事實。假如 A 的電話傳來的電子訊號，在 C 的電話中沒有轉換成頻率一模一樣的音波時，會發生什麼事呢？這意味著，A 的電話與 C 的電話協定不一樣。對 C 來說，感覺像是別人在講話，而不是 A。一旦頻率差異過大，C 可能覺得聽到的不是中文。

語言層也一樣，請試著思考更改通訊設備之後，會出現何種情況。假設把電話改成無線電。在通訊設備層使用無線電，就得學會無線電的用法，作為兩層之間的介面。可是，語言層的協定依舊用的是中文，所以可以和講電話時一樣正常對話。

那麼，當通訊設備層使用電話、語言層變成英文的話，又會如何？當然，不論中文或英文都可以使用電話，因而能和中文一樣進行通訊。

或許你會覺得理所當然，但是我想透過這個例子，讓各位充分瞭解協定層級化的方便性。基於這個理由，所以網路的協定被層級化。

1.5.3　OSI 參考模型

前項在說明協定時，簡單介紹了關於協定的兩個簡單層級。可是，封包通訊的協定比這個更複雜。七層 OSI 參考模型就是將這些資料整理之後，變得比較容易理解的結果。

圖 1-18
OSI 參考模型與協定的意義

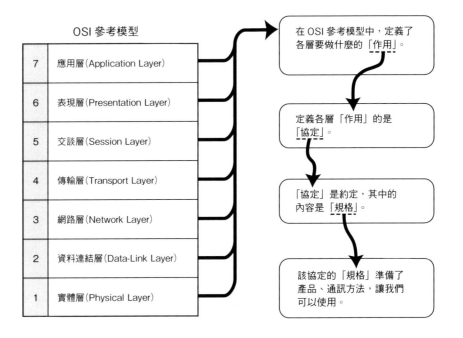

OSI 參考模型

7	應用層(Application Layer)	
6	表現層(Presentation Layer)	
5	交談層(Session Layer)	
4	傳輸層(Transport Layer)	
3	網路層(Network Layer)	
2	資料連結層(Data-Link Layer)	
1	實體層(Physical Layer)	

在 OSI 參考模型中，定義了各層要做什麼的「作用」。

定義各層「作用」的是「協定」。

「協定」是約定，其中的內容是「規格」。

該協定的「規格」準備了產品、通訊方法，讓我們可以使用。

OSI 參考模型妥善整合了通訊必備的功能。另外，網路工程師在討論協定相關的議題時，也會以 OSI 參考模型的層級為基礎來評估。對於學習電腦網路的人而言，OSI 參考模型可說是最初必學的初階考驗。

另外，OSI 參考模型充其量只是個「模型」，僅定義了各層級的概略功能，並沒有制定出協定或介面等詳細內容，所以只能成為設計或學習協定時的「指引」。假如要瞭解詳細的內容，就必須閱讀各個協定的規格說明。

多數通訊協定可以對應到 OSI 參考模型七個層級中的其中一層。對應 OSI 參考模型，可以瞭解該協定在整個通訊功能中的定位或作用。

儘管我們必須看過各個協定的規格說明，才能瞭解詳細的規格，不過透過對應到層級模型的哪一層，即可瞭解大致的功用。這就是為什麼在學習各協定的詳細內容之前，必須先瞭解 OSI 參考模型的緣故。

■ OSI 協定與 OSI 參考模型

本章介紹的是 OSI 參考模型，但是我想你應該也常聽到 OSI 協定這個名詞。OSI 協定是為了讓不同電腦之間可以通訊，由 ISO 與 ITU-T 推動標準化的網路架構。

OSI 將通訊功能分成七個層級，這就是 OSI 參考模型。在 OSI 中，以 OSI 參考模型為基礎，制定各層級協定與層級間介面標準的是 OSI 協定，而遵守這個協定的產品，稱作 OSI 產品，遵守這種協定進行的通訊，稱作 OSI 通訊。「OSI 參考模型」與「OSI 協定」的定義不同，請注意別弄錯了。

本書是以 OSI 參考模型的功能分類對應 TCP/IP 功能的形式來做說明。事實上，TCP/IP 的層級模型與 OSI 有些許出入，不過利用 OSI 參考模型可以加深理解。

▼ 1.5.4　OSI 參考模型的各層功能

這一小節要簡單說明 OSI 參考模型各層的功能。以下將 OSI 參考模型的各層功能整理成表格，如圖 1-19 所示。

圖 1-19
OSI 參考模型的各層功能

	層	功　能	各層功能示意圖
7	應用層	針對特定應用程式的協定。	各個應用程式的協定 電子郵件 ←→ 電子郵件協定 遠端登入 ←→ 遠端登入協定 檔案傳輸 ←→ 檔案傳輸協定
6	表現層	設備原有資料格式與網路共用資料格式的轉換。	網路共用資料格式 吸收字串、影像、聲音等資料表現的差異
5	交談層	通訊管理。 建立／切斷連接（資料流動的邏輯性通訊路徑）。 管理傳輸層以下的層級。	何時建立連接?何時切斷?連接時間多久?
4	傳輸層	管理兩個節點▼之間的資料傳輸。 提供值得信賴的資料傳輸（可以確實將資料傳送給對方）。	資料有沒有遺漏?
3	網路層	管理位址與路由選擇。	要透過哪個路徑到達目標位址?
2	資料連結層	在直接連接的設備之間，識別及傳送資料訊框。	訊框與位元串之間的轉換 分段轉發
1	實體層	將「0」與「1」轉換成電壓高低或燈光閃爍。 制定連接器或網路線的形狀。	0101 → → 0101 位元串與訊號的轉換 連接器及網路線的形狀

▼節點（Node）
代表連接網路的終端電腦等設備。

▆ 應用層

規定使用的應用程式中,與通訊有關的部分。包括進行檔案傳輸、電子郵件,遠端登入(虛擬終端設備)等的協定。

▆ 表現層

將應用程式處理的資料,轉換成適合通訊的資料格式,或把下層傳來的資料,轉換成上層可以處理的資料格式等,負責與資料格式相關的功能。

具體來說,這一層主要的功能就是,將設備原有的資料表現格式(Data Format)等,轉換成網路共用的資料格式。相同的位元串也可能因為不同設備而產生不一樣的解釋。這一層的功用是負責將資料整合成一樣的格式。

▆ 交談層

負責建立或切斷通訊連結(資料流動的邏輯性通訊路徑)、設定傳輸資料的分割等進行與資料傳輸有關的管理。

▆ 傳輸層

負責把資料確實傳送給目標應用程式。只在通訊的兩個節點上進行處理,而不用路由器負責。

▆ 網路層

負責將資料傳送到目標位址。有時目標位址可能是多個網路透過路由器連接而成的位址。因此,這一層主要負責尋找位址,以及要使用哪條路徑等路由選擇功能。

▆ 資料連結層

在實體層直接連接的節點之間,例如讓連接乙太網路的兩個節點間可以進行通訊。

將 0 與 1 等數字串變成具有意義的資料訊框,傳送給對方(產生與接收資料訊框)。

▆ 實體層

把位元串(0 與 1 的數字串)轉換成電壓高低或燈光閃爍,或反之,將電壓高低或燈光閃爍轉換成位元串。

1.6 利用 OSI 參考模型進行通訊處理的範例

▼主機（Host）

這裡的主機是指連接網路的電腦。在 OSI 的相關專有名詞中，進行通訊的電腦，稱作節點。但是在 TCP/IP 中，稱為主機。本書的主題是 TCP/IP，所以對於進行通訊的電腦，主要稱作「主機」，請參考 P139 的專欄說明。

以下將用一個具體的通訊範例，說明七個層級的功能。假設主機▼A 的使用者 A，要傳送電子郵件給與主機 B 的使用者 B。

嚴格來說，OSI 或網際網路的電子郵件結構並非如以下所示這麼簡單。請把它當成是為了容易瞭解 OSI 參考模型而設計的範例。

1.6.1 七層通訊

在 OSI 的七層模型中，如何將通訊模組化？

分析方法和圖 1-17（P22）介紹過的語言及電話等兩層模型一樣。傳送端從第七層、第六層依序由上層往下層傳送資料，接收端是由第一層、第二層依序往上層傳送資料。每一層會在上層傳來的資料中，以「表頭」的形式，加上本層協定處理所需的資料。接收端將接收到的資料分離成「表頭」與傳給上層的「資料」，再把資料傳送給上層。最後將傳送的資料恢復成原狀。

圖 1-20
通訊與七個層級

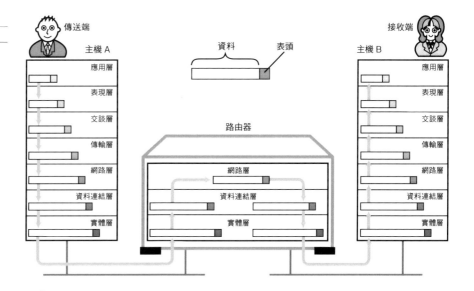

▼ 1.6.2　交談層以上的處理

假設使用者 A 要傳送一封內容為「早安」的電子郵件給使用者 B，此時會進行哪些處理？讓我們從上層開始依序往下說明。

圖 **1-21**
電子郵件的通訊範例

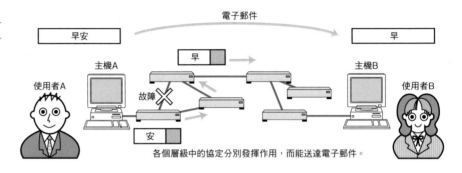

各個層級中的協定分別發揮作用，而能送達電子郵件。

■ 應用層

圖 **1-22**
應用層的工作

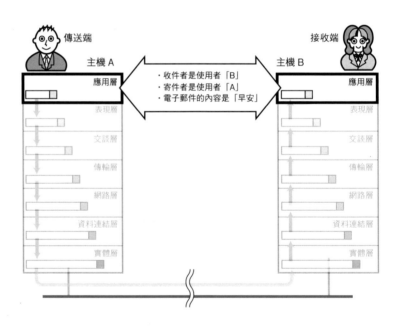

使用者 A 在主機 A 啟動電子郵件軟體，建立新訊息。將收件者設定為使用者「B」，使用鍵盤輸入「早安」。

將電子郵件軟體的功能仔細分類，其中包括與通訊有關的部分以及與通訊無關的部分。例如「早安」這種輸入資料的部分，就與通訊無關。將這封電子郵件傳送給主機 B 的部分，與通訊有關。而「輸入內容後再傳送資料的部分」相當於應用層。

使用者輸入完內容後，用滑鼠按下「傳送」鈕時，就開始進入應用層協定的處理。例如，應用層協定會加上表頭（標籤），顯示「早安」是這封電子郵件的內容，收件者是使用者 B。加上表頭的資料會送到主機 B 處理電子郵件的應用程式中。主機 B 的應用程式會分析主機 A 的應用程式傳來的資料，然後分離出表頭與資料內容，再把電子郵件儲存在硬碟或非揮發性記憶體▼中，進行必要處理。假如主機 B 的電子郵件儲存空間不足無法收信時，就會回傳錯誤訊息。這種應用程式本身的錯誤處理，也是由應用層負責。

▼非揮發性記憶體
已經儲存的資料不會在關閉電源後消失的記憶設備。又稱作快閃記憶體。利用這些技術，可以像硬碟一樣進行處理的裝置稱作 SSD（Solid State Disk）。

主機 A 的應用層與主機 B 的應用層彼此通訊，直到進行儲存電子郵件的最終處理。

■ 表現層

圖 1-23
表現層的工作

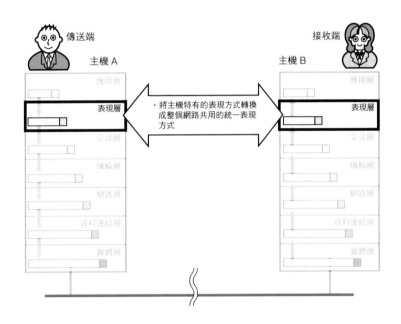

表現層的意思是「表示」或「提示」，指的是資料的表現格式。不同的電腦系統種類，資料的表現格式也不一樣▼。而且，使用不同的軟體，資料的表現格式也可能出現差異。例如，使用 Microsoft Word 等文書處理軟體建立的文件檔案，「只有該廠商的特定版本文書處理軟體才能讀取」。

▼最有名的是，在電腦內部的記憶體上，配置資料的方式不同。最具代表性有 Big-Endian 方式及 Little-Endian 方式。

當同樣的情況發生在電子郵件上會如何呢？使用者 A 與使用者 B 用了一模一樣的電子郵件軟體，可以成功讀取電子郵件，但是若電子郵件軟體不一樣，就無法判讀。這樣會非常不方便▼。

▼現在除了電腦之外，連智慧型手機等各種設備都能透過網路來通訊，所以如何讓這些設備能讀取彼此的資料，變得更重要。

解決這個問題的方法有幾種，其中之一是利用表現層，將傳送的資料從「電腦特有的表現格式」轉換成「整個網路共用的表現格式」再傳送。收到資料的主機，將其轉換成「電腦特有的表現格式」後，再進行處理。

將資料轉換成共用格式再處理，可以讓不同機種之間，取得資料格式的整合性，這就是表現層的作用。表現層可以說是「整個網路統一的表現方式」與「適合電腦或軟體的表現格式」互相轉換的層級。

就這個例子來說，是要將「早安」這兩個文字，用已經決定的編碼格式，轉換成「整個網路統一的表現格式」。即使是單純的字串，也有各種複雜的編碼格式。光是日文就包括 EUC-JP、Shift_JIS、ISO-2022-JP、UTF-8、UTF-16 等多種編碼格式，中文有 GB2312 或 Big5 等。假如沒有正確編碼，就算好不容易將電子郵件送給對方，也會出現「文字變成亂碼，看不懂」的情況▼。

▼事實上，我們很常遇到收到或傳送「變成亂碼，無法閱讀」的電子郵件。這種情況可以說是表現層沒有設定好的緣故。

在表現層中，也會為了識別各表現層之間的資料編碼格式，而附加上表頭。接下來，實際傳送資料的處理，就交給交談層以下的層級來執行。

■ 交談層

圖 1-24
交談層的工作

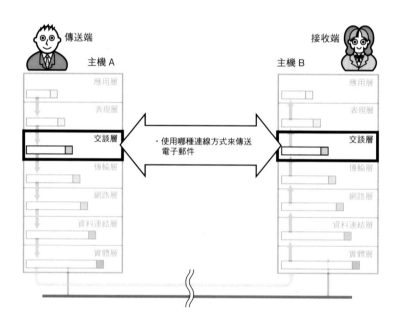

接下來，我們要探討兩邊主機在交談層中，如何傳送資料才更有效率，採取的是哪種資料傳送方法。

▼連接（Connection）
這是指通訊路徑。

假設使用者 A 新增了 5 封電子郵件要傳給使用者 B，傳送郵件的方法有很多種。例如，每傳送 1 封電子郵件就建立連接▼，之後再切斷。另外一種是，建立一個連接，依序傳送 5 封電子郵件的方法。還有，同時建立 5 個連線，一起傳送 5 封電子郵件的方法。交談層就是負責判斷要用哪種方法，進行管理控制。

和應用層及表現層一樣，交談層也會附加標籤或表頭，再將資料傳遞給下一層。在標籤或表頭中，記錄著要以何種方法來傳送資料。

1.6.3 傳輸層以下的處理

到目前為止，說明了在應用層寫入的資料，於表現層進行編碼，在交談層利用選擇方法來傳送資料。可是，交談層只負責管理建立連接的時機與傳送資料的時機。實際上不具備傳送資料的功能。因此，交談層以下的層級，才是實際上使用網路進行資料傳送處理的幕後功臣。

傳輸層

圖 1-25
傳輸層的工作

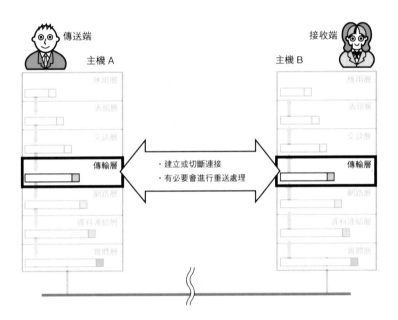

主機 A 確保前往主機 B 的通訊路徑，準備傳送資料，這個過程稱作「建立連接」。使用通訊路徑，主機 A 可以將資料傳送到主機 B 內負責處理電子郵件的應用程式中。結束通訊後，必須切斷剛才建立的連接。

▼決定何時要建立或切斷連接，是由交談層負責處理。

進行建立、切斷連接的處理▼，在主機之間，創造邏輯性的通訊手段，就是由傳輸層來負責。為了將資料確實傳送給對方，通訊的電腦之間會確認資料是否送達，沒有送達的話，就進行重送處理。

例如，主機 A 將「早安」這封電子郵件傳送給主機 B，卻因為某種原因造成資料毀損或網路異常，而有部分資料沒有傳送給對方。假設主機 B 只收到「早」。此時，主機 B 會告訴主機 A 只收到「早」，後面的訊息沒有收到。得知這種狀況的主機 A 會把「安」再傳送一次，並且確認是否收到。

這種情況相當於我們在談話時，反問對方「欸，你剛才說什麼？」。雖說是電腦的協定，卻不見得都是我們生活中想像不到、艱深難懂的概念，基本上的結構多半都與我們日常生活類似。

透過這種方法，保證傳送資料的可靠性，就是傳輸層的作用。這一層也會在送出的資料中附加含有識別資料的表頭，以確保可靠性。然而，實際上，把資料傳給對方的工作，是交給網路層來處理。

■ 網路層

圖 1-26
網路層的工作

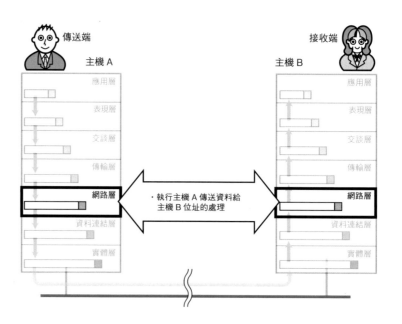

網路層的作用是，在網路相連的環境中，將資料從傳送端主機傳到接收端主機。如圖 1-27 所示，中間有各種資料連結，但是主機 A 可以傳送資料給主機 B，都是網路層的功勞。

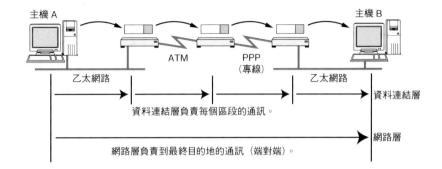

圖 1-27
網路層與資料連結層
各司其職

▼關於位址的說明，請參考
1.8 節。

實際傳送資料時，需要收件地址，換句話說，就是位址▼。這個位址使用
的是，進行通訊的全球網路中唯一指定的編號，就好比是電話號碼。只
要決定了這個位址，就代表在大量的電腦中，確定了要把資料傳送給哪
台電腦。根據這個位址，在網路層進行封包配送處理。透過位址與網路
層的封包配送處理，將封包傳送到地球的另一端。在網路層中，把從上
層接收到的資料附加上位址資料，再傳送給資料連結層。

■　傳輸層與網路層的關係

部分網路架構無法在網路層中，保證資料的到達性。例如，在相當於 TCP/IP 網路
層的 IP 協定中，資料不保證可以傳送到對方的主機。途中可能出現資料遺失、順
序改變、或增加成兩個以上等情況。這種不具可靠性的網路層會把「傳送正確資
料」的工作交給傳輸層處理。TCP/IP 可以讓網路層與傳輸層一同運作，將封包傳
送到世界各個角落，還能提供可靠的通訊。

只要清楚區分每一層的作用，即可輕鬆決定協定的規格，而且實際安裝這些協定
時▼，也會很輕鬆。

▼安裝協定
設計協定，並且在電腦上執
行。

■ 資料連結層、實體層

圖 1-28
資料連結層與實體層
的工作

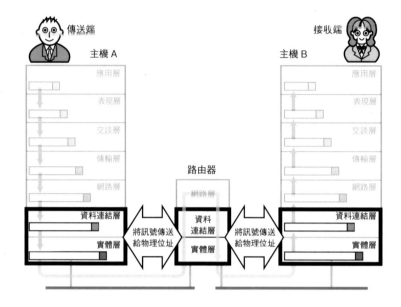

實際上，通訊傳輸是使用物理性的通訊媒體來進行的。資料連結層的作用就是讓這些透過通訊媒體直接連接的設備之間，可以彼此進行資料傳輸。

在實體層中，會將 0 與 1 的資料轉換成電壓或燈光閃爍，再傳輸給物理性的通訊媒體。而直接連接的設備之間，也會使用位址來傳輸，這種位址稱作 MAC▼位址或物理位址、硬體位址，主要用來識別連接相同通訊媒體的設備。在網路層傳輸過來的資料中，會加上含有 MAC 位址資料的表頭，再傳送到網路上。

▼ MAC（Media Access Control）
媒體存取控制。

網路層與資料連結層在依照位址傳送資料給指定對象這一點是相同的。但是，網路層負責把資料傳送到最終的目的地，而資料連結層是負責傳送一個區段內的資料。這個部分後續將在 4.1.2 進行詳細說明。

■ 主機 B 的處理

接收端的主機 B 正好相反，是將資料傳送給上層。使用者 B 最後可以在主機 B 上使用電子郵件軟體，看到使用者 A 傳來的電子郵件內容是「早安」。

如上所述，我們可以分層思考通訊網路中的必要功能，因為每個層級上的協定都具體定義了表頭等資料格式，以及表頭與處理資料的順序。

1.7 通訊方式的種類

網路或通訊可以利用資料傳送方法來分類。分類方法不只一種，以下將介紹其中幾種。

1.7.1 連接導向式通訊與非連接導向式通訊

▼非連接導向式通訊包括乙太網路、IP、UDP 等協定。連接導向式通訊包括 ATM、訊框中繼（Frame Relay）、TCP 等協定。

透過網路傳送資料的方法，大致可以分成連接導向式通訊與非連接導向式通訊等兩種▼。

圖 1-29
連接導向式通訊與非連接導向式通訊

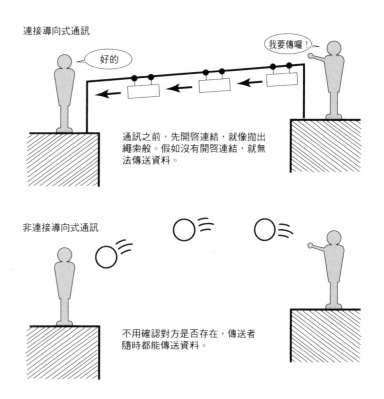

連接導向式通訊

我要傳囉！

好的

通訊之前，先開啟連結，就像拋出繩索般。假如沒有開啟連結，就無法傳送資料。

非連接導向式通訊

不用確認對方是否存在，傳送者隨時都能傳送資料。

■ 連接導向式通訊

▼連接導向式通訊收送的資料不一定要變成封包。第 6 章說明的 TCP 是以連接導向式通訊來傳送變成封包的資料。然而在 1.7.2 說明的電路交換方式，雖然也是連接導向式通訊，資料卻不一定要變成封包。

▼連結的定義會隨著協定的層級而出現些許變化，在資料連結層中，指的是物理性通訊電路的連接，而傳輸層是指管理邏輯上的連接。

連接導向式通訊▼是在開始傳送資料之前，在傳送端主機與接收端主機之間先建立連線▼。

連接導向式通訊很像是我們平常打電話的過程，先輸入對方的電話號碼，在對方接電話之後，才會開始通話。結束通話之後，就將電話掛斷。連接導向式通訊必須在通訊前後執行建立連接與切斷連接的處理，假如對方無法通訊，就不會白白浪費時間傳送資料。

■ 非連接導向式通訊

非連接導向式通訊不會進行建立、切斷連接處理。傳送端電腦隨時都可以傳送資料▼。相反地，接收端不知道何時會接收到誰傳來的資料。因此，非連接導向式通訊必須隨時確認對方是否收到資料。

利用寄送郵件來比喻，應該就可以輕易瞭解。郵局不用確認收件人的地址及收件人收不收郵件，就將郵件寄送到指定地址。不用像打電話一樣，打給對方結束後掛斷，只要把要傳送給對方的東西，發送出去。

非連接導向式通訊不會確認通訊對象是否存在。因此，就算接收對象不存在或無法接收資料，仍可以將資料傳送出去。

▼非連接導向式通訊大部分都採取封包交換（請參考1.7.2 節）。因此，可以把資料當作是封包。

■ 連接導向式通訊與非連接導向式通訊

連接這個字也有人脈的意思，代表「熟識或友好，維持聯繫的關係」，而非連接導向式通訊，就是沒有連結（沒有關係）。

在打棒球或高爾夫球時，我們常聽到這樣一句話：「要往哪裡去得問球！」，這就像是在非連接導向式通訊中，傳送端執行處理的方式。我想，應該有讀者感到疑惑，「感覺非連接導向式通訊很不可靠」，但是這種方法對於某些設備卻非常有用。因為可以省略掉一些手續及既定的動作，讓處理工作變單純，製作出低成本的產品，或減輕處理的負載。

有些通訊內容適合連接導向式通訊，有些適合非連接導向式通訊，請視狀況來運用。

▼ 1.7.2 電路交換與封包交換

目前，網路的通訊方法大致可以分成兩種，其中一種是電路交換，另一種是封包交換。電路交換是利用原本的電話網，歷史比較悠久；而封包交換從 1960 年代後期開始，才被認可其必要性，是比較新的通訊方式。這本書的主題 TCP/IP 採用的是封包交換方式。

在電路交換中，交換機負責執行資料中繼處理。電腦連接交換機，交換機之間以多條通訊線路連接。想要進行通訊時，需要透過交換機設定與目標電腦之間的線路。連接線路就稱作建立連接。建立連接之後，使用者可以一直使用該線路，直到被切斷為止。

連接兩台電腦進行通訊的電路，只要兩台電腦可以彼此通訊即可，就算占住電路，也沒有關係。可是，假如有多台電腦連接線路，想要彼此互相傳送資料時，就會發生嚴重的問題。例如，特定電腦占住了線路，使得其他電腦在這段期間，無法利用電路來收送資料；還有無法預測下次傳送從何時開始，到何時結束。假如希望進行通訊的使用者人數多於交換機之間的線路數量，將會無法通訊。

於是，後來開發出讓連接電路的電腦，將要傳送的資料分成多個小封包，依序排隊等待傳送的方法，這就稱作封包交換。將資料細分成封包，讓每台電腦可以同時收送資料，就能充分運用線路。各個封包附有表頭，記載著自己與對方的位址，即便有多位使用者共用一條線路，仍然可以分辨各個封包必須傳送到何處，與哪台電腦之間進行通訊。

圖 1-30
封包交換

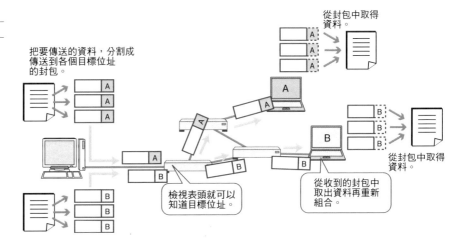

封包交換是透過封包交換機（路由器）連接通訊線路。電腦把資料當作封包傳送，由路由器負責接收。在路由器中，有個稱作緩衝的記憶區域，傳送過來的封包會暫時儲存在緩衝區。封包交換又稱作儲存交換。這是因為傳送過來的封包會先儲存在路由器的緩衝區再傳送，而獲得這個名稱。

進入路由器的封包依序排隊（佇列），同時儲存在緩衝區。從先收到的封包開始依序傳送▼。

▼有時會優先傳送特定目的地的封包，進行特別處理。

在封包交換中，電腦與路由器之間一般只有一條線路，所以需要共用此條線路。在電路交換中，進行通訊的電腦之間，線路速度全都是固定的，但是在封包交換中，線路速度卻會變得不一樣，可能隨著網路的壅塞狀況，讓封包的送達間隔變短或拉長。另外，發生路由器的緩衝區已滿或大量封包溢流時，可能出現遺失封包、沒有送到目的地的情況。

圖 1-31
電路交換與封包交換的特色

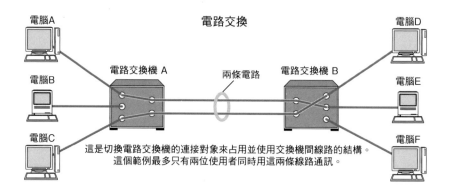

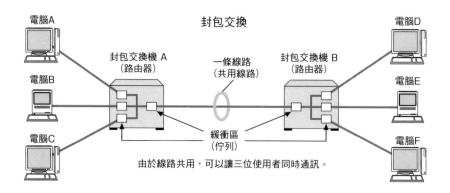

1.7.3 根據通訊對象的數量來分類通訊方式

我們可以依照通訊對象的數量及後續的動作，對通訊方式進行分類。
或許你曾經聽過廣播（broadcast）與群播（multicast）等名詞，這就是
指，以此分類的通訊方式。

圖 1-32
單播、廣播、群播、
任播

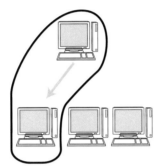

單播
一對一通訊

就像學生與老師，或學生之間的
一對一對話。

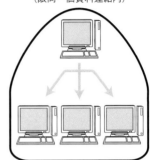

廣播
全部的電腦
（限同一個資料連結內）

就像在朝會上，校長對全校師生
的談話。

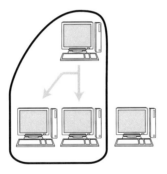

群播
在特定群組內的通訊

就像在全校當中，只通知一年一班
的同學，或通知各學會。

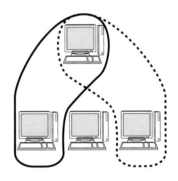

任播
特定群組的任何一台電腦

就像老師想找一年一班的1位學生來
幫忙發資料，學生之中，有1個人採
取行動。

■ 單播（Unicast）

這個字組合了代表 1 的「Uni」及有投放意思的「Cast」，從這一點就可以瞭解，這是指一對一通訊。過去的電話就是單播通訊的典型案例。

■ 廣播（Broadcast）

「Broadcast」含有「播放」的意思，代表從一台主機向所有連接的主機傳送資料。廣播通訊▼的典型案例就是播放電視，將訊號同時傳送給不特定的多數人。

▼關於在 TCP/IP 的廣播通訊，請參考 4.3.4 節。

另外，只有能收到電視訊號的範圍，才可以收看電視，而電腦網路的廣播也一樣，有限定的通訊範圍。廣播可以通訊的範圍（廣播可以傳送的範圍），就稱作廣播網域（broadcast domain）。

■ 群播（Multicast）

群播和廣播一樣，可以對多個主機進行通訊。可是，通訊對象僅限於特定群組。群播▼的典型案例是視訊會議，就像多個人在不同場所參加這個會議。在這種視訊會議中，一台主機會限定特定多數的連接對象，同時進行通訊。假如用廣播通訊進行視訊會議，所有可以使用視訊會議的主機都會連動，這樣就無法掌握在哪裡、有誰在參加視訊會議。

▼關於在 TCP/IP 的群播通訊，請參考 4.3.5 節。

■ 任播（Anycast）

任播其名稱中含有「Any（任何人）」，顧名思義，這是對特定多台主機詢問「有誰可以回覆！」的結構。這種通訊方式和群播一樣，由一台主機向特定多台主機傳送資料，但是它的行為與群播不同。在任播通訊▼中，從特定的多台主機挑選一個在網路上擁有最佳條件的對象，只對該對象傳送資料。一般來說，這台被選定的特定主機會以單播方式回傳資料，後續的通訊只在這該主機之間進行。

▼關於在 TCP/IP 的任播通訊，請參考 5.8.3 節。

任播實際用於網路的案例，包括將在 5.2 說明的 DNS 根域名伺服器。

1.8　何謂位址？

通訊的主體，也就是通訊的傳送端或接收端，可以利用「位址」來標示。若用電話來比喻，電話號碼就等同於位址；若以寫信來說明，住址姓名就是位址。

在電腦通訊中，協定的各個層級使用的是不同位址。以 TCP/IP 的通訊為例，可以使用 MAC 位址（3.2.1 節）、IP 位址（4.2.1 節）、連接埠編號（6.2 節）等。除此之外，更上層使用的是電子郵件位址（8.4.2 節）等。

▶ 1.8.1　位址的唯一性

如果要讓位址發揮本身的功能，首先一定要可以確定通訊對象。一個位址必須明確表示出該對象，不允許出現相同位址表示多個對象的情況。這就稱作位址的唯一性，而擁有這種唯一性就稱作「獨特」。

圖 1-33
位址的唯一性

A 有事找 B，
可以用「B」這個位址來代表這個人。

A 有事找其中一位 B，可是因為有好幾個人都叫做 B，
所以呼喚「B」這個名稱無法判斷是誰（沒有唯一性）。
因此，「B」不適合成為 A 呼喚的位址。

聽到不能用相同位址表示多個對象之後，可能有人會產生疑問「如果是單播，對方的位址的確只有一個，可是廣播、群播、任播使用的位址，不是多個對象擁有相同位址嗎？」。在這些通訊中，雖然有多台設備，但是我們可以給予設備群組一個特定的位址，確定以該位址表示的對象。由於沒有曖昧性，可以說仍具備位址的唯一性。

▼當飛機內出現情況緊急的病人，空服員詢問「請問有哪位乘客是醫生？」代表這則訊息是傳遞給全體乘客，只要任何一位乘客是醫師就可以，這就是一種任播。

假設老師說「一年一班的同學們！」是群播，明確指名的對象是一年一班的學生，所以「一年一班」就是具有唯一性的位址。

而老師說「一年一班的哪位同學來拿一下資料！」是任播，此時的「一年一班（只要是其中任何一個人都可以）」也是成為具有唯一性▼的位址。

圖 1-34
群播及任播位址的唯一性

老師有事找一年一班的全體同學，
因此「一年一班」成為目標位址（群播的位址）。

老師找一年一班的其中任何一個人都可以，
因此「一年一班的任何一個人」成為目標位址（任播的位址）。

◤ 1.8.2　位址的層級性

若位址的數量不多，只要擁有唯一性，就可以鎖定通訊對象。可是，要是位址的數量增多，該如何找到正確位址就成為一個頭痛的問題。此時，需要的就是層級性。電話號碼中包括國碼與區域碼，住址包括國名、縣市、鄉鎮市區等，這就是層級性。有了層級性，就能輕易找到位址。

圖 1-35
位址的層級性

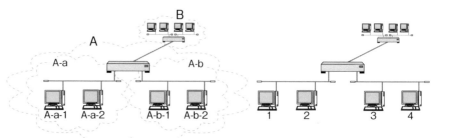

這是具有層級性的位址範圍。
假設想要知道「A-b-1」的場所，
可以檢視該位址，找出「A」→
「A-b」→「A-b-1」。
IP位址就是這種位址。

這是沒有層級性的範例。
雖然沒有位址一樣的設備，
可是因為位址沒有層級性，
所以無法鎖定位置或群組。
MAC位址就是其中之一。

▼ 請參考前面説明過的
「資料連結層、實體層」
（P34）。

▼ 電腦連接網路時，使用
的物件簡稱 NIC（Network
Interface Card），詳細説明
請參考 1.9.2 節。

▼ 確保 MAC 位址的唯一性
MAC 的位址必須是唯一的，
但是在軟體內可以更改製造
時的設定，詳細説明請參考
P 95。

▼ 關於 IP 位址的整合，請
參考 4.4.2 節。

▼ 現在不論轉發表或路由
表，都無法在各節點手動設
定，原則上都是自動產生。
轉發表是根據 3.2.4 的自我
學習後自動產生，而路由表
是透過第 7 章的路由協定自
動產生。

▼ 正確來説，是網路部分及
子網路遮罩，請參考 4.3.6
節。

電腦通訊時使用的 MAC 位址▼與 IP 位址皆具有唯一性，但是只有 IP 位址有層級性。

MAC 位址是由每張網卡▼的製造商識別代號、製造商內部的製造編號、產品通用編號組成，以確保 MAC 位址的唯一性▼。可是，我們沒有方法得知哪張網卡在世上的何處被使用。MAC 位址的製造商代號、製造編號、通用編號等，就某種意義上來說，也具有層級性，不過對於尋找位址時毫無幫助，所以 MAC 位址不算真的具有層級性。最終負責實際通訊的雖然是 MAC 位址，可是 MAC 位址沒有層級性，所以仍需要 IP 位址。

然而，IP 位址是由網路部分與主機部分等兩部分所構成。假如 IP 位址的主機部分不同，但是網路部分相同，代表該設備連接到相同部門或集團；若網路部分相同，代表組織結構、網際網路服務供應商、地區等比較集中，尋找位址時，較為方便▼。因此，我們可以說 IP 位址具有層級性。

網路中的節點會根據各封包的目標位址，判斷要從哪個網卡傳送出去，此時，會參考記錄著各個位址傳送介面的表格。這點 MAC 位址和 IP 位址都一樣。MAC 位址稱這張表為轉發表（Forwarding Table）；IP 位址稱為路由表（Routing Table）▼。轉發表是直接記載 MAC 位址，而記錄在路由表內的 IP 位址是整合後的網路部分▼。

圖 1-36
依照轉發表與路由表決定封包傳送的目標位置

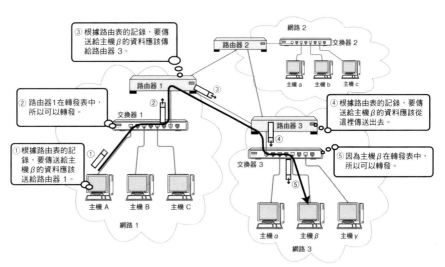

① 主機 A 檢視自己的路由表，將要傳送給主機 β 的資料傳送到路由器 1。
② 收到該資料的交換器 1 檢視自己的轉發表，把資料轉發給路由器 1。
③ 收到該資料的路由器 1 檢視自己的路由表，把資料傳送給路由器 3。
④ 收到該資料的路由器 3 檢視自己的路由表，把資料傳送給交換器 3。
⑤ 收到資料的交換器 3 檢視自己的轉發表，傳送給主機 β。

＊實際上，從轉發表或路由表中得知的，不是轉發對象，而是應該傳送資料的介面。

1.9   網路的構成元素

實際建構網路時，需要各種線路與設備。以下要介紹連接電腦之間的硬體部分。

圖 1-37
網路的構成元素

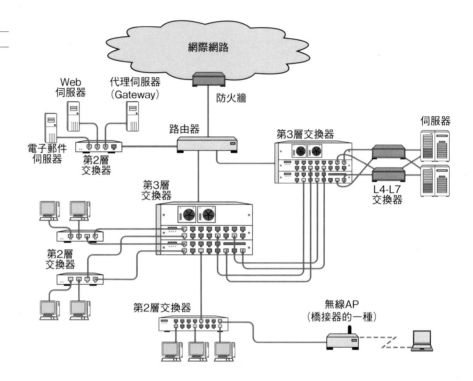

表 1-3
構成網路的設備及功能

設備	功能	介紹章節
網卡	讓電腦連接網路的設備	1.9.2（P46）
中繼器（Repeater）	從實體層延長網路的設備	1.9.3（P47）
橋接器（Bridge）/第 2 層交換器	從資料連結層延長網路的設備	1.9.4（P48）
路由器（Router）/第 3 層交換器	透過網路層傳送封包的設備	1.9.5（P50）
第 4-7 層交換器	處理傳輸層以上資料流量的設備	1.9.6（P51）
閘道（Gateway）	進行協定轉換的設備	1.9.7（P52）

◤ **1.9.1 通訊媒體與資料連結**

電腦網路是指，電腦之間彼此相連形成的網路。那麼，實際上是如何連接的呢？

連接電腦的線路可以使用雙絞線、光纖、同軸電纜、串列線等。不同的資料連結▼種類，使用的線路種類也不一樣。而使用的媒體包括電波或微波等電磁波。表 1-4 整理了各種資料連結及連結時使用的通訊媒體、傳輸速度的標準。

▼資料連結（Datalink）
資料連結是指，直接相連的設備之間，彼此通訊用的協定或網路。其對應的通訊媒體也有很多種，詳細說明請參考第 3 章。

表 1-4
各種資料連結

連結名稱	通訊媒體	傳送速度	主要用途
乙太網路	同軸電纜	10Mbps	LAN
	雙絞線	10Mbps ～ 10Gbps	LAN
	光纖	10Mbps ～ 400Gbps	LAN
無線	電磁波	數 Mbps ～	LAN ～ WAN
ATM※	雙絞線 光纖	25Mbps、155Mbps、622Mbps	LAN ～ WAN
FDDI※	光纖 雙絞線	100Mbps	LAN ～ MAN
訊框中繼 ※	雙絞線 光纖	約 64k ～ 1.5Mbps	WAN
ISDN※	雙絞線 光纖	64k ～ 1.5Mbps	WAN

※ 現在很少使用。

■ **傳輸速度與吞吐量**

進行資料通訊時，在兩台設備之間，資料流動的物理性速度就稱作傳輸速度，單位是 bps（Bits Per Second）。雖然名為速度，但是流動在媒體中的訊號速度是固定的，即使資料連結的傳輸速度不同，也不會變快或變慢▼。傳輸速度變大時，資料的流動速度不會變快，而是在短時間內，可以傳送更多的資料。

▼因為光與電流的流動速度是固定的。

以道路為例，低速的資料連結相當於車道數量少，無法一次通行大量車子的道路。相對來說，高速的資料連結相當於車道數量多，一次能讓大量車子通行的道路。傳輸速度又稱頻寬（Bandwidth），頻寬愈大，代表屬於高速網路。

另外，實際上在主機之間彼此的傳輸速度稱作吞吐量（Throughput），單位與傳輸速度（頻寬）一樣是 bps（Bits Per Second）。吞吐量不光是指資料連結的頻寬，也會考量到主機的 CPU 效能、網路的壅塞程度、封包中的資料占比（不含表頭，只計算資料）等實際效用的傳送速度。

■　**網路設備彼此相連**

若要讓網路彼此相連，需要可以依循的規格或業界標準等「法律」。這是在建構網路時，非常重要的一點。假如各品牌的產品，使用的是自己專屬的媒體或協定，與其他部門或網路相連時，可能會發生問題。為了避免發生這種情況，提出了標準的協定及規格，而且必須確實遵守。假如製造商不遵守，產品就可能無法通訊或發生問題。

但是，在技術過渡期，一定會發生「相容性問題」。ATM、千兆乙太網路（Gigabit Ethernet）、無線區域網路等新技術推出時，曾經有段時間，不同品牌之間的相容性出現了許多問題。這點雖然會隨著時間逐漸改善，但是要達到百分之百完全相容非常困難。

導入網路時，除了產品規格之外，也必須考量到相容性，以及長時間使用之後實際運作的狀況▼。如果貿然使用只有少數人用過的新產品，恐怕會造成問題不斷，惡夢連連。

▼擁有完整成果的技術稱作「成熟的技術」。這是用來形容曾經受到眾人的愛用，累積足夠成果的技術，這裡沒有負面的意思。

◤ **1.9.2　網卡**

最近大部分的電腦都已經內建了無線區域網路（Wi-Fi）的介面，其中也包括了透過 USB 使用網路的機種。如果要讓電腦連接網路，就需要連線專用的介面，這種介面稱作網卡。以前的電腦以有線區域網路為主，通常都是準備外接式裝置來當作介面，稱作 NIC（Network Interface Card）、Network Adapter、網卡、LAN 卡等。實際連線時，必須選擇支援該協定的硬體。無線區域網路也一樣，需要支援使用的協定。不過最新的協定通常相容舊的協定，只要準備 Wi-Fi 環境，雖然可能有些限制，但是仍可以發揮網卡功能，進行通訊。

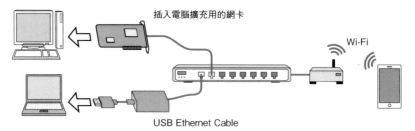

圖 1-38
網卡

現在有許多內建網卡的電腦。

▼ 1.9.3 中繼器

圖 1-39
中繼器

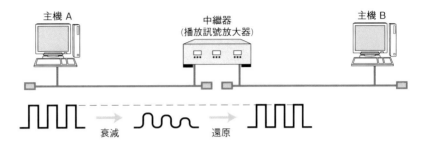

・中繼器是對衰減、變形後的訊號波形進行增幅、整形的設備。
・中繼器是在實體層延長網路。
・在資料連結層發生錯誤時，中繼器仍會直接傳送資料。
・中繼器無法改變傳輸速度。

中繼器（Repeater）位於 OSI 參考模型的第一層實體層，是延長網路的設備。當中繼器接收到線路傳過來的電子或光線訊號後，經過增幅及調整波形，再傳給另一端。

有些中繼器可以在不同通訊媒體進行轉換。例如，同軸電纜與光纖之間的訊號可以彼此轉換。但是，這只是單純轉換流動在通訊路徑上的訊號 0 與 1，仍會直接傳送錯誤訊框。中繼器只是把電子訊號轉換成光訊號，所以無法連接傳送速度不同的媒體▼。

▼ 中繼器無法同時連接 100Mbps 與 10Mbps 乙太網路。假如需要轉換速度，就得使用橋接器或路由器。

利用中繼器延長網路時，會有連接段數的限制。例如，10Mbps 的乙太網路最多可以用 4 個中繼器進行多段連接。但是 100Mbps 的乙太網路最多只能用 2 個中繼器進行連接。

另外，有些中繼器可以容納多條線路，又稱作中繼集線器（Repeater Hub）。你可以把這種中繼集線器▼看成每個連接埠都是一個中繼器。

▼中繼集線器有時也稱作「集線器」，但是現在的集線器，通常是指後面要說明的交換式集線器（請參考 1.9.4）。

圖 1-40
集線器型的中繼器

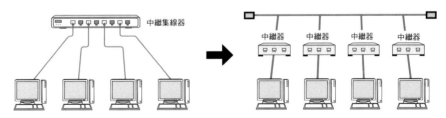

你可以把中繼集線器的每個連接埠都看成是一個中繼器。

▼ 1.9.4　橋接器／第 2 層交換器

圖 1-41
橋接器

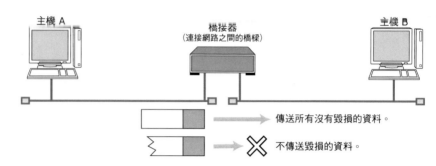

・橋接器瞭解訊框的內容之後，再傳給旁邊的網路。
・橋接器沒有連接段數的限制。
・基本上，只能連接相同種類的網路，但是也有可以
　連接不同網路傳輸速度的橋接器。

▼訊框（Frame）
與封包的意思大致一樣，但是在資料連結層中，通常稱作訊框。請參考 P83 的專欄。

▼區段（Segment）
這個字的意思是分割、劃分，在這裡是用來代表「網路」，請參考 P91 的專欄。另外，也用來表示 TCP 的資料。請參考 P81 的專欄。

▼FCS（Frame Check Sequence）
利用 CRC（Cyclic Redundancy Check）方式，用來檢查訊框的欄位。確認有沒有因為噪音而在傳送過程中，造成訊框損壞的情況。

▼流量（Traffic）
這是指在網路上傳輸的封包或封包的量。

橋接器是在 OSI 參考模型的第二層「資料連結層」，連接各個網路的設備。瞭解了資料連結的訊框▼之後，暫時儲存在橋接器內部的記憶體再將新的訊框傳送給目標區段▼。橋接器會暫時儲存訊框，因而能連接 10BASE-T 與 100BASE-TX 等傳輸速度不同的資料連結，多段連接沒有數量限制。

在資料連結的訊框中，含有用來檢查訊框是否正確傳送，稱作 FCS▼的欄位。橋接器會檢查這個欄位，避免壞掉的訊框傳送給其他的區段。另外，藉由位址學習功能與過濾功能，可以控制不讓多餘的流量▼通過。

這裡的位址是指 MAC 位址或硬體位址、物理位址（Physical Address）、Adapter Address，亦即在連接網路的 NIC 加上位址。如圖 1-42 所示，主機 A 與主機 B 進行通訊時，只要對網路 A 傳送訊框即可。

多數橋接器具有能判斷是否將封包傳給旁邊區段的功能。這種橋接器稱作「學習型橋接器」。曾經通過該橋接器的訊框，其 MAC 位址將在一定的時間內，登錄（儲存在記憶體）在橋接器內部的表格中，成為判斷哪個區段有哪個 MAC 位址的設備存在。

這種功能就是在 OSI 參考模型中，第二層資料連結層定義的功能。因此，也稱作第 2 層交換器（L2 Switch）。

圖 1-42
學習型橋接器的學習
範例

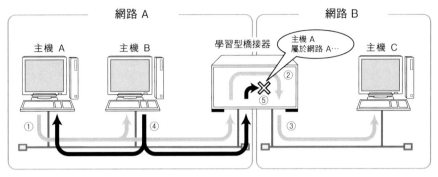

① 主機 A 傳送訊框給主機 B。
② 橋接器學習到主機 A 位於網路 A。
③ 橋接器因為不知道主機 B 連接到何處，所以將訊框轉發給網路 B。
④ 主機 B 傳送訊框給主機 A。
⑤ 橋接器已經學習過主機 A 位於網路 A，所以不會將要送給主機 A 的
　訊框傳給網路 B。除此之外，橋接器學會主機 B 位於網路 A。

後續主機 A 與主機 B 之間的通訊，只在網路 A 中進行。

▼具有橋接器功能的集線
器，稱作「交換式集線器」，
沒有橋接器功能的集線器稱
作「中繼集線器」。

使用乙太網路的交換集線器（交換器）▼，現在幾乎就是一種橋接器。交換式集線器的功能是，把連接線路的連接埠全都變成中繼器。

圖 1-43
交換式集線器是一種
中繼器

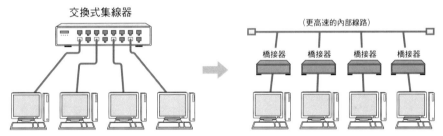

交換器的每個連接埠可以當成是橋接器。

▛ **1.9.5　路由器／第 3 層交換器**

圖 1-44
路由器

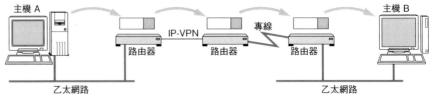

路由器
（決定路徑傳送封包的送貨員）

主機 A
IP-VPN
專線
主機 B
路由器
路由器
路由器

乙太網路
乙太網路

・路由器是連接網路之間的設備。
・決定目標路徑，傳送封包。
・基本上，可以連接任意資料連結。

路由器是 OSI 參考模型的第 3 層，主要負責網路層的處理。簡單來說，
路由器是連接網路之間中繼封包的設備。橋接器是以物理位址（MAC 位
址）來進行處理，但是路由器／第 3 層交換器是根據網路層的位址進行
處理。因此，TCP/IP 的網路層位址等同於 IP 位址。

路由器可以連接不同的資料連結，讓乙太網路之間彼此相連，或使乙太
網路與無線區域網路彼此連接。家裡或辦公室若要連接網際網路，當
電信業者來安裝時，一定會裝上一個小盒子，並告知不要關閉電源，
這個小盒子就稱作寬頻分享器（Broadband Router）或 CPE（Consumer
Premises Equipment），這也是一種路由器。

▼以路由器連接網路時，路
由器會分割資料連結，因而
無法傳送資料連結的廣播封
包。關於廣播請參考 1.7.3
節的說明。

路由器負責分擔網路的負載▼，而且有些還具備安全性功能。

因此，在連接各個網路時，路由器設備扮演了非常重要的角色。

▼ 1.9.6　第 4 ～ 7 層交換器

圖 1-45
第 4 ～ 7 層交換器

負載平衡器是一種第 4 ～ 7 層交換器，主要的作用是分散多台伺服器的負擔。

▼關於 TCP/IP 的層級模型請參考 P75 的說明。

第 4 ～ 7 層交換器是根據 OSI 參考模型的傳輸層到應用層的資料，進行傳送處理。如果以 TCP/IP 的層級模型▼來說明，就是在 TCP 協定等傳輸層與上面的應用層分析收送的通訊內容，進行特殊處理。

▼網站（Site）
這理是指以 URL（請參考 8.5.3 節）顯示連接乙太網路的伺服器（或伺服器群）。透過提供資料的方式，吸引網友，包括遊戲網站、下載網站、Web 網站等。

例如，企業網站▼只用一台伺服器，可能無法完全處理大量的瀏覽請求，為了分擔負荷，有時會設置多台 Web 伺服器。可是，瀏覽該網站的人只會造訪一個 URL▼。僅僅使用一個 URL，卻又要將負載分散到多台伺服器上，達到分散負載的方法之一，就是在 Web 伺服器的前方架設負載平衡器，這就是一種第 4 ～ 7 層的交換器▼。

▼URL
請參考 8.5.3 節。

在負載平衡器設定虛擬 URL，並當作網站向使用者發布。當使用者瀏覽虛擬 URL 時，覆載平衡器會分配給多個實際的伺服器，並且管理交談內容，可以持續使用實際提供資料給使用者的伺服器。

▼其他還有利用 DNS（請參考 5.2 節），依照詢問切換回應的 IP 位址來分散負載的方法，也稱作 DNS Round Robin。

另外，當通訊不佳時，將優先處理聲音通話等有即時性的通訊，因為電子郵件或資料，略微延遲傳送也沒什麼關係，所以之後再處理這種通訊。這種處理稱作頻寬管理控制，這也是第 4 ～ 7 層交換器的功能之一。第 4 ～ 7 層運用在各種用途。例如在遠端線路之間高速傳遞資料的結構（WAN Accelerator）、特定應用程式的高速化、防止經由網際網路、來自外部非法存取的防火牆等。

1.9.7 閘道

圖 1-46
閘道

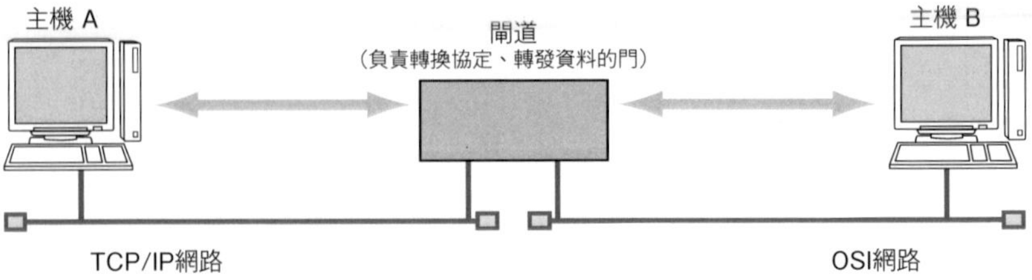
主機 A
閘道
(負責轉換協定、轉發資料的門)
主機 B
TCP/IP網路
OSI網路

· 閘道可以進行轉換或中繼協定。
· 同在相同的協定之間，進行轉換的閘道，稱作應用程式閘道。

▼依照慣例，有時路由器的功能會用「閘道」來表現，但是本書把在 OSI 參考模型傳輸層以上的層級，進行協定轉換的部分，稱作「閘道」。

閘道是在 OSI 參照模型的傳輸層到應用層，負責轉換資料再轉發的設備▼。和第 4 ～ 7 層交換器一樣，會檢視傳輸層以上的資料，進行封包處理。但是閘道不僅負責轉發資料，還負責轉換資料。尤其是，對於彼此無法直接通訊的兩種不同協定，閘道會執行翻譯工作，讓彼此互相通訊，所以我們很常使用閘道來處理表現層或應用層。總之，這是能翻譯不同協定的中繼功能。

最簡單的例子就是智慧型手機的翻譯 app，應該有很多人都使用過吧！對著智慧型手機說中文，然後按下按鈕，就會輸出英文等指定語言的翻譯結果。按下回覆鈕，能把對方的語言翻譯成中文，是非常厲害的閘道功能。因為它可以翻譯「語言」不同的協定並傳給對方（中繼）。

在電腦網路的世界，連接各種應用程式或轉換協定的機制，都算是廣義的閘道。

圖 1-47
閘道示意圖

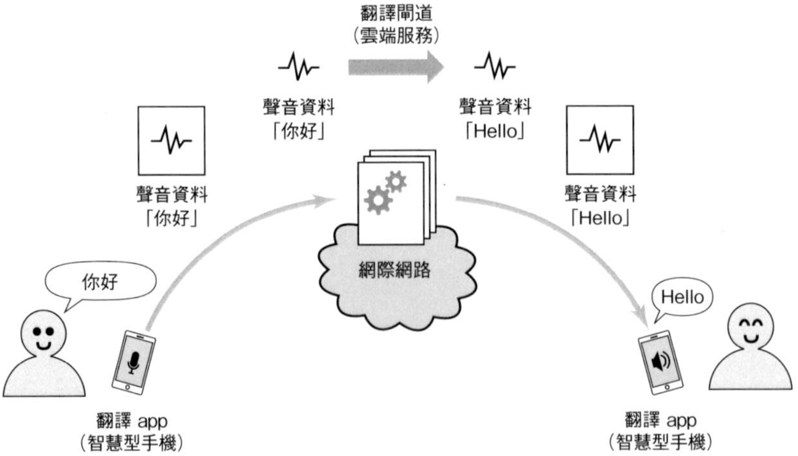
翻譯閘道
(雲端服務)
聲音資料
「你好」
聲音資料
「Hello」
聲音資料
「你好」
聲音資料
「Hello」
網際網路
你好
Hello
翻譯 app
(智慧型手機)
翻譯 app
(智慧型手機)

另外，使用 Web 服務的時候，有時會架設代理伺服器（Proxy Server）來減輕網路流量的負載及增加安全性。這種代理伺服器也是一種閘道，又稱作應用程式閘道▼。此時，使用者與伺服器不會直接在網路層通訊，而是在傳輸層到應用層之間的層級中，由代理伺服器進行各種管理。部分防火牆產品也能根據各種應用程式，透過閘道來進行通訊，以提高安全性。

▼使用代理伺服器時，使用者並非直接與網際網路的伺服器建立連接，而是與代理伺服器建立連接，再由代理伺服器與網際網路的伺服器進行連接。

圖 1-48
代理伺服器

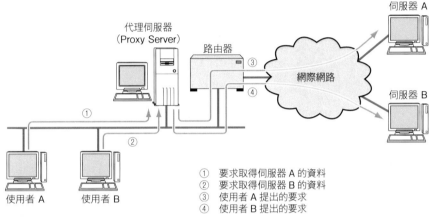

① 要求取得伺服器 A 的資料
② 要求取得伺服器 B 的資料
③ 使用者 A 提出的要求
④ 使用者 B 提出的要求

伺服器：提供服務的系統
使用者：接收服務的系統
代理伺服器：代替伺服器提供服務的系統

圖 1-49
各設備與對應層級的
重點整理

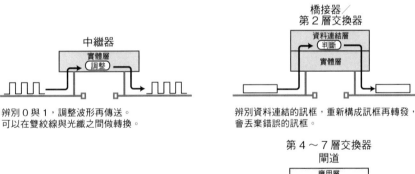

中繼器

辨別 0 與 1，調整波形再傳送。
可以在雙絞線與光纖之間做轉換。

橋接器／
第 2 層交換器

辨別資料連結的訊框，重新構成訊框再轉發，會丟棄錯誤的訊框。

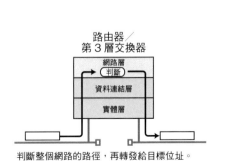

路由器／
第 3 層交換器

判斷整個網路的路徑，再轉發給目標位址。

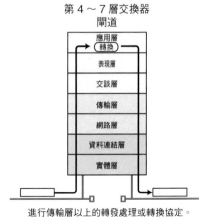

第 4 ～ 7 層交換器
閘道

進行傳輸層以上的轉發處理或轉換協定。

1.10 現在的網路態勢

透過前幾節學到的內容，接下來我們先簡單介紹實際使用中的網路狀態。

▶ 1.10.1　實際的網路結構

究竟電腦網路是如何構成的？以下我們以道路為例來做說明（圖 1-50）。

網路世界相當於交通道路中的高速公路，我們稱作「骨幹」或「核心」。顧名思義，這個部分就是網路的中心。以高速收送大量資料為目的而建構，一般用高速路由器來連接。

相當於高速公路出入口的交流道部分，稱作「邊緣網路」。在邊緣網路中，會使用多功能的路由器▼或高速第 3 層交換器。

▼為了減輕骨幹的流量及負擔，除了一般的路由處理外，還具備了根據資料的種類及優先順序來控制收送訊息的功能，以及收集並處理來自特定機器的資料，再定期轉發的功能。

高速公路的交流道會連接國道或省道，可以通往市區。在電腦網路中，連接邊緣網路的部分，稱作「接取網路」或「集結網路」。這個部分是用來整合網路的資料，管理跨越邊緣網路傳輸的資料，及儲存在網路內的資料。這裡通常會使用第 2 層交換器或第 3 層交換器。

圖 1-50
網路的全貌

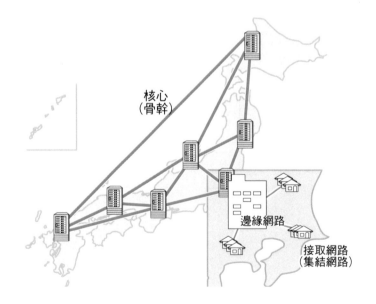

■　網路的物理結構與邏輯結構

因為季節或時間，道路經常會出現行車速度緩慢、壅塞的情況，因而延後了抵達目的的時間。網路也是如此，同樣也會產生塞車、緩慢的情況。

實際的交通道路中，為了改善塞車的狀況，必須拓寬車道或增建分流道路。換成網路的話，相當於增加通訊電纜等擴充實體層（物理結構）的部分。

可是網路通訊不僅有物理性的線路，還會在上層以邏輯性線路進行傳輸（邏輯結構）。因此，只要事先準備好，就能視狀況來「虛擬」擴大寬度或限制寬度。

虛擬擴充寬度好比開車從名古屋前往東京時，東名高速公路塞車，就改走中央高速公路或北陸道與關越道，避免遇到塞車。如果將「東名高速公路」這種具體的道路，換成「從名古屋到東京的高速公路」這種邏輯性道路，不論是行駛東名高速公路或改走中央高速公路，都變成行駛在相同（虛擬）的道路上。現在的電腦網路受惠於高速光纖通訊與設備的高功能性，減少了設備上的延遲，國內的網路不論選擇哪一條路徑，都不會產生明顯的延遲。還可以挑選不會感受到電子郵件或檔案轉發延遲的通訊，進行迂迴轉發▼。

▼話雖如此，出國或在國土廣大的國家使用網路時，仍會隨著選用的電信業者不同，而可能遇到「網路好慢」的情況。這通常是因為網路速度緩慢而造成塞車，或因為多段連接、距離較長而發生延遲。

圖 1-51
物理性道路與邏輯性道路

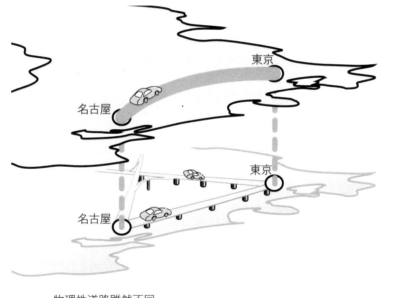

物理性道路雖然不同，
但是邏輯性道路（虛擬性道路）卻是當成同一條道路。

◤ 1.10.2　使用網際網路連線服務進行通訊

這次要說明實際在網路中，如何建立通訊。

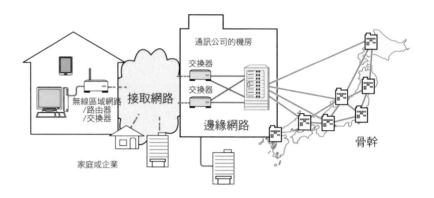

圖 1-52
連接網際網路的服務

我們在家裡或公司使用外部網路時，大部分都是使用連接網際網路的服務。由最近的交換器或無線區域網路路由器整合的通訊，會連接到前面說明過的「接取網路」▼，甚至還會透過「邊緣網路」或「骨幹」與通訊對象連線。

▼公司的規模大，使用者眾多的時候，或有許多來自外部的大量存取時，有時會直接連接「邊緣網路」。

◤ 1.10.3　利用行動裝置通訊

▼裝置移動時，基地台之間會自動交換、傳遞資料，這就稱作「漫遊（roaming）」。

行動電話開機之後，就會自動發送訊號，與最近的基地台進行通訊▼。基地台會設置簽約電信公司（提供行動電話的公司）的行動電話用天線。這個基地台相當於「接取網路」。

行動電話對連接對象發送訊號時，會把呼叫訊號傳送到註冊該號碼的基地台，當對方接聽電話時，即代表建立通訊路徑。

基地台收集的資料整合到「機房（邊緣網路）」，再連接到機房之間的骨幹網路（「骨幹」），這種結構就相當於前面說明的網際網路連線服務。

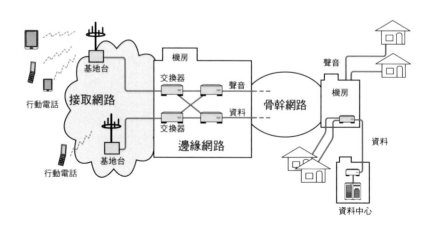

圖 1-53
行動電話的通訊方式

◼ LTE 與聲音通話

現在我們使用的第 3 代或第 3.5 代的行動電話網路，當初在設計時，是用來傳送聲音通話或少量資料通訊，最大速度為 64kbps。現在主要使用的 LTE▼是過渡到 4G 行動網路的技術，這是 3GPP▼制定的行動電話通訊規格。理論上，可以達到最高下載速度為 300Mbps，最高上傳速度是 75Mbps 的高速無線通訊。

在 LTE 的規格中，聲音也會當作 IP 封包來傳送▼，所以整個網路都必須支援 TCP/IP。可是，現實的情況是，我們無法一次就替換掉所有的網路設備，所以目前聲音通話和原來一樣，仍是採用以行動電話網路傳送的架構（CSFB▼）。

若拿道路來比喻，相當於拓寬連到家裡的道路，並且修復從市區到主要幹道的兩條道路，分別用於一般車輛（通話）與大型車輛（影音資料或通訊量龐大的應用程式）。這樣行動電話可以提供和原來一樣高品質的聲音通話，以及與使用固網相似的高速體驗。

伴隨著提供的服務愈來愈多元化及連接設備的高速化／高功能化，而積極開發像 LTE 這種提升網路使用環境的結構。

今後按照 5G▼規格的通訊方式將開始普及，這種規格的目的是為了快速、確實地連接更多的終端設備。隨著網際網路的持續發展，網際網路取代了電話網路，但是未來行動電話網路將與網際網路整合，除行動裝置之外，所有的物品或事物都將以相對應的線路速度與頻率來使用網際網路，使得網際網路將成為比過去更重要的社會基礎建設。

◼ 公共無線區域網路與行動設備的認證

家裡或公司的無線區域網路，連線場所固定，且使用者也有限制，但是有時公共無線區域網路會為了確認使用者是否為簽約用戶而進行認證。因此，在連接「接取網路」之前，要先連到經營該公共無線區域網路的業者所屬的網路，只有通過認證，取得許可的設備，才能重新連接到「接取網路」。許多場所免費的公共無線區域網路，只要同意使用規定，輸入電子郵件，就可以上網，這也是透過相同機制來運作。

使用行動電話或智慧型手機等行動設備時，必須先與電信業者簽約，電信業者就能利用該設備資料來確認使用者，所以不需要特別認證。

▼ LTE
（Long Term Evolution）

▼ 3GPP（Third Generation Partnership Project）
各國標準化團體推動的第三代行動電話系統檢討專案。

▼現在幾乎所有的聲音通話都已經數位化，利用 TCP/IP 的技術來傳送。

▼ CSFB（Circuit Switched Fallback）

▼ 5G
（第 5 代行動通訊系統）
LTE 也稱作 3.5G，而 LTE-Advance 稱作 4G。

◤ 1.10.4　對資料傳送者而言的網路

提到透過網路傳播訊息，過去比較常見的作法是，個人或企業自己準備伺服器建立／公開網站（官網）。現在使用 Facebook、Instagram、Twitter、YouTube 等發布訊息成為主流，這些 SNS ▼等網站提供了即時收集資料與發布訊息的機制。

▼ SNS（Social Networking Service）
建構在網際網路上，提供個人、家庭、朋友、公司等溝通場所的服務。

例如，YouTube 等影音網站提供的是代替訊息發布者（投稿者），重新傳送影片的服務。這些影片來自世界各地，影音網站會儲存大量上傳的影片再發布。熱門影片可能一天就有數十萬的點閱率，這些網站為了瞬間處理大量的流量，在多個場所設置大量儲存設備和伺服器等專用設備，用高速網路連接，以因應更多要求，這種專門的資料處理設施就稱作資料中心。

圖 1-54
資料中心

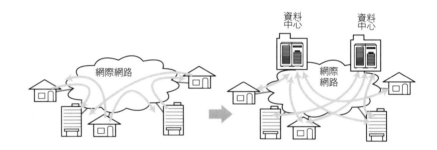

過去需要存取個人或企業管理的伺服器，但是現在使用資料中心提供的服務來發布訊息的情況日益增加。

資料中心是由巨大的伺服器、儲存設備、網路所構成。大規模的資料中心直接連接到「骨幹」，小規模的資料中心大部分會連接到「邊緣網路」。

在資料中心的內部，會使用第 3 層交換器或高速路由器，建構出網路。為了減少延遲狀況，也會評估是否使用高功能的第 2 層交換器。

1.10.5 虛擬化與雲端

▼內容（Content）
原本這個英文單字是「內容」或「裡面」。但是這裡是指整合影片、文章、音樂、應用程式、遊戲軟體等，可以上傳或下載的資料集合體總稱。

抽獎網站、遊戲網站、內容▼下載網站的瀏覽日期與尖峰時段並不相同。以抽獎網站為例，該網站除了抽獎期間，其他時候都無法瀏覽。在抽獎期間內，依照參加者的特性，可能出現白天的瀏覽量較多或假日的瀏覽量較多的情況。假如在抽獎期間內，無法正確處理所有瀏覽，就會產生客訴。

事實上，網路資源會像這樣隨著提供資料的種類或性質產生變化。尤其是資料中心這種經營大量伺服器提供資料的環境，若將固定的網路資源分給每個網站或內容，將會非常沒有效率。

因而出現了虛擬化技術。不以物理方式增減伺服器、儲存設備、網路，而是利用軟體，建構出可以在需要時提供必要傳輸量的邏輯性結構。將資源分配給要求較多的內容再運用，就能提供正確的資料。

對使用者而言，使用虛擬化技術自動提供必要資源的結構稱作雲端。另外，配合整個虛擬化系統，進行自動管理的結構稱為協作（Orchestration）。透過雲端，能提供網路使用者隨時隨地收集必要資料的機制。雲端出現之後，讓「擁有」設備並自行運用的情況變成需要使用雲端時，再「使用」必要的功能，產生了重大的轉變。透過各種機器連接上網來收集資料的 IoT 可以 24 小時 365 天隨時收集大量資料，並把這些資料暫時儲存在雲端，進行必要的運算處理。此外，雲端也開始提供各種服務，相對於前面的 IoT，也有在雲端上收集各種工具，輕鬆建構環境的服務，或依序建立、定義多個雲端服務的輸出入，當成一個服務的雲端服務。

圖 1-55
雲端與協作

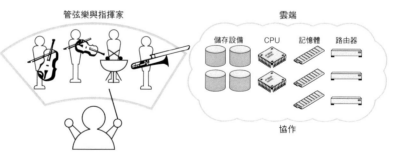

雲端就像管弦樂的指揮家，會自動進行調整，將必要的儲存設備或CPU等資源提供給使用者。

▼ 1.10.6　雲端的結構與運用

各種雲端服務已經變得十分普及。過去有許多人把 Microsoft Office 安裝在電腦上，使用 Outlook 收送電子郵件及記錄待辦事項，現在卻變成使用雲端服務 Office365，這種使用雲端應用程式的型態稱作 Saas（Software as a Service）。

另外，有些人想在雲端開發產品，只需能自行加入應用程式及執行運算的環境，可以提供這種型態的服務稱作 PssS（Platform as a Service）。

▼又稱作 Hardware as a Service。

還有人希望自行決定 CPU 效能、記憶體用量、儲存設備用量、使用方法等，可以提供這種型態的服務稱作 IaaS（Infrastructure as a Service▼）。不論哪種情況，都是將伺服器、儲存設備及網路虛擬化，自動分配符合需求的機器，藉此達到按照使用者要求，提供穩定環境的目標。

事實上，要運用許多技術與想法才能造就出這種環境，其中很常用到 SDx 這個字。如果是打造雲端的網路部分，最後的 x 會變成網路的 N，稱作 SDN，是 Software Defined Network 的縮寫，屬於由整體的控制系統（軟體）控制網路的機制。在 SDN 的方法中，包括了 OpenFlow 等技術。此外，在 L2 網路上也出現了幾個虛擬化並執行控制的機制。

使用面上也有顯著的進步。雲端是一個總稱，過去公司或個人建構、使用、運用的系統稱作 on premises，現在也很流行將 on premises 執行的環境全都移到雲端。

此外，還持續進化成平行使用 on premises 與雲端的混合雲，以及同時多個雲端的多雲端。當結構及連接型態往複雜化方向發展的同時，讓雲端結構單純化、開發環境簡約化，藉此提升速度的容器技術也十分盛行。

這些技術應該會愈來愈進步，成為普遍使用的新手法，並在所有網路上進行發展、運用。

本章主要說明了網路的基本知識與 TCP/IP 的關係。現在除了瀏覽網際網路，就連電視、電話等日常活動及各種雲端服務也是透過 TCP/IP 及其相關技術來達成。下一章開始將說明 TCP/IP 及相關技術，本書介紹的內容為初階，是網路相關技術人員必備的基本知識，請徹底學會這些概念。

第*2*章

TCP/IP 的基礎知識

TCP（傳輸控制協定）是 Transmission Control Protocol 的縮寫，而 IP（網際網路協定）是 Internet Protocol 的縮寫。TCP/IP 是實現網際網路環境通訊的協定，也可以說是最有名的協定。本章將要介紹從 TCP/IP 出現到目前的演進歷史，以及相關的協定概要。

7 應用層 （Application Layer）	〈應用層〉 TELNET, SSH, HTTP, SMTP, POP, SSL/TLS, FTP, MIME, HTML, SNMP, MIB, SIP, …
6 表現層 （Presentation Layer）	
5 交談層 （Session Layer）	
4 傳輸層 （Transport Layer）	〈傳輸層〉 TCP, UDP, UDP-Lite, SCTP, DCCP
3 網路層 （Network Layer）	〈網路層〉 ARP, IPv4, IPv6, ICMP, IPsec
2 資料連結層 （Data-Link Layer）	乙太網路、無線網路、PPP、… （雙絞線、無線、光纖、…）
1 實體層 （Physical Layer）	

2.1 TCP/IP 的出現背景與歷史

現在，在電腦網路的世界裡，TCP/IP 是最知名，也是最常用的協定。為什麼 TCP/IP 會如此普及呢？有人認為是因為 Windows 及 macOS 等個人電腦的作業系統標準支援 TCP/IP 的緣故。但是，這只不過是結果，而非 TCP/IP 普及的理由。因為，圍繞著電腦業界的整個社會，形成了支援 TCP/IP 的風氣，製造商才會順應情勢，生產支援 TCP/IP 相關的產品。現在市面上幾乎看不到不支援 TCP/IP 的作業系統。

各大電腦製造商為什麼開始支援 TCP/IP 呢？讓我們從網際網路的發展歷史來追根究底。

▼ 2.1.1　從軍事技術的應用開始瞭解

在 1960 年代，有許多大學及研究所開始研究新的通訊技術，其中以美國國防部（DoD：The Department of Defense）為主，進行了相關的研究開發。

DoD 認為通訊是軍事上非常重要的一環，因此希望建構出即使通訊途中部分網路遭到敵人攻擊而損壞，仍可以透過其他迂迴路由來傳送資料，讓通訊不會中斷的網路。圖 2-1 這種中央集中式網路，一旦通訊線路的交換中心受到攻擊，就會斷訊。但是如圖 2-2 這種有許多迂迴路由的分散型網路，即使遭到攻擊，也因為有其他路徑而能繼續通訊▼。為了創造這種類型的網路，開始提倡封包通訊的必要性。

▼分散式網路是由 1960 年美國 RAND 研究所的 Paul Baran 提出。

封包通訊受到關注不單是基於軍事上的需求，使用封包交換，可以讓多位使用者同時共用一條線路。因而能提高線路的使用效率，降低建置線路的成本▼。

▼利用封包交換來通訊，是在 1965 年由英國 NPL（英國國立物理學研究所）的 Donald Watts Davies 提出。

因此，到 1960 年代後期，各方面的研究人員開始關注封包交換技術及封包通訊。

圖 **2-1**
防災性較弱的中央集
中式網路

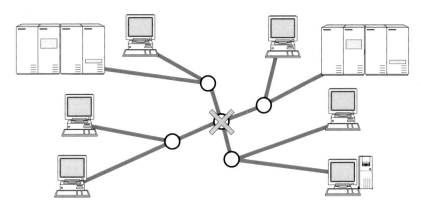

一旦中心故障，大多數的通訊都會出現問題。

圖 **2-2**
防災性較強的封包交
換網路

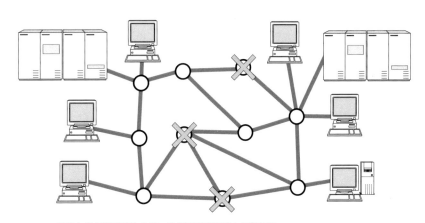

就算有幾個節點發生故障，也能透過迂迴路由傳送封包。

▰ **2.1.2** ARPANET 的誕生

1969 年，研究人員建構了網路環境，以驗證封包交換技術的實用性。當
初的網路連接了美國西岸的大學及研究機關共 4 個節點▾。該網路因為美
國國防部投入開發研究以及相關技術的大幅提升，讓一般使用者也一起
加入，在當時發展出一套規模龐大的網路。

這個網路稱作 ARPANET▾，據說就是網際網路的起源。在短短 3 年內，
從連結 4 個節點發展成 34 個節點，這個實驗非常成功▾。藉由這次的實
驗，證明了利用封包來進行資料通訊的手法具有實用性。

▼ 4 個節點
・UCLA（加州大學洛杉磯
分校）
・UCSB（加州大學聖塔芭
芭拉分校）
・SRI（史丹佛研究所）
・猶他大學

▼ ARPANET
（Advanced Research
Projects Agency Network
阿帕網路。

▼ ARPANET 的實驗及協定開
發，是接受 DARPA（Defense
Advanced Research Projects
Agency：美國國防高等研究
計畫署）政府機關資金援
助。

▰ 2.1.3　TCP/IP 的誕生

在 ARPANET 的實驗中，不單只是以連接幾所大學與研究機關的網路來進行封包交換，同時也進行了與連線的電腦之間提供高可靠性通訊手法的綜合性通訊協定實驗。於是，ARPANET 內部的研究機構，在 1970 年代初期，開發出 TCP/IP。直到 1982 年，才將 TCP/IP 的規格確定下來，到了 1983 年，成為 ARPANET 唯一使用的協定。

表 2-1
TCP/IP 的發展歷史

年代	內容
1960 年代後期	由 DoD 開始進行與通訊技術有關的研究開發
1960 年	ARPANET 誕生，開發封包交換技術
1972 年	ARPANET 實驗成功，擴大至 50 個節點
1975 年	TCP/IP 誕生
1982 年	決定 TCP/IP 的規格，開始提供 UNIX。UNIX 作業系統中使用了 TCP/IP 的協定
1983 年	ARPANET 的正式決定使用 TCP/IP
1989 年左右	區域網路上的 TCP/IP 應用急速擴大
1990 年左右	不論區域網路或廣域網路，都朝著使用 TCP/IP 的方向發展
1995 年左右	網際網路進入商用化的階段，增加了許多網際網路服務供應商
1996 年	決定下一代 IP 的 IPv6 規格，登錄為 RFC（於 1998 年修正）

▰ 2.1.4　UNIX 的普及與網際網路的擴大

在 TCP/IP 的誕生背景中，ARPANET 扮演了十分重要的角色。可是，這樣的 TCP/IP 只能在有限範圍內使用，無法全面普及吧！既然如此，後來 TCP/IP 在電腦網路世界廣泛普及的理由，究竟是什麼？

▼ BSD UNIX
由美國加州大學柏克萊分校開發的免費 UNIX 作業系統。

1980 年前後，在大學及研究所中廣泛使用 BSD UNIX▼當作電腦的作業系統（OS，Operating System），因為這種 OS 內部安裝了 TCP/IP 協定。1983 年，ARPANET 把 TCP/IP 納入正式的連線步驟。同年，前 Sun Microsystems 公司開始推出使用了 TCP/IP 的一般消費性產品。

1980 年代，隨著區域網路的發展，使得 UNIX 工作站急速普及。同時，也開始盛行利用 TCP/IP 建構網路。順應這種潮流，各個大學及企業的研究機構等，也逐漸開始連接 ARPANET 及其後繼的 NSFnet。從這個時期開始，由 TCP/IP 建構的世界級網路，就稱作「網際網路」（The Internet）。

網際網路是以連接終端節點之間的 UNIX 設備而擴大普及。TCP/IP 可說是電腦網路的主流協定，與 UNIX 維持著密切的關係，進而更加發達普及。從 1980 年代後期開始，原本使用各電腦製造商專用協定的企業，也順應這樣的情勢，而開始支援 TCP/IP。

◤ 2.1.5　商用網際網路服務的起源

當初，網際網路是以實驗及研究為目的才開始發展，不過到了 1990 年代，以企業及一般家庭為對象，提供網際網路連線的服務開始普及，並且被廣泛使用。提供這種服務的公司稱作 ISP▼（網際網路服務供應商）。同時，透過網際網路提供的線上遊戲、SNS、影片播放等商用服務，也開始蓬勃發展。

▼ ISP（Internet Service Provider）
提供個人、公司、教育機構等連接網際網路服務的公司。

因此，一般人對於用電話線上網的電腦通訊▼要求與日俱增。可是，電腦通訊只限於會員之間彼此溝通，而且多台電腦通訊的操作方法也不一樣，有許多不方便之處。

▼電腦通訊
這是指 1980 年代後期十分普及的網路服務。利用電話線及數據機，與提供電腦通訊服務的電腦主機連線，就能使用電子郵件、討論區等服務。

於是，提供企業及一般家庭連接網際網路，且允許商業使用▼的 ISP 因此產生。TCP/IP 以研究用網路為起點，後來成為網際網路，經過長時間運用之下，終於變成能經得起商用服務考驗的成熟協定。

▼ NSFnet 禁止商用連線。

透過網際網路，我們可以利用 WWW 收集來自全球的資訊，並使用電子郵件進行溝通。同時也能自行向全世界發布訊息。網際網路本身沒有限定會員，而是連接全世界的公用開放網路。上面提供了各式各樣的服務，還能自行開創新的服務。

結果，網際網路成為付費的商用服務，並且蓬勃發展。過去普及的電腦通訊等服務，也加入網際網路的行列。因此，自由且開放的網際網路迅速為企業及一般人所接受。

2.2　TCP/IP 的標準化

1990 年代，ISO 針對名為 OSI 的國際標準協定進行標準化。可是，後來 OSI 幾乎很少看到，反而是 TCP/IP 被廣泛使用。為什麼是 TCP/IP 而不是 OSI 呢？

因為，TCP/IP 的標準化之中，有著其他協定標準化所缺乏的特色。這就成為 TCP/IP 協定急速成長與普及的最大動力來源。因此，本節就要來說明 TCP/IP 的標準化。

▛ **2.2.1**　TCP/IP 的含義

首先，我們要說明 TCP/IP 的含義。

如果按照字面上來分析 TCP/IP 這個字，你可能認為是指，TCP 與 IP 兩個協定，而事實上，有時的確就是指這兩個協定。

不過通常 TCP/IP 這個名詞，不單是指 TCP 與 IP 等兩個協定，而是使用 IP 或利用 IP 進行通訊時，需要用到的多個協定的總稱。具體而言，是包含 IP、ICMP、TCP 或 UDP、TELNET、FTP、HTTP 等許多與 TCP 及 IP 有著密切關係的協定。TCP/IP 也稱作網際網路協定套組（Internet Protocol Suite）▼。意思是指，這是建構網際網路時必備的協定組合。

▼網際網路協定套組
（Internet Protocol Suite）
組合一套網際網路協定。

圖 2-3
TCP/IP 協定群

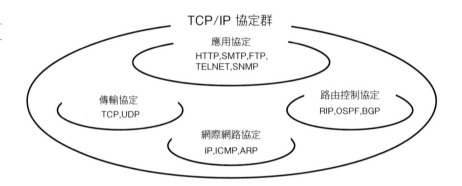

▛ **2.2.2**　TCP/IP 標準化的精神

TCP/IP 的協定標準化與其他標準化相比有兩大特點。第一是具有開放性，另外一個是重視標準化的協定是否能實際運用。

▼ IETF
（Internet Engineering Task Force）

首先，將針對開放性這一點來做說明。TCP/IP 的協定是透過 IETF▼的討論而決定的。TETF 是任何人都可以參加的組織，一般這種討論是透過電子郵件的郵寄清單來進行，每個人都可以加入郵寄清單。

第二點是，在 TCP/IP 的標準化過程中，追求的是能彼此通訊的技術，而非決定協定的規格。「TCP/IP 以開發程式為優先考量，勝過規格」，因此是以重視開發的觀點來制定協定。

▼實作
開發在電腦等設備上執行動作的程式或硬體。

「開發程式後再寫規格」這種講法雖然有點誇張，但是在決定 TCP/IP 的協定規格時，都是以實作▼為優先來展開工作。此外，在討論協定的詳細規格時，有些設備已經使用了該協定，不論是否採取規定的形式，都需要能實際進行通訊。

在 TCP/IP 中，協定的規格大致決定之後，就會在多個使用該協定的設備之間，進行彼此連線的實驗。假如發生問題，就展開討論，再修正程式、協定或文件。反覆這樣的過程，最後讓協定達到標準化，藉此完成高實用性的協定。

可是，若在彼此連線實驗沒有設想到的環境下，仍可能發生無法正常運作的情況。萬一發生這種問題，再進行改善即可。

OSI 沒有 TCP/IP 如此普及的原因在於沒有及早提出實用的協定，以及無法因應快速技術革新的協定或對協定進行改良。

◤ 2.2.3 　TCP/IP 的規格 RFC

▼如同字面上的意思，RFC 是「徵求意見的文件」。

▼提供與協定安裝或運用有關的有用資料稱作 FYI（For Your Information）。

▼不以標準化為目的的實驗性協定稱作 Experimental。

▼例如，STD5 是指包含 ICMP 的 IP 標準。而 STD5 的實際內容是由 RFC791、RFC919、RFC922、RFC792、RFC950、RFC1112 等 6 個 RFC 構成。

TCP/IP 的協定是經由 IETF 討論後，再推動標準化。需要標準化的協定，會納入稱作 RFC（Request For Comments）▼的文件中，並且公開在網際網路上。RFC 不單記錄了協定的規格，也包含關於運用協定的有用資料▼及與協定有關的實驗訊息▼。

在 RFC 文件中，會對各個協定加上編號。例如，制定 IP 規格的是 RFC791，決定 TCP 規格的是 RFC793。RFC 的編號是按照一定的順序來分配的。一旦成為 RFC，就不允許修改內容。假如要擴充協定的規格，必須使用新的 RFC 編號來定義擴充的部分。更改協定的規格時，將發布新的 RFC，舊的 RFC 就失效。新的 RFC 會記載擴充了哪個 RFC，以及哪個 RFC 失效等資料。

有人提出，每次更新協定的規格時，RFC 的編號就會改變，實在很不方便。因此，針對主要的協定或標準，改加上 STD（Standard）這種不會變化的號碼。在 STD 當中，決定了哪個編號顯示哪個協定的規格，相同協定更新規格後，STD 的編號也不會改變▼。

即使日後協定的規格變動，協定規格中的 STD 編號也不會更改。但是，STD 指示的 RFC 編號可能增減或更新。

另外，為了提供網際網路的使用者或管理者有用的資訊，還會加上 FYI（For Your Information）編號。和 STD 一樣，實際的內容是 RFC，但是對使用者而言比較容易參考，即使內容更新，編號也不會改變。

表 2-2

具有代表性的 RFC
（到 2019 年 10 月為
止）

協定	STD	RFC	狀態
IP（版本 4）	STD5	RFC791, RFC919, RFC922	標準
IP（版本 6）	OTD00	RFC8200	標準
ICMP	STD5	RFC6918	標準
ICMPv6	-	RFC4443, RFC4884	標準
ARP	STD37	RFC826, RFC5227, RFC5494	標準
RARP	STD38	RFC903	標準
TCP	STD7	RFC793, RFC3168	標準
UDP	STD6	RFC768	標準
IGMP（版本 3）	-	RFC3376, RFC4604	提案標準
DNS	STD13	RFC1034, RFC1035, RFC4343	標準
DHCP	-	RFC2131, RFC2132	草案標準
HTTP（版本 1.1）	-	RFC2616, RFC7230	標準
SMTP	-	RFC821, RFC2821, RFC5321	提案標準
POP（版本 3）	STD53	RFC1939	標準
FTP	STD9	RFC959, RFC2228	標準
TELNET	STD8	RFC854, RFC855	標準
SSH	-	RFC4253	提案標準
SNMP	STD15	RFC1157	歷史性
SNMP（版本 3）	STD62	RFC3411, RFC3418	標準
MIB-II	STD17	RFC1213	標準
RMON	STD59	RFC2819	標準
RIP	STD34	RFC1058	歷史性
RIP（版本 2）	STD56	RFC2453	標準
OSPF（版本 2）	STD54	RFC2328	標準
EGP	STD18	RFC904	歷史性
BGP（版本 4）	-	RFC4271	草案標準
PPP	STD51	RFC1661, RFC1662	標準
PPPoE	-	RFC2516	資料
MPLS	-	RFC3031	提案標準
RTP	STD64	RFC3550	標準
對主機的安裝要求	STD3	RFC1122, RFC1123	標準
對路由器的安裝要求	-	RFC1812, RFC2644	提案標準

各 RFC 的最新資料請參考 https://www.rfc-editor.org/rfc-index.html。

※ 本表只列出具代表性的協定及 RFC 編號，不包括最新更新或部分更新的 RFC，詳
　細內容請參考上面的網址。

> ### ■ 新舊 RFC
>
> 這裡以第 4 章介紹的 ICMP 為例，説明 RFC 的變遷。
>
> ICMP 是以 RFC792 來定義，後來由 RFC950 擴充。換句話説 ICMP 是由 RFC792 與 RFC950 這兩份文件組合起來，定義出標準。而且 RFC792 廢除了以前定義 ICMP 的 RFC777。此外，RFC1256 雖然尚未成為正式標準，不過已經是提出擴充 ICMP 的提案標準。
>
> 還有整合主機及路由器處理 ICMP 時，相關要求事項的 RFC，分別是 RFC1122 與 RFC1812▼。

▼ RFC1122 與 RFC1812 不只包括 ICMP，還記載了 IP、TCP、ARP 等眾多協定 在使用上的要求事項。

▼ 2.2.4　TCP/IP 協定的標準化流程

協定的標準化流程必須通過 IETF 的討論才會進行。IETF 一年會舉辦三次會議，通常是利用郵寄清單來進行電子郵件的討論。任何人都可以加入這個郵寄清單。

RFC 也定義了 TCP/IP 的標準化流程，根據 RFC2026 的說明，大致會經過以下階段。首先是討論規格的網際網路草案（I-D：Internet-Draft）階段，接下來是認為應該標準化成為 RFC 的提案標準（Proposed Standard）階段，然後是草案標準（Draft Standard）階段，最後成為標準（Standard）。

讓我們再進一步分析這些流程。協定在標準化之前，有個提案階段。想提出協定的人或團體撰寫文件，發布成為網際網路草案。根據這份文件，進行討論，接著進行設定、模擬、運作實驗。主要以郵寄清單的方式進行討論。

網際網路草案有效期限是六個月。這是因為討論之後，必須每六個月反映更新內容，同時自動刪除沒有討論價值的網際網路草案。現在由於全球資訊氾濫，即使是 TCP/IP 的標準化，也充斥毫無意義的提案。因此，假如沒有趁早刪除沒用的資料，將無法判斷哪些資料需要、哪些不需要。

經過充分討論，取得由 IETF 主要成員組成的 IESG（IETF Engineering Steering Group）許可，就能註冊成為 RFC 文件，此時才稱作提案標準（Proposed Standard）。

成為提案標準的協定，安裝在大量設備中廣泛運用，並且獲得 IESG 的認可，就會成為草案標準（Draft Standard）。假如實際運用時，發現明顯的問題，會在成為草案標準之前進行修正。這個修正步驟也是在網際網路草案中進行。

成為草案標準之後，若要變成標準（Standard），就必須在更多設備上運作、使用。當參與標準化的多數人都認為「具有充分的實用性，沒有問題」，將獲得 IESG 的承認，成為標準。

要成為標準，必須通過一條漫長又艱難的道路。因為，如果無法在網際網路上廣泛使用，就無法稱作標準。

▼在 RFC6410 顯示為梯狀。

以上是根據 RFC2026 的說明。2011 年 10 月利用 RFC6410 更新了 RFC2026。如圖 2-4 所示，RFC6410 基本上沿用了 RFC2026，但是把提案標準、草案標準、標準等三個階段的標準等級▼改成兩個階段，把草案標準與標準合併，定義成新的網際網路標準。此外，考量到以前的流程，現在討論的 RFC 也保留了 RFC2026 的標準名稱。

▼不以標準化為目的的實驗用協定，將註冊成為實驗協定（Experimental）。

TCP/IP 的標準化與決定標準之後，再使其普及的標準化團體，有著根本上的觀念差異。在 TCP/IP 的世界裡，成為標準時，早已非常普及▼。這種變成標準的協定，因為擁有廣泛的運用成果，而成為非常實用的技術。

圖 2-4
協定的標準化流程

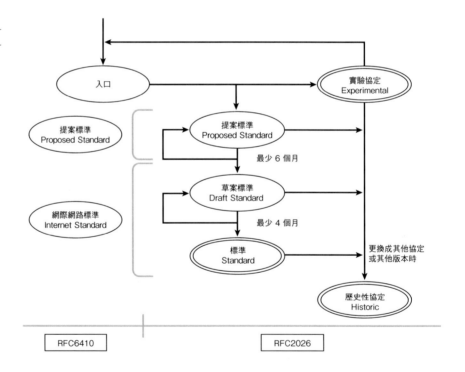

■ 提案標準、草案標準

銷售產品時，如果只安裝 RFC 標準協定，恐怕會跟不上時代潮流。因為，只有多數人正在使用的協定，才能成為標準。

如果希望走在時代的前端，不僅要安裝草案標準，連提案標準也要一併安裝。而且，還必須擁有當規格變動時，可以快速升級的支援系統。

▛ 2.2.5　RFC 的取得方法

RFC 是由推動網際網路技術標準化 IETF（Internet Engineering Task Force）的 RFC Editor 管理。有幾種方法可以取得 RFC，最簡單的方法是透過網際網路取得。

- `https://www.rfc-editor.org/report-summary/ietf/`
  這個網頁包括活動說明及 RFC 相關介紹。

- `ftp://ftp.rfc-editor.org/in-notes/`
  這是透過 FTP 下載檔案的入口。

想瀏覽 RFC，請先檢視 `https://www.rfc-editor.org/rfc-index.html` 的 RFC HTML 版（除了 HTML 版以外，還有文字版及 XML 版）。這裡儲存了所有 RFC 的檔案，在 RFC Editor 的網站中，除了提供與 RFC 有關的資料，也可以搜尋 RFC，請務必當作參考。日本的 anonymous ftp▼伺服器也有儲存 RFC。例如，JPNIC 的 FTP 伺服器在 `ftp://ftp.nic.ad.jp/rfc/` 存放著 RFC。

▼ anonymous ftp
在網際網路上，有很多每個人都可以使用的 FTP 伺服器。

■ 取得 STD、FYI、ID 的網址

從以下網址可以取得 STD、FYI、網際網路草案（I-D：Internet-Draft）。這些資料分別以清單形式記錄在 std-index.txt、fyi-index.txt 等檔案中，只要取得這些檔案，再查詢所需的文件編號即可。

- STD 的下載網址

  `http://www.rfc-editor.org/in-notes/std/`

- FYI 的下載網址

  `http://www.rfc-editor.org/in-notes/fyi/`

- ID 的下載網址

  `http://www.rfc-editor.org/internet-drafts/`

JPNIC 的 FTP 伺服器下載網址如下：

- STD 的下載網址

  `ftp://ftp.nic.ad.jp/rfc/std/`

- FYI 的下載網址

  `ftp://ftp.nic.ad.jp/rfc/fyi/`

- ID 的下載網址

  `ftp://ftp.nic.ad.jp/internet-drafts/`

2.3　網際網路的基礎知識

相信各位對於網際網路這個名詞應該耳熟能詳吧！而且在這本書中，也已經出現過很多次。可是，「網際網路」究竟是什麼？還有，網際網路與 TCP/IP 之間，有什麼關係？

本節將針對與 TCP/IP 有著密切關聯性的網際網路，做個簡單的說明。

▼ 2.3.1　何謂網際網路？

「網際網路」這個單字原本是什麼意思呢？英文的 internet 原來是將多個網路連接在一起，形成一個網路的意思。用路由器把兩個乙太網路連接起來，這種單純的網路連接，也稱作網際網路。此外，企業內各部門之間的網路，或公司的內部網路與其他公司互連，彼此通訊，也是網際網路。一個地區與另一個地區的網路互連，或世界級的網路互連，全都稱作網際網路。可是，最近這個字的定義變得有些不一樣，如果要表示網路互連，會使用網際連結（internetworking）這個字。

現在，提到網際網路指的是從 ARPANET 開始發展，連接全世界的電腦網路。網際網路是專有名詞，所以在 2016 年 AP 通訊發行的風格指南，英文表記為 internet，過去是寫成 Internet 或 The Internet▼。

▼與網際網路形成對比的名詞是內部網路（Intranet）。內部網路大部分是指，使用網際網路的技術，以在公司等組織內部，建立以封閉通訊服務為目的的網路。

▼ 2.3.2　網際網路與 TCP/IP 的關係

使用網際網路進行通訊時，需要使用協定。而 TCP/IP 原本就是為了使用網際網路而開發的協定。提到網際網路的協定，指的就是 TCP/IP，而說到 TCP/IP，就會想到是網際網路的協定。

▌ 2.3.3 網際網路的結構

在 2.3.1 小節曾經說過,網際網路這個字原本是指網路彼此相連。連接世界的網際網路結構,基本上也是以網路彼此相連的形式建立的。小區域的網路彼此相連,構成組織內的網路。各組織的網路相互連接,建立地區性網路。地區性網路再相互連接,最後形成連接全世界的大型網際網路。因此,網際網路擁有層級結構。

各個網路是由骨幹(BackBone)網路與末端(Stub)網路所構成,網路之間以 NOC[▼] 連接。另外,讓網路運用者、運用方針、使用方針不同的網路可以對等相連的關鍵,就是 IX[▼]。總而言之,網際網路可以說是不同組織透過 IX 彼此連接形成的巨大網路。

▼ NOC(Network Operation Center)
網路監控中心。

▼ IX(Internet Exchange)
網路交換中心。

圖 2-5
網際網路的結構

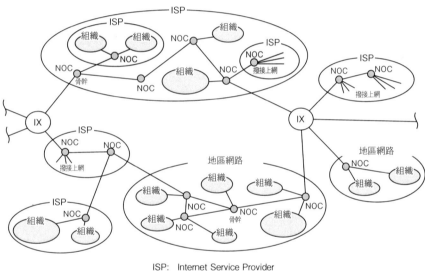

ISP: Internet Service Provider
IX: Internet Exchange
NOC: Network Operation Center

▌ 2.3.4 ISP 與地區網路

如果要連接網際網路,需要向 ISP 或地區網路申請連線。公司或家裡的電腦要連接網際網路時,要與 ISP 簽訂網際網路上網合約。

多數的 ISP 會提供各種上網方案(服務項目),包括適合每月多次短時間連線的方案、出門在外也能隨心所欲上網的方案、雖然不能移動,卻能高速且隨時連線的方案等,服務項目非常多元化。

地區網路是在特定的地區，由地方自治團體或義工等經營的網路。費用比較便宜，但是上網條件可能較為複雜或使用上有限制。

實際連接網際網路時，最好仔細調查簽約的 ISP 或地區網路的服務項目、上網條件、費用等，評估是否符合自己使用的目的及成本。

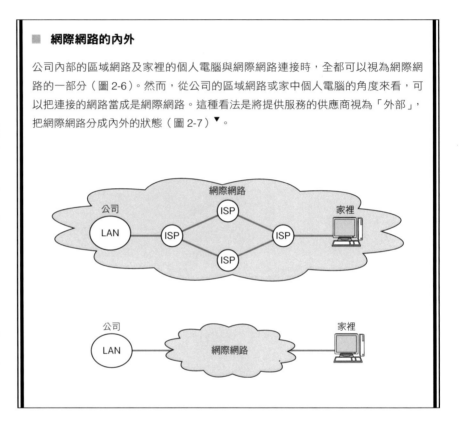

■　網際網路的內外

公司內部的區域網路及家裡的個人電腦與網際網路連接時，全都可以視為網際網路的一部分（圖 2-6）。然而，從公司的區域網路或家中個人電腦的角度來看，可以把連接的網路當成是網際網路。這種看法是將提供服務的供應商視為「外部」，把網際網路分成內外的狀態（圖 2-7）▼。

▼事實上，多數企業會把網際網路視為「外部」，對連接外部的設備或協定進行限制。

圖 2-6
將公司與家裡視為網際網路的一部分

圖 2-7
將連接對象視為網際網路

2.4　TCP/IP 協定的層級模型

現在 TCP/IP 已經成為電腦網路世界中，最常使用的協定。導入網路者、建構網路者、管理網路者、網路設備的設計或製造者，還有連接網路設備的程式設計者，都必須具備 TCP/IP 的相關知識，這點非常重要。

可是，「TCP/IP」究竟是什麼？以下將介紹 TCP/IP 協定的概況。

▼ **2.4.1** TCP/IP 與 OSI 參考模型

圖 **2-8**
OSI 參考模型與 TCP/
IP 的關係

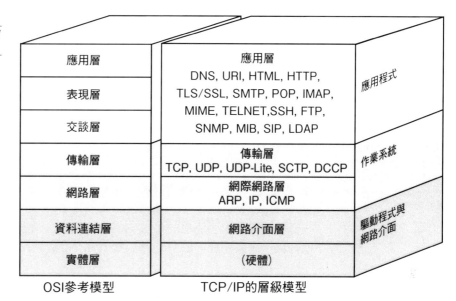

第 1 章我們介紹了 OSI 參考模型的各層功用，而 TCP/IP 中的各種協定，基本上也能與 OSI 參考模型對應。知道各個協定對應到 OSI 參考模型的哪一層，就可以瞭解該協定的用途，之後只要理解技術方面的結構運作即可。關於各協定的詳細說明，請參考第 4 章之後的介紹。這裡先說明 TCP/IP 的各個協定與 OSI 參考模型的對應關係。

圖 2-8 是 TCP/IP 與 OSI 層級模型的比較圖。TCP/IP 與 OSI 的層級模型有些許差異，OSI 參考模型以「哪些是通訊協定的必要功能」為主，進行模型化；相對來說，TCP/IP 的層級模型是以「安裝在電腦中的協定，該如何進行程式設計」為主，進行模型化。

▼ **2.4.2** 硬體（實體層）

在 TCP/IP 的層級模型中，最下層是負責傳輸物理性資料的硬體。這個硬體是指乙太網路、電話線路等實體層，可是該內容沒有明確定義。使用的通訊媒體可以是有線，也可以是無線。進行通訊時的可靠性與安全性、頻寬、延遲時間等使用上沒有特別限制。總之，TCP/IP 是以網路連線的設備之間，可以通訊為前提而建立的協定。

▽ **2.4.3　網路介面層（資料連結層）**

▼大部分會將網路介面層與硬體當成同一層來處理。此外，也稱作網路溝通層。

網路介面層▼是利用乙太網路等的資料連結，進行通訊的介面層級。換句話說，可以把它當成啟動 NIC 的「驅動程式」。驅動程式是介於作業系統與硬體之間，發揮橋樑作用的軟體。電腦的週邊設備或擴充卡，並非連接在電腦上或插入擴充槽內就能使用。作業系統必須要能辨識該卡片，並且完成設定才能使用。添購 NIC 等新硬體時，一般除了硬體之外，還會附上使用該週邊設備的軟體，該軟體就是驅動程式。因此，我們需要在電腦的作業系統中安裝驅動程式，才能打造出可以運用網路介面的環境▼。

▼最近有很多隨插即用的週邊設備，只要連接就可以使用。此時，在作業系統中，已經預先安裝了支援該網路介面的驅動程式，並非不需要驅動程式。

▽ **2.4.4　網際網路層（網路層）**

在網際網路層中，使用的是 IP 協定。這個部分的作用相當於 OSI 參考模型的第 3 層網路層。IP 協定是根據 IP 位址來轉發封包。

圖 2-9
網際網路層

網際網路協定（IP）的作用是將封包傳送到最終目標的主機。

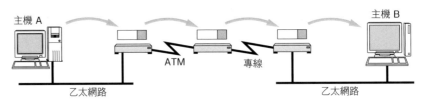

透過網際網路層，可以將網路的詳細結構抽象化。因此，從兩端主機的角度來看，通訊對方的電腦看起來就像連接到一團像雲一樣朦朧的網路。

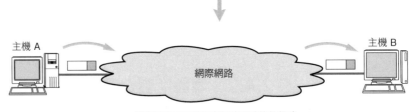

網際網路是具備網際網路層功能的網路。

在 TCP/IP 的層級模型中，一般是假設該網際網路層與傳輸層安裝在主機的作業系統中。尤其是路由器本身，必須擁有利用網際網路層轉發封包的功能。

▼有時為方便管理橋接器、中繼器、集線器等設備，也需要擁有 IP 或 TCP 的功能。

連接網際網路的所有主機及路由器，一定要具備 IP 功能。與網際網路相連的設備，如橋接器、中繼器、集線器等，不一定要安裝 IP 或 TCP▼。

■ IP（Internet Protocol）

IP 是跨網路傳送封包，將封包傳送到整個網際網路的協定。透過 IP，能將封包傳送到地球的另一端，並且利用 IP 位址來識別各個主機▼。

▼在所有連接 IP 網路的全部設備中，都需要加上不同 IP 位址，依照 IP 位址來傳送封包。

IP 也隱藏著資料連結的功能。透過 IP，不論想要通訊的主機之間形成何種資料連結，都可以進行通訊。

IP 雖然是封包交換協定，但是在封包沒有送達目的地時，不會再次傳送封包。就這層意義來說，屬於缺乏可靠性的封包交換協定。

■ ICMP（Internet Control Message Protocol）

這是在傳送 IP 封包的過程中，發生問題而無法轉發時，通知封包傳送端出現異常的協定。有時也會用來診斷網路的狀態。

■ ARP（Address Resolution Protocol）

這是從 IP 位址取得封包傳送端物理位址（MAC 位址）的協定。

2.4.5　傳送層

TCP/IP 有兩個代表性的傳輸協定。基本上，這一層的功能與 OSI 參考模型的傳輸層一樣。

圖 2-10
傳輸層

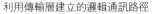
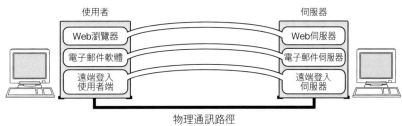

利用傳輸層建立的邏輯通訊路徑

使用者　　　　　　　　　　　　　伺服器

Web瀏覽器　　　　　　　　　　　Web伺服器
電子郵件軟體　　　　　　　　　　電子郵件伺服器
遠端登入使用者端　　　　　　　　遠端登入伺服器

物理通訊路徑

傳輸層最重要的功能就是讓應用程式之間彼此通訊。電腦內部同時會有多個應用程式在運作，因此必須識別哪些應用程式彼此通訊。此時，會使用連接埠編號來識別應用程式。

■ TCP（Transmission Control Protocol）

TCP 是一種連接導向式且具有可靠性的傳輸層協定，能確保兩端主機的資料傳輸可以確實傳達。假如在傳輸資料的過程中，遺失部分封包或改變了順序，TCP 都可以正確解決。另外，還加入有效運用網路頻寬、減少網路塞車等各種功能，藉此提高可靠性。

但是，建立／切斷連接時，控制用的封包會傳輸約 7 次，所以傳送資料的總量較少時，就會造成網路資源浪費。另外，為了提高網路的使用效率，加入了許多複雜的功能，因此不適合用來進行含有聲音及影像資料的視訊會議等在一定間隔內要傳輸一定資料量的通訊方式。

■ UDP（User Datagram Protocol）

UDP 與 TCP 不同，屬於非連接導向式且沒有可靠性的傳輸層協定。UDP 不會確認資料是否傳到對方手中。假如需要確認封包是否確實傳達，對方的電腦是否連接網路時，需要利用應用程式來進行。

UDP 適合用來進行封包數量較少的通訊、廣播或群播的通訊、影像與聲音等多媒體通訊。

▼ 2.4.6　應用層（交談層以上的層級）

在 TCP/IP 層級模型中，將 OSI 參考模型的交談層、表現層、應用層等功能，全都交給應用程式處理。這些功能可以包含在單一應用程式內，或讓功能分散在多個應用程式中。因此，仔細觀察 TCP/IP 的應用程式功能就會發現，除了 OSI 參考模型的應用層功能之外，還包括交談層、表現層的功能。

圖 2-11
使用者／伺服器模型

TCP/IP 的應用程式大部分都是以使用者／伺服器模型的型態來開發的。提供服務的應用程式是伺服器，接受服務的應用程式是使用者。這種通訊模型必須先在主機上執行提供服務的伺服器應用程式，因為這樣在面對使用者提出請求時，隨時都可以因應。

使用者可以隨時發送請求給伺服器，而伺服器可能出現沒有反應或請求集中，無法提供服務的情況。此時，使用者會稍待片刻，之後再次提出請求。

■ Web Access（WWW）

圖 2-12
WWW

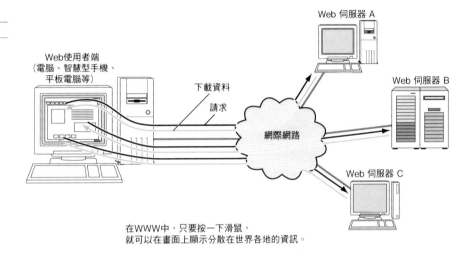

在WWW中，只要按一下滑鼠，
就可以在畫面上顯示分散在世界各地的資訊。

▼ WWW
（World Wide Web）
這是在網際網路中，進行資料傳輸的結構，又稱作 Web、WWW、W3。

▼ 通常簡稱為瀏覽器。Microsoft 的 IE 及 Edge、Google 的 Chrome、Apple 的 Safari、Mozilla Foundation 的 Firefox，都是現在常用的瀏覽器。

WWW（World Wide Web）▼這個應用程式是讓網際網路普及的原動力。使用者利用滑鼠與鍵盤，操作名為 Web 瀏覽器▼的軟體，就能悠遊於網路中。只要按一下滑鼠，儲存在網路另一端伺服器的各種資料就會顯示在電腦畫面上。在瀏覽器中，可以顯示文字、影像、影片、播放聲音、啟動程式。

瀏覽器與伺服器之間進行通訊時，使用的協定為 HTTP（HyperText Transfer Protocol）。傳送資料時，主要的資料格式是 HTML（HyperText Markup Language）。WWW 中的 HTTP 可以說是 OSI 參考模型的應用層協定，而 HTML 是表現層的協定。

■ 電子郵件（E-Mail）

圖 2-13
電子郵件

使用者 A　　主機 A　　　　　　　電子郵件　　　　　主機 B　　使用者 B

只要連上網路，即使距離再遙遠，
也可以立刻將電子郵件傳送給對方。

電子郵件是「電子式郵件」，換句話說，就是在網路上傳送的郵件。利用電子郵件，能輕易把訊息傳達給身處於遠方的對象。傳送電子郵件時，使用的是 SMTP（Simple Mail Transfer Protocol）協定。

▼文字形式
由文字組成的訊息。

▼ MIME（Multipurpose Internet Mail Extensions）
這是廣泛使用於網際網路，用來擴充電子郵件資料格式的規範。WWW 及網路新聞也可以使用，詳細說明請參考 8.4.3 節。

▼接收電子郵件的人，其使用的電子郵件軟體可能導致部分功能無法使用，必須特別留意。

起初，網際網路的電子郵件只能以文字形式▼傳送訊息。現在，可以擴充電子郵件傳送格式的 MIME▼規格變得普及，而能傳送影像、聲音等各種資料。不僅如此，還能改變電子郵件的文字大小或顏色▼。這種 MIME 可以說等同於 OSI 參考模型第 6 層表現層的功能。智慧型手機或電腦都可以傳送電子郵件。電子郵件應用程式和 Web 電子郵件的用法相同，雖然表現方法或難易度不同，但是所有在 TCP/IP 上的協定都一樣。

■ 電子郵件與 TCP/IP 的發展

有人認為「電子郵件對於 TCP/IP 的發展功不可沒」，這個說法包含了兩種含義。

其一是，電子郵件非常方便，利用電子郵件可以隨時討論 TCP/IP 的協定或進行改善。

其二是，為了隨時可以順利使用方便的電子郵件，必須維持完善的網路設備及環境，並且改善協定。

換句話說，對於以研發能實際執行的協定為目的而進行的網際網路研究而言，「生活在實際的研發環境中」是非常重要的事情。

■ 檔案傳輸（FTP）

圖 2-14
FTP

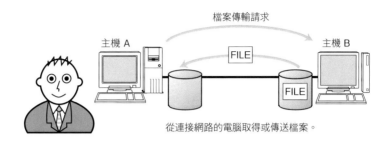

檔案傳輸請求

主機 A　　　　　　　FILE　　　　　主機 B

FILE

從連接網路的電腦取得或傳送檔案。

▼最近進行檔案傳輸時，利用 Box、Dropbox、Google Drive 等的情況增多。有部分作業系統可以把 FTP 的 URL 當作遠端硬碟。

檔案傳輸是指，將儲存於不同電腦硬碟中的檔案傳送到自己的電腦硬碟中，或把自己電腦中的檔案傳給其他的電腦。

▼ 文字模式在 Windows、macOS、UNIX 等換行碼不同的作業系統之間，傳送文字檔案時，會自動調整換行碼，這是屬於表現層的功能。

這種傳輸檔案的協定稱作 FTP（File Transfer Protocol），從很久以前就開始使用▼。利用 FTP 進行檔案傳輸時，可以選擇二進位模式或文字模式▼。

▼ 控制這些部分的是交談層。

在 FTP 中，會建立兩個 TCP 連線，包括指示檔案傳輸的控制連線，以及實際傳輸檔案的資料連線▼。

■ 遠端登入（TELNET 與 SSH）

圖 2-15
TELNET

使用者 A　　主機 A　　　　登入　　　　主機 B　　使用者 A

在主機 A 前的使用者 A 透過網路遠端登入主機 B 之後，就像是坐在主機 B 前，可以隨意使用主機 B。

遠端登入是指，登入到遠方的電腦中，可以操作該電腦，啟動應用程式的功能。

▼ TELNET
這是 TELetypewriter NETwork 縮寫。

TCP/IP 網路常用的協定有兩個，包括遠端登入的 TELNET▼協定與 SSH▼協定。除此之外，還會使用 BSD UNIX 類的 rlogin▼等 r 指令協定。X Windows System 使用的 X 協定▼是操控遠端圖形終端機的協定。

▼ SSH
這是 Secure Shell 的縮寫。

▼ rlogin
RFC1283

同樣地，也有許多使用者利用 Remote Desktop 進行遠端登入。此時會使用 RDP 協定，但是這不是 RFC 定義的協定。

▼ X 協定
RFC1198

■ 網路管理（SNMP）

圖 2-16
網路管理

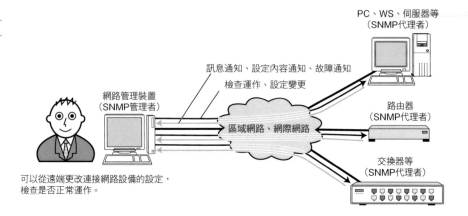

PC、WS、伺服器等
（SNMP代理者）

訊息通知、設定內容通知、故障通知
檢查運作、設定變更

網路管理裝置
（SNMP管理者）

區域網路、網際網路

路由器
（SNMP代理者）

交換器等
（SNMP代理者）

可以從遠端更改連接網路設備的設定，
檢查是否正常運作。

在 TCP/IP 中，管理網路使用的是 SNMP（Simple Network Management Protocol）協定。SNMP 管理的路由器、橋接器、主機等，稱作 SNMP 代理者。使用 SNMP 管理網路設備的應用程式稱作 SNMP 管理者，是代理者與管理者之間進行通訊時使用的協定。

SNMP 代理者儲存有網路介面的資料、通訊封包量、異常封包量、設備溫度等各種資料。這些資料可以利用 MIB（Management Information Base）結構來存取。換句話說，在 TCP/IP 的網路管理中，應用協定是 SNMP，而表現層的協定可以是 MIB。

隨著網路範圍愈大，網路管理就顯得愈重要。利用 SNMP 將有助於調查網路的壅塞程度、發現故障、收集將來擴充網路所需的資料。

2.5 TCP/IP 的層級模型與通訊範例

TCP/IP 是在何種媒體上進行通訊？這一節將介紹使用 TCP/IP 時，從應用層到物理媒體為止的資料與處理流程。

▼ 2.5.1　封包表頭

圖 2-17
封包表頭的層級化

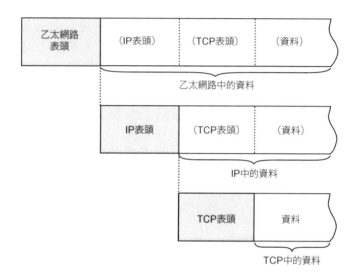

在各層傳送的資料中，都會加上稱作「表頭」的內容，表頭中記載了各層需要的訊息。具體來說，包括傳送端及接收端的訊息，以及與該協定傳送資料有關的訊息。協定需要的內容記錄在表頭，而傳送的內容是資料本身。如圖 2-17 所示，從下層的角度來檢視就會發現，上層傳來的全都是單一資料。

■ **封包、訊框、資料包、區段、訊息**

這 5 個名詞都是資料的單位，大致的分別如下所示。封包是任何資料都能使用的萬用單位名詞。訊框是用來表示資料連結層中的封包。資料包（datagram）是在網路層以上，IP 或 UDP 等擁有以封包為單位的協定所使用的單位。區段是用來表示 Streams-based TCP 中的資料，而訊息是用來表示應用協定的資料單位。

> **■ 表頭是協定的門面**
>
> 在網路上流動的封包是由協定要使用的「表頭」，以及該協定上層傳來的「資料」
> 所構成。
>
> 表頭的結構有明確的規格。例如，識別上層協定的欄位在何處、欄位有多少位
> 元、以什麼方法計算檢查碼，再放入哪個欄位中等等，都有清楚的規定。如果通
> 訊雙方的電腦對於協定的識別編號或檢查碼的計算方法不一樣，就會完全無法通
> 訊。
>
> 在這種封包的表頭中，會清楚顯示該協定必須如何進行資料傳輸。相對來說，看
> 到表頭，就能瞭解該協定需要的資料及處理內容。換句話說，在封包表頭中，可
> 以看到具體的協定規格。因此，表頭就像是「協定的門面」。

▼ 2.5.2　封包的傳送處理

以下將舉個以 TCP/IP 來通訊的例子。假設在 TCP/IP 上，兩台電腦使用
電子郵件傳送「早安」這個字串。

■ ① 應用程式的處理

啟動應用程式，建立電子郵件。開啟電子郵件軟體，設定收件者，使用
鍵盤輸入「早安」，用滑鼠按下傳送鈕，就開始透過 TCP/IP 進行通訊。

首先，在應用程式中進行編碼處理。例如，中文的電子郵件是根據
Big-5 或 UTF-8 等規則來編碼。這種編碼過程相當於 OSI 表現層的
功能。

編碼完成後，實際上應該要將電子郵件傳送出去，不過有些電子郵件軟
體具有不會立刻傳送，而是累積多封電子郵件再一起傳送的功能，或按
下電子郵件接收按鈕時，才一起接收所有電子郵件等功能。這種可以管
理何時建立通訊連接、何時傳送資料的功能，就廣義來說，相當於 OSI
參考模型的交談層功能。

應用層在傳送電子郵件時，指示建立 TCP 連接。建立 TCP 連接之後，再利用該連接傳送電子郵件。

接著將應用層的資料傳遞給下層的 TCP，進行轉發處理。

圖 2-18
TCP/IP 各層的電子郵件收送處理

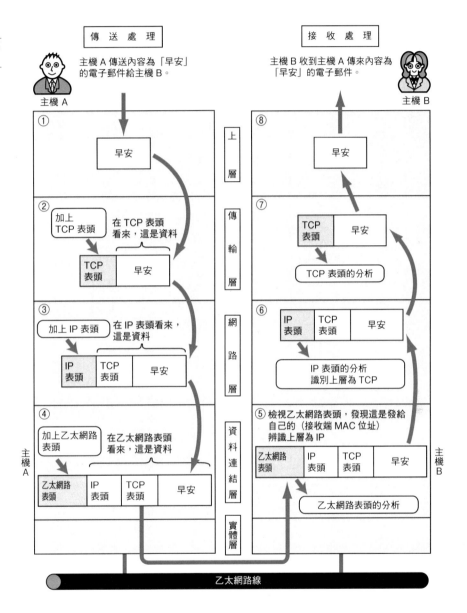

■ ② TCP 模組的處理

▼這種對連接下指示的動作，相當於 OSI 參考模型交談層所執行的處理。

TCP 是依照應用程式的指示▼建立連接、傳送資料、切斷連接。TCP 為了讓應用程式傳來的資料可以確實送達目的地，而提供具有可靠性的資料轉發服務。

若要確實發揮 TCP 的功能，必須在應用程式傳來的資料前面加上 TCP 的表頭。在 TCP 的表頭中，包含了識別傳送端主機與接收端主機應用程式的連接埠編號，顯示該封包是第幾位元的封包序號（Sequence Number），以及確保資料沒有損壞的檢查碼▼等。接著將加上 TCP 表頭的資料再傳送給 IP。

▼檢查碼（Check Sum）
這是檢查資料傳輸是否正常執行的方法。

■ ③ IP 模組的處理

IP 將 TCP 傳來的 TCP 表頭與資料整合起來，當作一個資料來處理，並且在 TCP 表頭前加上 IP 表頭。如此一來，在 IP 封包中，IP 表頭之後緊接著 TCP 表頭，接著是應用程式的表頭及資料。IP 表頭包含了接收端的 IP 位址、傳送端的 IP 位址，IP 表頭之後的資料是 TCP 或 UDP 等資料。

IP 封包完成之後參考路由表（Routing Table），決定 IP 封包下一個要傳送的路由器或主機。接著把 IP 封包傳給該設備連接的網路介面驅動程式，實際進行傳送處理。

假如不曉得傳送目標的 MAC 位址，可以利用 ARP（Address Resolution Protocol）查詢 MAC 位址。取得對方的 MAC 位址之後，就可把 MAC 位址與 IP 封包傳送給乙太網路驅動程式，進行傳送處理。

■ ④ 網路介面（乙太網路驅動程式）的處理

▼ FCS
Frame Check Sequence

由 IP 傳來的 IP 封包對乙太網路驅動程式來說，只不過是一般的資料。在資料中加上乙太網路的表頭，進行傳送處理。乙太網路的表頭中，記錄了接收端的 MAC 位址與傳送端的 MAC 位址，緊接在乙太網路表頭之後，顯示資料協定的乙太網路類型。經過以上處理所產生的乙太網路封包，將由實體層傳送給對方。在傳送處理中，利用硬體計算 FCS▼，並且加在封包的最後。FCS 是用來檢查是否出現雜訊而破壞封包的情況。

▼ 2.5.3 流動在資料連結層的封包模樣

圖 2-19
層級化的封包結構

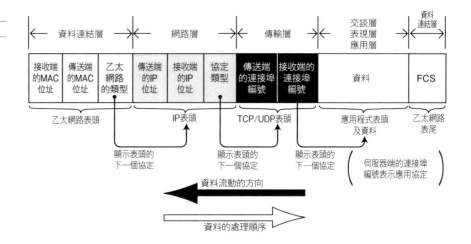

封包在乙太網路等資料連結中流動時，過程如圖 2-19 所示。但是，這張圖是將含有表頭的資料精簡後的結果。

封包流動時，會在前面加上乙太網路的表頭，接著加上 IP 表頭，隨後是 TCP 表頭或 UDP 表頭，緊接著是應用程式的表頭及資料。封包的最後還會加上乙太網路的表尾▼。

▼表頭是加在封包的前面，而表尾是放在封包的最後面。

各個表頭中，至少包含兩種資料，亦即「接收端與傳送端的位址」及「顯示上層協定的資料」。

在各個協定的層級中，都有辨別收送封包的主機或程式用的資料。乙太網路是利用 MAC 位址，IP 是利用 IP 位址來辨別。而 TCP/UDP 是藉由連接埠編號來辨識。在應用層中，也會使用位址來辨別，就像電子郵件的地址一樣。這些位址或編號在傳送封包時，會分別儲存在各層的表頭再傳送出去。

另外，在各層的表頭中，還會顯示緊接在該表頭後的是什麼資料。以乙太網路為例，乙太網路類型就是加在表頭後的資料內容。如果是 IP，會在表頭後顯示協定類型。TCP/UDP 則是顯示在兩個連接埠編號之間，伺服器端的連接埠編號。在應用層表頭中，有時也會加上顯示應用層的資料種類標籤。

▼ **2.5.4　封包的接收處理**

接收端主機進行的處理，正好與傳送端的主機完全相反。

■ ⑤ 網路介面（乙太網路驅動程式）的處理

主機收到乙太網路的封包之後，會先調查乙太網路表頭中的接收端 MAC 位址是否和自己的一樣。假如不一樣，就會丟棄該封包▼。

如果封包的傳送對象是自己，將會調查乙太網路類型欄位，瞭解乙太網路協定傳來的資料種類。在這個範例中查到的是 IP，所以把資料傳送給處理 IP 的常式▼。假如是 ARP 等其他協定，會把資料傳到該固定程序處理。假如在乙太網路類型欄位包含了無法處理的協定值，就會將資料丟棄。

▼大部分的 NIC 產品可以設定成不丟棄傳送對象非自己的乙太網路封包（訊框）。這個功能可以用來監控網路封包。

▼常式
指執行既定處理的程式。

■ ⑥ IP 模組的處理

將 IP 表頭之後的部分傳給 IP 的固定程序之後，會直接對 IP 表頭進行處理。假如接收端的 IP 位址與自己的 IP 位址一樣，就進行接收並且調查上層的協定。如果是 TCP，就將去除 IP 表頭後的資料部分，傳送給 TCP 的處理程序；若是 UDP，就交給 UDP 的處理程序。假如是路由器，接收 IP 封包的接收端通常不是自己。此時，要查詢路由表，找出下一個要傳送的主機或路由器，進行轉發處理。

■ ⑦ TCP 模組的處理

TCP 會計算檢查碼，確認表頭或資料是否損壞，並且確定是否按照順序接收資料。此外，還會查詢連接埠編號，確定進行通訊的應用程式。

假如資料成功送達，就會向傳送端的主機回傳確認資料送達的「確認回應」。假如確認回應沒有送到傳送端的主機，傳送端主機將會重複傳送資料，直到收到確認回應為止。

正確收到資料時，將會原封不動把資料傳給用連接埠編號識別後的應用程式。

■ ⑧ 應用程式的處理

接收端的應用程式會直接收到傳送端送來的資料。分析收到的資料，得知這是傳給使用者 B 的電子郵件。假如，使用者 B 的電子郵件地址不存在，將會對傳送端的應用程式傳送「無此收件地址」的錯誤訊息。

在這次的範例中，使用者 B 的電子郵件地址的確存在，所以接收了電子郵件的內容。收到之後，將訊息儲存在硬碟中。電子郵件的所有訊息都成功儲存後，會通知傳送端的應用程式正常處理完畢。可是，假如硬碟已滿或無法儲存訊息時，就會傳送異常結束的訊息給傳送端。

最後，使用者 B 就能利用電子郵件軟體，閱讀使用者 A 傳來的電子郵件。經過以上的處理過程，才會在螢幕上顯示電子郵件的內容「早安」。

■ 使用 SNS 的通訊範例

社群媒體（SNS：Social Network Service）是指，發布瞬間想到的想法、分享資料，或限制只有朋友才能看見的意見、照片、影片的服務。內文中，以傳送電子郵件為例，說明了實際通訊的過程。同樣地，讓我們來瞭解利用移動設備，透過社群媒體進行交流的實際通訊步驟。

首先，手機、智慧型手機、平板電腦等會進行封包通訊，在打開這些裝置的電源、進行初始設定的那一刻起，電信公司就設定了 IP 位址。

啟動安裝在行動裝置中的應用程式，就會連接到指定的伺服器，利用使用者 ID 及密碼進行認證，儲存在伺服器的資料會送到裝置上並且顯示資料內容。

圖 2-20
在網路服務中的 TCP/IP 層級

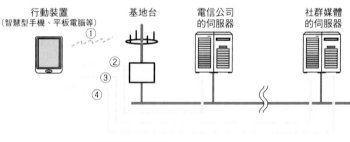

行動裝置（智慧型手機、平板電腦等）　基地台　電信公司的伺服器　社群媒體的伺服器

① 裝置的初始設定
② 電信公司設定裝置的IP位置
③ 將使用者認證用的資料傳送給社群媒體的伺服器
④ 社群媒體的伺服器轉發資料給設備

透過社群媒體，只要點選就可以使用各種工具及傳送影片，以及在網際網路上利用 TCP/IP 進行通訊。假如要檢視這些流程與處理來解決問題時，絕對少不了 TCP/IP 的基本知識。

第 *3* 章

資料連結

本章將要介紹電腦網路的基礎－資料連結層。缺少了資料連結層，將無法利用 TCP/IP 進行通訊。具體而言，本章將說明 TCP/IP 網路常用的資料連結，包括乙太網路、無線區域網路、PPP 等。

7 應用層 （Application Layer）	〈應用層〉 TELNET, SSH, HTTP, SMTP, POP, SSL/TLS, FTP, MIME, HTML, SNMP, MIB, SIP, …
6 表現層 （Presentation Layer）	
5 交談層 （Session Layer）	
4 傳輸層 （Transport Layer）	〈傳輸層〉 TCP, UDP, UDP-Lite, SCTP, DCCP
3 網路層 （Network Layer）	〈網路層〉 ARP, IPv4, IPv6, ICMP, IPsec
2 資料連結層 （Data-Link Layer）	乙太網路、無線網路、PPP、… （雙絞線、無線、光纖、…）
1 實體層 （Physical Layer）	

3.1 資料連結的功用

「資料連結」這個名詞是指 OSI 參考模型的資料連結層，有時也會用來表示具體的通訊方法（乙太網路、無線區域網路等）。

在 TCP/IP 中，沒有定義 OSI 參考模型資料連結層以下的部分（包括資料連結層與實體層）。因為，TCP/IP 把這個部分視為透明，我們不會看到複雜的狀態，就能使用正常的服務。可是，如果要深入瞭解 TCP/IP 與網路，具備資料連結的相關知識就顯得非常重要了。

資料連結層的協定是用來制定以通訊媒體直接相連的設備之間彼此通訊時的規格。所謂的通訊媒體包括雙絞線、同軸電纜、光纖、電波、紅外線等。另外，設備之間可能會利用交換器、橋接器、中繼器來轉發資料。

實際上，設備之間彼此進行通訊時，同時需要用到資料連結層與實體層。電腦的資料全都是用二進位的 0 與 1 表示。但是，實際的通訊媒體進行傳輸時，會轉換成電壓變化、光線閃爍、電波強弱等。而實體層就是負責將二進位的 0 與 1 轉換成其他訊號（請參考附錄 C）。在資料連結層中，處理的不是單純的 0 與 1 數列，而是整合成「框訊▼」，再傳給對方的機器。

▼訊框（Frame）
訊框幾乎與封包同義，主要是資料連結的用語。也有將連接的位元串分成「一塊」的意思，請參考 P83 的專欄說明。

本章要介紹 OSI 參考模型資料連結層的相關技術，包括 MAC 位址、媒體共用·非共用網路、交換技術、偵測迴圈、VLAN 等，以及具體的通訊手段，包括乙太網路、WLAN、PPP 等資料連結。你可以把這裡的資料連結當成是網路的最小單位。仔細觀察串連全世界的網際網路，就可以發現，其實這是一個整合大量資料連結的「資料連結集合體」。

在乙太網路、FDDI（光纖分散式數據介面）中，除了相當於 OSI 參考模型第 2 層資料連結層的技術之外，也決定了與第 1 層實體層有關的規格。另外，ATM 也包含了第 3 層網路層的部分功能。

圖 3-1
何謂資料連結

乙太網路

Wi-Fi

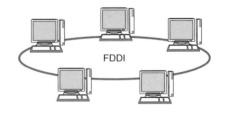

FDDI

資料連結是指，讓直接相連的電腦之間可以彼此通訊的協定。另外，這個字也可以用來表示具體的通訊方法。

■ 資料連結的區段

資料連結中的區段是用來表示「分割後的一個網路」，可是實際上有各式各樣的用法。例如，透過中繼器連接兩條網路線，建構出一個網路。

此時，這兩個資料連結

- 從網路層的概念來看，這是一個網路（邏輯結構）

  →站在網路層的立場，這是用兩條網路線連接的一個區段。
- 從實體層的概念來看，兩條網路線是分開的（物理結構）

  →站在實體層的觀點，一條網路線就是一個區段。

圖 3-2
區段的範圍

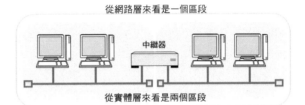

■ 網路拓撲

網路的連接型態、結構型態等稱作網路拓撲（Topology）。網路拓撲包含匯流排型、環型、星型、網狀型等類型。「拓撲」這個字是用來表示外觀配線方式及邏輯性網路結構。有時，外觀上的拓撲可能與邏輯性的拓撲不一樣。圖 3-3 顯示了外觀配線的拓撲。現在的網路都是由單純的拓撲，組合成錯綜複雜的結構。

圖 3-3
匯流排型、環型、星型、網狀型

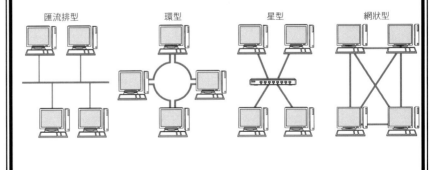

3.2 / 資料連結的技術

3.2.1　MAC 位址

▼ IEEE802.3

IEEE 是美國電機電子工程師學會。其中包括推動 LAN 相關規格標準化的 IEEE802 委員會，IEEE802.3 是與乙太網路（CSMA/CD）有關的國際規格。

MAC 位址是用來識別在資料連結中，彼此相連的節點（圖 3-4）。乙太網路及 WLAN（IEEE802.11）使用的是依照 IEEE802.3▼規範的 MAC 位址。除此之外，FDDI、ATM 及 Bluetooth 等，也是使用相同規格的 MAC 位址。

圖 3-4
利用 MAC 位址判斷目標節點

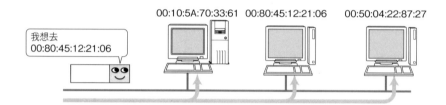

在匯流排型及環型網路中，會暫時接收所有工作站傳送過來的訊框。
接著查詢要傳送到哪個 MAC 位址，假如是自己，就進行接收，如果不是，就丟棄（如果是採取 Token Ring 方式，將會轉發給下一個工作站）。

MAC 位址的長度為 48 位元，結構如圖 3-5 所示。如果是一般的網卡（NIC），會將這個位址燒錄在 ROM 裡，而擁有這個 MAC 位址的網卡，世界上只有一張▼。

▼有時也有例外，請參考下一頁的專欄。

圖 3-5
IEEE802.3 的 MAC 位址格式

第 1 位元：單播位址（0）／群播位址（1）
第 2 位元：通用位址（0）／本地位址（1）
3～24 位元：IEEE 按照表頭來管理位址，避免重複
25～48 位元：表頭按照產品來管理位置，避免重複

▼在乙太網路流動的位元串順序

乙太網路是以 8 位元組為單位來取得資料，其中從最下層的位元往最上層的位元組合位元串，所以網路流動時的位元串順序是每個 8 位元組前後互換。

＊這張圖顯示了在網路上流動的位元串順序。
　MAC 位址一般以十六進位顯示，如果想用位元來表記，必須注意到這張圖的顯示順序已經以每 8 位元轉換了對應值▼。

　例：
　以十六進位顯示群播 MAC 位址（上圖第 1 位元是「1」）……

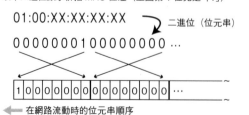

MAC 位址的 3 ～ 24 位元稱作表頭識別碼，NIC 的製造商都有自己特定的數字。25 ～ 48 位元是製造商給予生產出來的網卡（網路介面）不同的數字。因此可以確保世界上不會出現相同 MAC 位址的 NIC 產品。

不論資料連結是哪一種，這個 IEEE802.3 的 MAC 位址都是獨一無二的。因此，乙太網路、FDDI、ATM、WLAN、Bluetooth 等資料連結的種類不同時，也不會出現相同的 MAC 位址。

■ MAC 位址並非世上獨一無二

MAC 位址並不是世上唯一，實際上就算有相同的 MAC 位址存在，只要不在同樣的資料連結內，就不會造成問題。

例如，擁有網路介面的微型主機板等，使用者可以隨意設定 MAC 位址。此外，假設在一台電腦中，採取同時執行多個作業系統的虛擬主機技術時，由於沒有物理性介面，所以利用軟體來建立 MAC 位址，再分配給各個虛擬主機。產生的方法會隨著每家公司的虛擬環境而異，但是在該環境內，必須注意分配 MAC 位址，通常都是利用自動分配設定成不會重複 MAC 位址。固定分配時，指定的 MAC 位址就不會重複。

話雖如此，各種協定或通訊設備的設計是以一個資料連結內，沒有相同 MAC 位址的設備存在為前提，所以一定要遵守這個規則。

■ **表頭識別碼**

部分網路分析儀可以顯示 LAN 上面的封包是由哪個製造商介面傳送過來的，它能從訊框傳送來源的 MAC 位址表頭識別碼中分析出製造商。這個功能在面對由多個網際網路服務供應商建構而成的網路時，可以找出產生問題的所在。因為它可以找到傳送異常封包的設備製造商。

表頭識別碼是 IEEE 分配的編號，過去稱作 OUI（Organizationally Unique Identifier），現在改稱 MA-L（MAC Address Block Large）▼。通常 MA-L（OUI）的資料是公開的，從以下網址就可以取得：

```
The IEEE RA public listing
  https://regauth.standards.ieee.org/standards-ra-web/pub/
  view.html#registries
```

另外，以下網址可以申請分配透過以下網址可以申請廠商識別碼 MA-L（OUI）（需付費）：

```
https://standards.ieee.org/products-services/regauth/
oui/index.html
```

▼最近伴隨著網路相關企業的收購、合併，使得 OUI 的資料庫與廠商名稱出現不一致的情況，必須特別留意。

▼ 3.2.2　共用媒體型網路

如果從通訊媒體（通訊、媒體）用法的觀點來看，網路可以分成共用媒體型與非共用媒體型。

共用媒體型網路是指多個節點共用通訊媒體的網路。初期的乙太網路及 FDDI 都是共用媒體型網路。這種方式可以控制以相同通訊路徑來收送資料。因此，基本上是半雙工通訊（請參考 P101 的專欄），需要有控制通訊優先權的結構。

共用媒體型網路控制優先權的結構包含競爭方式（Contention）與記號傳遞方式（Token Passing）。

■ 競爭方式

競爭方式（Contention）是指，以競爭方式奪取資料傳送權，又稱作 CSMA▼方式。如果各工作站▼想要傳送資料，先馳得點者，能優先使用通訊路徑。假如多個工作站同時傳送資料，彼此的資料就會衝突損壞（這種狀態稱為碰撞）。因此，網路壅塞時，會讓效能急速下降。

▼ CSMA（Carrier Sense Multiple Access）

在測試傳輸之前，偵測來自其他節點的載波訊號（Carrier Sense），確認目前是否有通訊中的主機。除了通訊中的節點之外，沒有其他節點時，開始自我通訊。

▼資料連結中的節點，一般稱為「工作站」。

圖 3-6
競爭方式

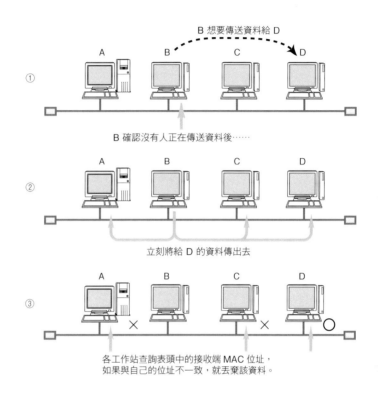

B 想要傳送資料給 D

① A　B　C　D

B 確認沒有人正在傳送資料後……

② A　B　C　D

立刻將給 D 的資料傳出去

③ A　B　C　D

各工作站查詢表頭中的接收端 MAC 位址，
如果與自己的位址不一致，就丟棄該資料。

▼ CSMA/CD
Carrier Sense Multiple
Access with Collision
Detection

▼實際上，傳送了稱作壅塞
訊號的 32 位元特殊訊號後，
就會停止傳送資料。接收端
從壅塞訊號中，辨識碰撞時
取得的訊框為 FCS（請參考
3.3.4 節），判斷該值不正
確，因此丟棄該訊框。

部分乙太網路採用的是改良 CSMA 的 CSMA/CD ▼方式。CSMA/CD 加入了提早偵測到碰撞，並且快速釋放通訊路徑的功能，其內容如下。

- 如果載波沒有流動（沒有傳送資料），所有的工作站都可以傳送資料。

- 偵測是否發生碰撞，假如出現碰撞，就停止傳送▼。關鍵在於立刻停止傳送，開放通訊路徑。

- 停止傳送時，隨機等待一段時間，再重新傳送（假如引起碰撞的雙方立即重傳，又會產生碰撞）。

結構如圖 3-7 所示。

圖 3-7
CSMA/CD 方式

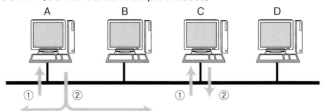

① 確認沒有任何設備傳送資料。
② 傳送資料。

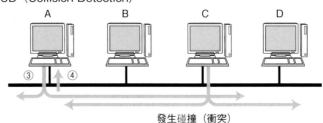

③ 傳送資料。
④ 同時監控電壓。

・直到傳送結束，電壓都維持在規定範圍內，可以判斷資料正常傳送。
・傳送途中電壓超出規定範圍外，判斷發生碰撞。
・產生碰撞時，停止傳送資料並且發出壅塞訊號，隨機等待一段時間，再次重送資料。

＊這種利用電壓偵測碰撞的方法是用於同軸電纜的情況。

■ 記號傳遞方式

記號傳遞方式是沿著環型網路發送稱作記號（token）的封包，利用記號來控制傳送權。只有擁有記號的工作站，才可以傳送資料。這種方式的特色是不會發生碰撞，且任何設備都能取得平等的傳送權。因此，遇到網路壅塞，比較不會降低效能。

然而，這種方法在收到記號之前，都無法傳送資料，所以在網路流量正常的時候，也無法發揮百分百資料連結的效能。因此出現了利用早期記號釋放方式、記號追加方式▼、同時循環多個記號的方法，盡可能提高網路效能。

▼不等待自己傳送的資料循環一周，就將記號傳給下一站。

圖 3-8
記號傳遞方式

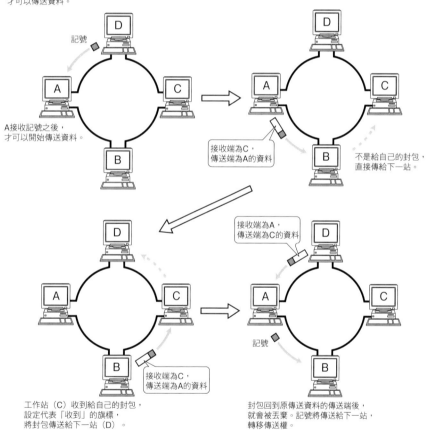

只有取得記號的工作站，
才可以傳送資料。

記號

A接收記號之後，
才可以開始傳送資料。

接收端為C，
傳送端為A的資料

不是給自己的封包，
直接傳給下一站。

接收端為A，
傳送端為C的資料

接收端為C，
傳送端為A的資料

記號

工作站（C）收到給自己的封包，
設定代表「收到」的旗標，
將封包傳送給下一站（D）。

封包回到原傳送資料的傳送端後，
就會被丟棄。記號將傳送給下一站，
轉移傳送權。

3.2.3 非共用媒體型網路

這是不共用通訊媒體的專用方式。每個工作站使用交換器直接連接，由交換器轉發訊框。這種方式因為沒有共用收發用的通訊媒體，所以大部分都是全雙工通訊（請參考 P101 的專欄）。

除了 ATM 之外，最近乙太網路也以這種方法為主。使用乙太網路交換器建構網路，讓電腦與交換器連接埠一對一連線，可以進行全雙工通訊。由於一對一全雙工通訊不會產生碰撞，所以不需要 CSMA/CD 的機制，可以更有效率進行通訊。

這種方法利用交換器擁有的高效能，可以建構虛擬網路（VLAN, Virtual LAN）▼及控制網路流量。相對來說，缺點是一旦交換器故障，所有與該交換器相連的電腦就無法彼此通訊。

▼關於 VLAN 請參考 3.2.6 節的說明。

圖 3-9
非共用媒體型網路

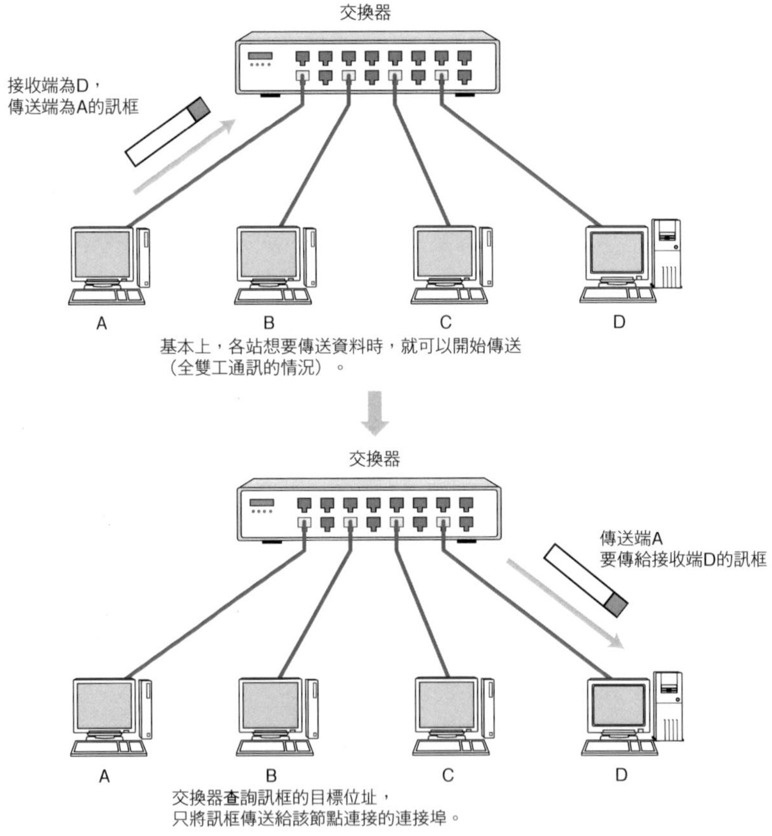

■ 半雙工通訊與全雙工通訊

半雙工通訊是指,傳送期間無法接收、接收期間無法傳送的通訊方式。半雙工通訊和無線電對講機一樣,其中一方在講話時聽不到對方的聲音。相對來説,全雙工通訊是傳送與接收可以同時進行的通訊方式。就像電話一樣,能同時傳送對方和自己的聲音。

採用 CSMA/CD 方式的乙太網路,如圖 3-7 所示,確認是否可以通訊之後,在可以的情況下,獨占媒體,傳送資料。因此,和無線電對講機一樣,傳送與接收無法同時進行。

圖 3-10
半雙工通訊

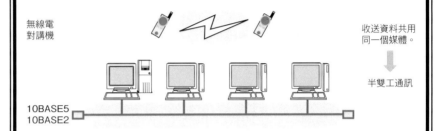

無線電對講機

收送資料共用同一個媒體。

半雙工通訊

10BASE5
10BASE2

▼一般雙絞線的外皮中包含著 8 條(4 對)蕊線。

同樣是乙太網路,如果使用了交換器與雙絞線(或光纖)的方式來通訊,交換器的連接埠與電腦一對一連接,收送信可以由電纜中的不同線路▼來進行。這樣在交換器的連接埠與電腦之間,可以同時進行傳送與接收,形成全雙工通訊。

圖 3-11
全雙工通訊

電話

交換器

收送資料有專用媒體。

全雙工通訊

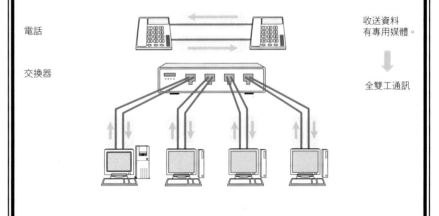

▼ **3.2.4** 利用 MAC 位址轉發

使用於同軸電纜上的乙太網路（10BASE5、10BASE2）等共用通訊媒體方式中，只能同時有一台主機傳送資料。這是因為連接網路的主機數量變多，就會讓通訊效能降低。利用集線器、集訊器等設備，以星型方式連接後，就出現一種新設備，即使是非共用媒體型的交換器技術，乙太網路也能使用。這就稱作交換集線器或乙太網路交換器。

▼電腦設備的外部介面稱作連接埠。TCP、UDP 等傳輸協定中的「連接埠」有其他含義，請特別注意。

乙太網路交換器可以說是有多個連接埠▼的橋接器。在資料連結層的各訊框通過點，查詢該訊框要傳送到達的 MAC 位址，再決定要從哪個介面傳送出去。在做決定時所參考的傳送介面表格，稱作轉發表（Forwarding Table）。

轉發表不是用手動方式設定每個設備或交換器，而是自動產生。資料連結層的各個通過點接收到封包時，就會在轉送表中記錄該封包的傳送端 MAC 位址與接收封包的介面對應關係。某個成為傳送端的 MAC 位址，其封包是由該介面接收，表示這個 MAC 位址就是該介面的目標，今後只要是傳送到該 MAC 位址的封包，就從這個介面傳送即可，這就稱作自我學習。

圖 3-12
交換器的自我學習

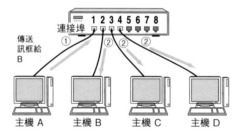

① 從傳送端的 MAC 位址學到主機 A 與連接埠 1 相連。

② 把尚未學習過的 MAC 位址拷貝給所有連接埠。

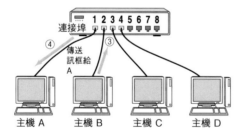

③ 從傳送端的 MAC 位址學到主機 B 與連接埠 2 相連。

④ 由於學習過主機 A 與連接埠 1 相連，所以給主機 A 的訊框只拷貝給連結埠 1。

之後，主機 A 與主機 B 的通訊只在各個主機連接的連接埠之間進行。

▼關於位址的層級性，請參考 1.8.2 節的說明。

MAC 位址沒有層級性▼，轉發表的入口要和該資料連結內的設備數量一樣。設備的數量愈多，轉發表就愈龐大，搜尋的時間也會拉長。連接大量設備時，請分成幾個資料連結，利用類似網路層中 IP 位址這種層級式位址來管理。

> ■ **交換器的轉發方式**
>
> 交換器的轉發方式包括儲存後轉發（Store and Forward）與直接轉發（Cut Through）。
>
> 儲存後轉發的方式是，檢查乙太網路框訊末尾的 FCS▼後再轉發。因此優點是，不會轉發因碰撞而損壞的訊框或噪音引起的錯誤訊框。
>
> 直接轉發方法是，在框訊還未全部儲存前就開始處理，知道接收端的 MAC 位址之後，開始轉發資料。優點是可以縮短傳送時間，不過卻可能把錯誤訊框傳出去。

▼關於 FCS 請參考 3.3.4 節。

▌ **3.2.5 偵測迴圈的技術**

▼熔毀（Meltdown）
這是指異常封包遍布網路中，造成無法通訊的狀態。大部分的情況只有關掉設備的電源或切斷網路才能恢復原狀。

▼除此之外，在 Token Ring 開發了一種稱作來源路由（Source Routing）的方式。這種方式是指定傳送端的電腦要經由哪個橋接器來傳送訊框，因此訊框可以抵達目的地，不會形成迴圈，不過現在很少使用。

使用橋接器連接網路時，當產生迴圈會發生何種情況？根據網路拓撲及使用的橋接器種類，會出現不同情形，但是最糟糕的狀態是不斷拷貝訊框，形成永無止盡的循環。一旦永無止盡的訊框增多，就會讓網路熔毀▼。

因此，後來想出生成樹（Spanning Tree）▼，藉此解決迴圈問題。有了具備這些功能的橋接器，即使因為橋接器而架構出形成迴圈的網路，也可以順利通訊。利用適當方式建立迴圈可以分散流量，當路徑發生故障時，讓訊框迂迴傳送，提高承受故障的風險。

圖 3-13
橋接器建構出有迴圈的網路

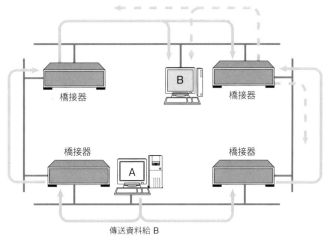

傳送資料給 B

橋接器拷貝了訊框給相鄰的連結，
所以永無止盡地循環轉發訊框。

▓ 生成樹

生成樹是由 IEEE802.1D 定義，各橋接器以 1 ～ 10 秒的間隔交換 BPDU（Bridge Protocol Data Unit）封包，決定通訊要使用哪些連接埠、哪些連接埠不用，以避免出現迴圈。發生故障時，會自動切換通訊路徑，利用沒有使用的連接埠來進行通訊。

具體來說，就像打造根（Root）與樹（Tree）的結構來處理某個橋接器。各個連接埠可以設定權重，而權重可以由管理者自行設定，這樣就能指定優先使用的連接埠及發生故障時要用的連接埠。

生成樹與電腦或路由器的功能無關，主要的特色是，只要利用橋接器的功能就可以解決迴圈。

圖 3-14
生成樹

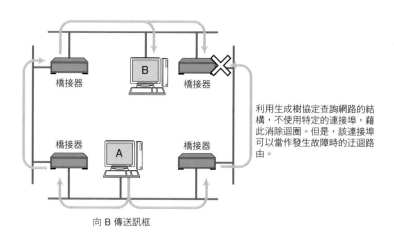

利用生成樹協定查詢網路的結構，不使用特定的連接埠，藉此消除迴圈。但是，該連接埠可以當作發生故障時的迂迴路由。

IEEE802.1D 定義的生成樹有個缺點，亦即發生故障時，需要花數十秒的時間來切換。為了解決這個問題，使用了 IEEE802.1W 定義的 RSTP（Rapid Spanning Tree Protocol）。發生故障時，RSTP 的切換時間不到數秒。

▓ 網路聚合

網路聚合（Link Aggregation）是由 IEEE802.1AX 定義。

這是利用多條網路連接 LAN 交換器，達到提高容錯率及速度的目的。生成樹會先決連接埠能否通訊。只有可通訊的連接埠才能使用，但是網路聚合卻能同時使用多個連接埠。

■ LLDP（Link Layer Discovery Protocol）

LLDP 是一種用來收集連接網路的機器資料機制，由 IEEE802.1AB 定義。網路機器會定期向群播 MAC 位址（01:80:C2:00:00:0E）傳送自己的主機名稱、機器資料、連接埠 / 介面資料，再由收集資料的機器接收 LLDP 封包，取得資料。

利用 LLDP 可以輕易確認連接網路的機器資料。

▼ **3.2.6**　VLAN（Virtual LAN）

▼ VLAN（虛擬區域網路）。

管理網路時，每次要分散網路負荷、更換部門或座位，就必須改變網路拓撲。此時，通常需要調整配線。可是，如果使用能運用 VLAN▼技術的橋接器（交換器），不用更改網路配線也能調整網路結構。VLAN 若加上 1.9.4 節說明過的橋接器 / 第 2 層交換器功能，可以切斷不同 VLAN 之間的所有通訊。因此，與一般只連接橋接器 / 第 2 層交換器時相比，不會傳送多餘的封包，能有效運用網路。

▼ 這個部分稱作廣播網域。

這裡我們先說明單純的 VLAN。如圖 3-15 所示，依照交換器的連接埠來劃分區段，可以分出廣播的流量範圍▼，減輕網路的負載，提高安全性。如果要讓不同區段進行通訊，就得使用具有路由器功能的交換器（第 3 層交換器），或以路由器連接各個區段。

圖 3-15
單純的 VLAN

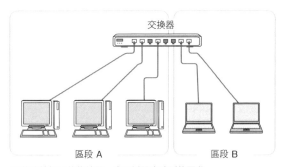

即使連接相同的集線器，也可以設定成別的區段。

由 IEEE802.1Q 標準化的 TAG VLAN 可以擴充 VLAN，建構橫跨不同交換器的區段。TAG VLAN 是依照區段來設定一個 VLAN ID。在交換器之間轉發訊框時，會在乙太網路的表頭中插入 VLAN TAG，根據這個值決定要將訊框轉發到哪個區段。流動在交換器之間的訊框會形成如圖 3-21（P113）所示的格式。

導入 VLAN，不用更改配線就能調整網路的區段。可是物理性的網路結構與邏輯性的結構不同，可能形成不容易瞭解、難以管理的網路。因此，一定要徹底管理及運用區段的結構。

圖 3-16
跨交換器的 VLAN

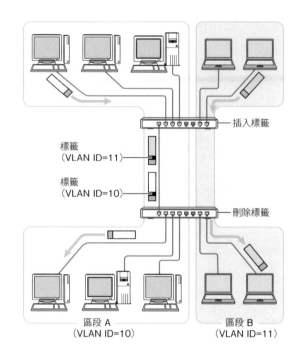

插入標籤

標籤
（VLAN ID=11）

標籤
（VLAN ID=10）

刪除標籤

區段 A
（VLAN ID=10）

區段 B
（VLAN ID=11）

3.3 　乙太網路（Ethernet）

▼乙太網路（Ethernet）
Ethernet 的 語 源 是 來 自
Ether 這個字。Ether 含有媒
體的意思，在愛因斯坦提倡
光量子學之前，宇宙空間充
滿著乙太，並以波動來傳遞
光。

最具代表性的資料連結，就是現在最普及的乙太網路（Ethernet）▼。乙
太網路與其他的資料連結相比，管理結構最單純，所以特色是容易開發
NIC 及驅動程式。基於這個理由，乙太網路的 NIC 在 LAN 盛行期間，
以低於其他 NIC 的價格來販售。由於只要花費低廉的價格就可以使用，
成為推動乙太網路普及的一大功臣。乙太網路支援 100Mbps、1Gbps、
10Gbps，甚至是 40Gbps/100Gbps 的高速網路，可以說是現在最具有相
容性與未來性的資料連結。

原本乙太網路是美國的 Xerox 公司與前 DEC 公司研發的一種通訊方式，
當時命名為「Ethernet」。之後，由 IEEE802.3 標準協會推動乙太網路的
規格化。在這兩種乙太網路中，訊框的格式不一樣。因此，IEEE802.3

▼相反地，普通的乙太網
路 是 取 DEC、Intel、Xerox
的 第 一 個 字 母，稱 作 DIX
Ethernet。

規格的乙太網路稱作 802.3 Ethernet▼。

3.3.1 乙太網路的連接型態

最初乙太網路開始普及時，一般是採取多個設備共用一條同軸電纜的共用媒體型連接▼，如圖 3-17 所示。

▼關於共用媒體型請參考 3.2.2 節。

圖 3-17
過去的乙太網路範例

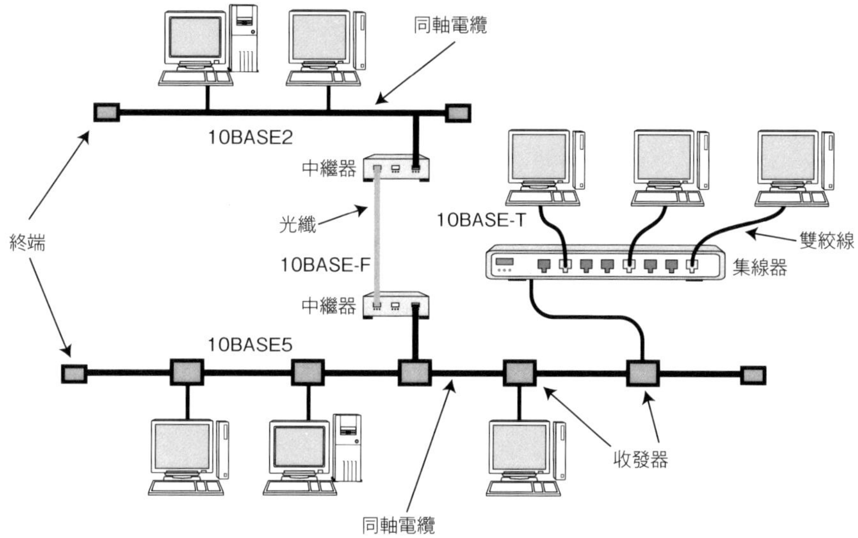

現在，由於連接設備的處理能力提高，傳送速度高速化，一般都採取設備與交換器之間以占有線路的方式連接，並透過乙太網路協定進行通訊，如圖 3-18 所示。

圖 3-18
目前的乙太網路範例

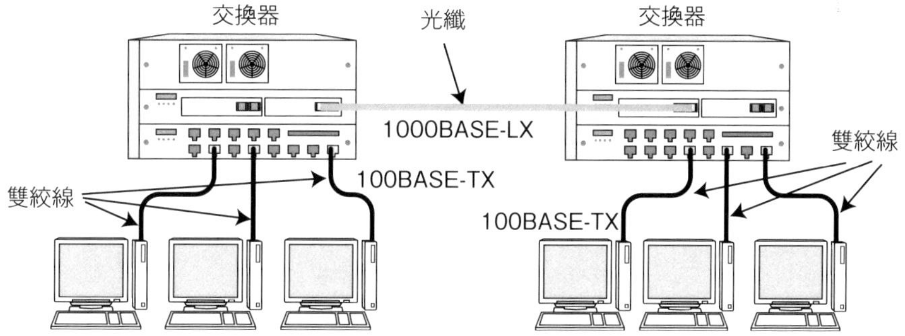

3.3.2　乙太網路的種類

由於通訊線路及通訊速度不同，使得乙太網路衍生出許多規格。

10BASE 的「10」、100BASE 的「100」、1000BASE 的「1000」、10GBASE 的「10G」，分別代表 10Mbps、100Mbps、1Gbps、10Gbps 等傳輸速度。附在後面的「5」、「2」、「T」、「F」等文字是用來顯示不同的媒體。假如通訊速度一樣通訊線路不同時，可以利用能轉換通訊媒體的中繼器或集線器來連接。如果通訊速度不同時，必須使用具備轉換速度功能的橋接器、交換集線器、路由器等，才能彼此相連。

表 3-1
主要的乙太網路種類與特色

▼除了乙太網路種類表列出的部分，還有根據用途來運用的 40GBASE、25GBASE、50GBASE。

▼ UTP
Unshielded Twisted Pair Cable，非遮蔽式雙絞線。

▼ Category。這是由 TIA/EIA（Telecommunication Industries Association/Electronic Industries Alliance, 美國通訊工會 / 美國電子工會）制定的雙絞線規格。Category 的數值愈大，代表這是支援更高速通訊的規格。

▼ MMF
Multi Mode Fiber，多模式光纖。

▼ STP
Shielded Twisted Pair Cable，被遮蔽的雙絞線。

▼ SMF
Single Mode Fiber，單模式光纖。

▼ FTP
Foil Twisted-Pair，雙絞線。

乙太網路的種類▼	線路最大長度	線路的種類
100BASE2	185m（最大節點數量 30）	同軸電纜
10BASE5	500m（最大節點數量 100）	同軸電纜
10BASE-T	100m	雙絞線（UTP▼CAT▼3 ～ 5）
10BASE-F	1000m	光纖（MMF▼）
100BASE-TX	100m	雙絞線（UTP CAT5/STP▼）
100BASE-FX	412m	光纖（MMF）
100BASE-T4	100m	雙絞線（UTP CAT3 ～ 5）
1000BASE-CX	25m	遮蔽銅線
1000BASE-SX	220m/550m	光纖（MMF）
1000BASE-LX	550m/5000m	光纖（MMF/SMF▼）
1000BASE-T	100m	雙絞線（推薦 UTP CAT 5/5e）
10GBASE-SR	26m ～ 300m	光纖（MMF）
10GBASE-LR	10km	光纖（SMF）
10GBASE-ER	30km/40km	光纖（SMF）
10GBASE-T	100m	雙絞線（UTP/FTP▼CAT 6a）
100GBASE-SR10	100m	光纖（MMF）
100GBASE-LR4	10km	光纖（SMF）
100GBASE-ER4	40km	光纖（SMF）
100GBASE-SR4	100m	光纖（MMF）

> ### ■　傳送速度與電腦內部表現值的差異
>
> 電腦內部採取二進位，因此以 2^n 中最接近 1000 的值（2^{10}）當作單位前置字。因此
>
> - 1K = 1024
> - 1M = 1024K
> - 1G = 1024M
>
> 乙太網路等以傳送時使用的頻率來決定傳送速度。因此
>
> - 1K = 1000
> - 1M = 1000K
> - 1G = 1000M
>
> 請別弄錯了。

▼ 3.3.3　乙太網路的歷史

最初經過規格化的乙太網路是使用同軸電纜的匯流排型 10BASE5。之後，增加了許多規格，包括使用細同軸電纜的 10BASE2（thin Ethernet）、使用雙絞線的 10BASE-T（雙絞線乙太網路）、高速化 100BASE-TX（高速乙太網路）、1000BASE-T（千兆乙太網路）、10G 乙太網路、100G 乙太網路等。

▼關於 CSMA 與 CSMA/CD 請參考 P97 的「競爭方式」說明。

起初乙太網路是採用 CSMA/CD ▼當作管理存取的方法，以半雙工通訊為前提。CSMA/CD 過去幾乎是乙太網路的代名詞，這是偵測碰撞的結構，但是因為包含 CSMA/CD，所以乙太網路很難高速化。即使出現 100Mbps 的 FDDI，乙太網路仍維持 10Mbps，一般認為，如果要提高網路速度，必須仰賴乙太網路以外的方式。

▼ ATM 可以利用交換器高速傳送固定長度的儲存格，請參考 3.6.1 節。

▼ 100BASE-TX 使用的是支援高速通訊、容易處理、價格便宜的 CAT 5 非遮蔽雙絞線（UTP）。

這個狀況隨著 ATM 的交換器技術 ▼進步及 CAT 5 的 UTP ▼普及，而產生極大的變化。以非共用媒體的方式連接交換器形成的乙太網路，必須能偵測出碰撞問題，消除高速化的障礙。事實上，自不支援半雙工通訊的 10G 乙太網路開始就不採用 CSMA/CD。此外，不使用交換器的半雙工通訊方式及使用同軸電纜的匯流排型，現在幾乎都不用了。

由於沒有發生碰撞，使得因網路壅塞導致功能低下、不如 FDDI 的缺點也隨之消除。如果乙太網路可以產生同等級的效果，FDDI 就比不上乙太網路的單純與低價。隨著乙太網路 100Mbps、1Gbps、10Gbps 的進展，可以說現在應該不再需要有線區域網路技術。

這些歷史上的各種乙太網路，其共同點是全都由 IEEE802.3 工作小組（Ethernet Working Group）推動標準化。

■ IEEE802

在 IEEE（The Institute of Electrical and Electronics Engineers：美國電機電子工程師協會），由各個工作小組推動各種 LAN 技術標準化。以下要說明 IEEE802 標準協會的結構。802 這個數字是代表從 1980 年 2 月開始進行的 LAN 標準化專案。

IEEE802.1	Higher Layer LAN Protocols Working Group
IEEE802.2	Logical Link Control Working Group
IEEE802.3	Ethernet Working Group（CSMA/CD）
	10BASE5 / 10BASE2 / 10BASE-T / 10Broad36
	100BASE-TX / 1000BASE-T / 10Gb/s Ethernet
IEEE802.4	Token Bus Working Group（MAP/TOP）
IEEE802.5	Token Ring Working Group（4Mbps / 16Mbps）
IEEE802.6	Metropolitan Area Network Working Group（MAN）
IEEE802.7	Broadband TAG
IEEE802.8	Fiber Optic TAG
IEEE802.9	Isochronous LAN Working Group
IEEE802.10	Security Working Group
IEEE802.11	Wireless LAN Working Group
IEEE802.12	Demand Priority Working Group（100VG-AnyLAN）
IEEE802.14	Cable Modem Working Group
IEEE802.15	Wireless Personal Area Network（WPAN）Working Group
IEEE802.16	Broadband Wireless Access Working Group
IEEE802.17	Resilient Packet Ring Working Group
IEEE802.18	Radio Regulatory TAG
IEEE802.19	Coexistence TAG
IEEE802.20	Mobile Broadband Wireless Access
IEEE802.21	Media Independent Handoff
IEEE802.22	Wireless Regional Area Networks

3.3.4 乙太網路的訊框格式

乙太網路訊框的開頭會加上 1 與 0 交錯排列的「前導碼（Preamble）」欄位（圖 3-19），表示「從這裡開始就是乙太網路訊框囉！」這也是讓對方的 NIC 與訊框同步的部分。前導碼以末尾為「11」的 SFD（起始區隔碼，Start Frame Delimiter）欄位結束，之後才是乙太網路訊框（圖 3-20）。前導與 SFD 合在一起的長度是 8 位元組▼。

▼位元組
1 個位元組是 8 位元。幾乎與 byte 同義，請參考專欄「位元（bit）、位元組（byte）、位元組（octet）的關係」。

圖 3-19
乙太網路的前導碼

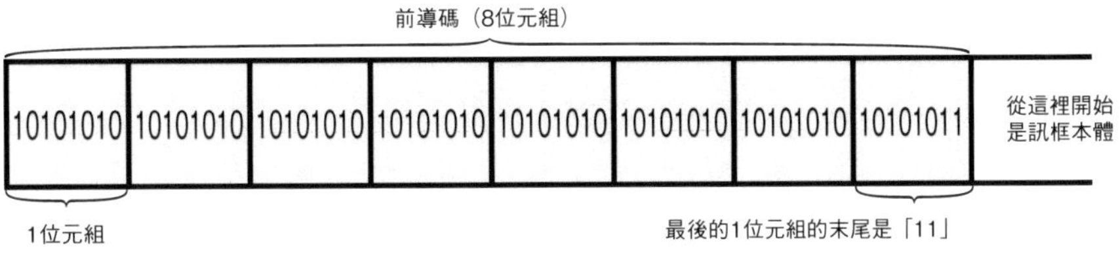
前導碼（8位元組）
10101010
10101010
10101010
10101010
10101010
10101010
10101010
10101011
從這裡開始是訊框本體
1位元組
最後的1位元組的末尾是「11」

・Ethernet的末尾2位元稱作SFD，IEEE802.3將最後1個位元組稱作SFD。

訊框本體的最前面是乙太網路表頭，長度共計有 14 位元組。包括接收端的 MAC 位址欄位是 6 位元組，傳送端的 MAC 位址欄位是 6 位元組，還有表示傳輸資料的上層協定種類欄位是 2 位元組。

位元（bit）、位元組（byte）、位元組（octet）的關係

- 位元（bit）

  位元是顯示二進位的最小單位。因為是二進位，所以用 0 與 1 來表示。

- 位元組（byte）

  通常 8 位元為 1 個位元組。本書也一樣將 1 位元組當作 8 位元來處理。可是部分特殊的電腦，1 位元組可能是 6 位元、7 位元或 9 位元。

- 位元組（octet）

  8 位元是 1 個位元組（octet）。如果要特別強調是 8 位元，通常會使用 octet 而不是 byte。

圖 3-20
乙太網路的訊框格式

乙太網路訊框格式

接收端MAC位址 （6位元組）	傳送端MAC位址 （6位元組）	類型 （2位元組）	資料 （46～1500位元組）	FCS （4位元組）

IEEE802.3乙太網路訊框格式

接收端MAC位址 （6位元組）	傳送端MAC位址 （6位元組）	訊框長度 （2位元組）	LLC （3位元組）	SNAP （5位元組）	資料 （38～1492位元組）	FCS （4位元組）

▼巨大封包
（Jumbo Frame）
乙太網路標準訊框的最大長
度是 1518 位元組（byte），
超過這個長度的訊框稱作巨
大封包。所有通訊路徑上
的機器必須處理同一個巨大
封包，但是高速線路一旦
傳輸量增加，會減少表頭
的處理次數，所以能運用
在收送大量資料的情況。
通常會把 MTU（Maximum
Transmission Unit）從 1500
改成 9000byte。

表頭後面緊接著是資料本體。一個訊框可容納的資料大小為 46 ～ 1500
位元組▼。訊框的末尾包含 FCS（Frame Check Sequence）欄位，長度為
4 位元組。

在接收端 MAC 位址中，記錄著接收端工作站的 MAC 位址。在傳送端
MAC 位址中，記錄著產生乙太網路訊框的傳送端工作站的 MAC 位址。

類型中記錄的是傳送資料的協定編號。換句話說，這裡顯示的是乙太網
路的上層協定。在資料部分的開頭，記錄著先前類型中顯示的協定表頭
與資料。主要的協定與類型對應表請參考表 3-2。

表 3-2
主要的乙太網路類型
欄位及功能

▼ 使用乙太網路傳送 IP 封
包（IPv4 封包或 IPv6 封
包）有時稱作 IPoE（IP
over Ethernet），尤其是使
用 WAN 線路建構的網路。
如果想強調用乙太網路傳送
IPv6 封包時，有時會稱作
IPv6 IPoE（請參考 P124 專
欄）。IPoE 通常與 PPPoE
（請參考 3.5.4 節）相對應。

類型編號（十六進位）	協定
0000-05DC	IEEE802.3 Length Field（01500）
0101-01FF	實驗用
0800	Internet IP（IPv4）▼
0806	Address Resolution Protocol（ARP）
8035	Reverse Address Resolution Protocol（RARP）
805B	VMTP（Versatile Message Transaction Protocol）
809B	AppleTalk（EtherTalk）
80F3	AppleTalk Address Resolution Protocol（AARP）
8100	IEEE802.1Q Customer VLAN
8137	IPX（Novell NetWare）
814C	SNMP over Ethernet
8191	NetBIOS/NetBEUI
817D	XTP
86DD	IP version 6（IPv6）▼
8847-8848	MPLS（Multiprotocol Label Switching）
8863	PPPoE Discovery Stage
8864	PPPoE Session Stage
8892	PROFINET
88A4	EtherCAT
8866	Link Layer Discovery Protocol（LLDP）
9000	Loopback（Configuration Test Protocol）

本書提到的協定，IP 是 0800、ARP 是 0806、RARP 是 8035、IPv6 是 86DD。此外，透過以下 IEEE 的網址，可以取得這些類型欄位清單。

> https://regauth.standards.ieee.org/standards-ra-web/pub/
> view.html#registries

▼ FCS
Frame Check Sequence

最後的 FCS▼是用來檢查訊框是否損壞的欄位。通訊過程中出現電子噪音干擾時，傳送的訊框可能產生亂碼而損壞。檢查 FCS 的值，可以丟棄因為噪音而壞掉的訊框。

▼生成多項式
乙太網路使用的是 CRC-32 多項式。

▼ 但是此時在位元串除法中，會使用互斥或運算取代減法。

▼ FCS 可以有效偵測出連續性錯誤（Burst Error）。

在 FCS 中，儲存著以特定位元串（稱作生成多項式▼）分割整個訊框後的餘數▼。接收端也進行相同運算，假如 FCS 的值相同，即判斷收到的訊框正確無誤▼。

IEEE802.3 Ethernet 的表頭格式與一般的乙太網路有些不同，表示類型的欄位是當作顯示資料長度的欄位使用。此外，資料部分的開頭是 LLC 與 SNAP 欄位（請參考 P114 專欄說明）。顯示上層協定類型的欄位，就包含在 SNAP 當中。使用 SNAP 指定的類型，幾乎等同於乙太網路指定的類型。

如果使用的是 3.2.6 節說明的 VLAN，訊框格式有些不同（圖 3-21）。

圖 3-21
VLAN 的乙太網路訊框格式

▼ CFI（Canonical Format Indicator）
執行來源路由時變成 1。

流動在TAG VLAN交換器之間的乙太網路訊框格式

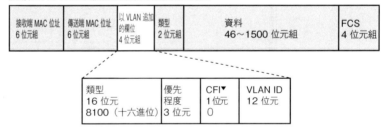

■ 資料連結層分成兩個層級

進一步細分資料連結層，可以分成媒體存取控制▼與邏輯連結控制▼等兩層。

媒體存取控制是指，控制乙太網路或 FDD 等各個資料連結的表頭。相對來說，邏輯連結控制是指，不管乙太網路或 FDDI 等資料連結的差異，只控制共同的表頭。

附加在 IEEE802.3 Ethernet 訊框格式中的 LLC 與 SNAP，是邏輯連結控制（由 IEEE802.2 制定）的表頭。檢視表 3-2 可以發現，當類型值為 01500（05DC）時，代表著 IEEE802.3 Ethernet 的長度。此時，即使查詢類型值，也無法得知上層的協定是什麼。如果是 IEEE802.3 Ethernet，緊接在乙太網路表頭後的 LLC/SNAP 表頭中，含有顯示上層協定的欄位，查詢這個欄位，就可以得知上層的協定。

▼媒體存取控制
MAC（Media Access Control）。

▼邏輯連結控制
LLC（Logical Link Control）。

圖 3-22
LLC/SNAP 格式

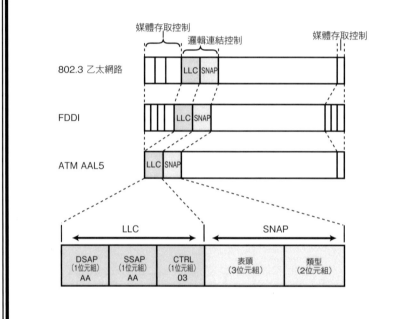

3.4　無線通訊

一般無線通訊是透過電波、紅外線、雷射光線來進行傳輸。在辦公室的區域網路範圍內，能進行高速無線通訊的部分，稱作無線區域網路（WLAN）。

使用無線通訊的電腦設備，不需要使用網路線來連接網路。因此，一開始主要用於適合移動、體積輕巧的設備上。隨著通訊速度提升，再加上省空間、可以節省配線費用等優點，因而廣泛運用在辦公室、家庭、門市、車站、機場等地方。

▼ PAN
Personal Area Network

▼ LAN
Local Area Network

▼ MAN
Metropolitan Area Network

▼ RAN
Regional Area Network

▼ WAN
Wide Area Network

3.4.1　無線通訊的種類

無線通訊可以依照通訊距離來分類，結果如表 3-3 所示。IEEE802 標準協會制定了無線個人區域網路 WPAN▼（802.15）、無線區域網路 WLAN▼（802.11）、無線都會網路 WMAN▼（802.16、802.20）、無線地區網路 WRAN▼（802.22）等規格。廣域無線區域網路 WWAN▼最具代表性的，就是手機通訊。手機透過基地台，可以進行長距離通訊。

表 3-3
無線通訊的分類與性質

分類	通訊距離（例）	制定規格的組織	相關組織及技術名稱
短距離無線	數公尺	個別	RF-ID
WPAN	10 公尺左右	IEEE802.15	Bluetooth
WLAN	100 公尺左右	IEEE802.11	Wi-Fi
WMAN	數公里～ 100 公里	IEEE802.16、IEEE802.20	WiMAX
WRAN	200 公里～ 700 公里	IEEE802.22	─
WWAN	─	3GPP▼	3G、LTE、4G、5G

※ 通訊距離會隨著設備的規則而異。

▼ 3GPP
3GPP 是定義第三代行動電話（3G）系統及 LTE、4G、5G 規格的標準化專案，由美國 ATIS、歐洲 ETSI、日本 ARIB、TTC、韓國 TTA、中國 CCSA、印度 TSDSI 參與規劃。

3.4.2　IEEE802.11

IEEE802.11 是定義 WLAN 協定的實體層與部分資料連結層（MAC 層）的規格。IEEE802.11 這個編號可以當作多數規格的總稱，以及作為 WLAN 的一種通訊方式。

IEEE802.11 是 IEEE802.11 相關規格的基礎，這裡規定的部分資料連結層（MAC 層）適用於 IEEE802.11 的所有規格。在 MAC 層中，和乙太網路一樣是使用 MAC 位址，並且採取與 CSMA/CS 非常類似的 CSMA/CA▼存取控制方式。一般需要準備無線基地台，透過無線基地台來進行通訊。各大製造商推出的基地台擁有連接乙太網路與 IEEE802.11 的橋接器功能。

▼ Carrier Sense Multiple Access with Collision Avoidance。

IEEE802.11 當作一種通訊方式時，代表的是在實體層使用電波或紅外線，傳輸速度為 1Mbps 或 2Mbps 的規格。這種通訊速度比後來推出的 802.11b/g/a/n 還慢，所以幾乎不再使用。

表 3-4
IEEE802.11

規格名稱	概要
802.11	IEEE Standard for Wireless LAN Medium Access Control (MAC) and Physical Layer (PHY) Specifications
802.11a	Higher Speed PHY Extension in the 5GHz Band
802.11b	Higher Speed PHY Extension in the 2.4 GHz Band
802.11e	MAC Enhancements for Quality of Service
802.11g	Further Higher Data Rate Extension in the 2.4 GHz Band
802.11i	MAC Security Enhancements
802.11j	4.9 GHz - 5 GHz Operation in Japan
802.11k	Radio Resource Measurement of Wireless LANs
802.11n	High Throughput
802.11p	Wireless Access in the Vehicular Environment
802.11r	Fast Roaming Fast Handoff
802.11s	Mesh Networking
802.11t	Wireless Performance Prediction
802.11u	Wireless Interworking With External Networks
802.11v	Wireless Network Management
802.11w	Protected Management Frame
802.11ac	Very High Throughput <6 GHz
802.11ad	Very High Throughput 60 GHz
802.11ah	Sub-1 GHz license exempt operation (e.g., sensor network, smart metering)
802.11ai	Fast Initial Link Setup
802.11ax	High Efficiency WLAN
802.11ba	Wake Up Radio
802.11bb	Light Communications

資料來源：http://grouper.ieee.org/groups/802/11/Reports/802.11_Timelines.htm

表 3-5
IEEE802.11 的比較

傳輸層		TCP/UDP 等					
網路層		IP 等					
資料連結層	LLC 層	802.2 邏輯連結控制					
	MAC 層	802.11 MAC CSMA/CA					
物理層	方式	802.11a	802.11b	802.11g	802.11n	802.11ac	802.11ax
	最大速度（理論值）	最大 54Mbps	最大 11Mbps	最大 54Mbps	最大 600Mbps	最大 1.3Gbps（wave1）最大 6.9Gbps（wave2）	最大 9.6Gbps
	頻率	5GHz	2.4GHz	2.4GHz	2.4GHz /5GHz	5GHz	2.4GHz /5GHz
	頻寬	20MHz	26MHz	20MHz	20MHz、40MHz	20MHz、40MHz、80MHz、160MHz	20MHz、40MHz、80MHz、160MHz

※ 802.11ax 是 2019 年 9 月時的推測。

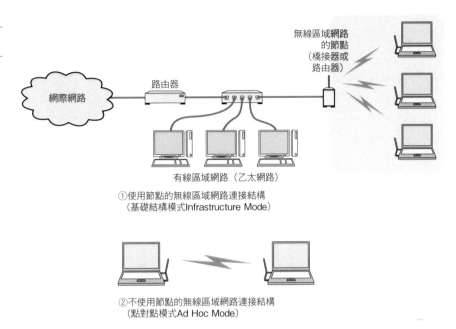

圖 **3-23**
無線區域網路的連接
結構

無線區域網路
的節點
（橋接器或
路由器）

網際網路

路由器

有線區域網路（乙太網路）

①使用節點的無線區域網路連接結構
（基礎結構模式Infrastructure Mode）

②不使用節點的無線區域網路連接結構
（點對點模式Ad Hoc Mode）

CSMA/CA

無線區域網路使用的電波是有限的。換句話說，無線區域網路是必須多
個裝置共用同一頻率的共用媒體型網路。IEEE802.11 採用了與乙太網路
的 CSMA/CD 類似的存取控制方式 CSMA/CA（Carrier Sense Multiple
Access with Collision Avoidance）。這是利用 Carrier Sense 確認是否為可
以傳送資料的狀態（稱作閒置狀態），只等待隨機的時間（稱作後退時
間），再開始傳送資料，避免發生衝突的機制。

3.4.3 IEEE802.11b、IEEE802.11g

▼ 2400 ～ 2497MHz

IEEE802.11b 與 IEEE802.11g 是 使 用 2.4GHz 頻 率▼ 的 無 線 區 域 網
路。 資 料 的 傳 輸 速 度 最 大 為 11Mbps（IEEE802.11b） 與 54Mbps
（IEEE802.11g），通訊距離約為 30 ～ 50 公尺。和 IEEE802.11 一樣，採
用 CSMA/CA 進行存取控制，一般是透過基地台來進行通訊。

3.4.4 IEEE802.11a

▼ 5150 ～ 5250MHz

這是在無線區域網路的實體層，使用頻率為 5GHz▼，最大傳輸速度可達
54Mbps 的規格。與 IEEE802.11b/g 不相容，市面上已經有可以支援這兩
種規格的基地台。由於不使用微波爐等家電用到的 2.4GHz 頻率，所以比
較不容易受到干擾。

▼ 3.4.5　IEEE802.11n

IEEE802.11n 是以 IEEE802.11g、a 為基礎，採用讓多支天線同步通訊的 MIMO 技術▼，達到高速化傳輸速度的規格，在實體層使用 2.4GHz 及 5GHz 頻率。

▼ Multiple-Input Multiple-Output

假如使用 5GHz 頻率，或沒有受到其他使用 2.4GHz 頻率的系統（802.11b/g 或 Bluetooth 等）影響，IEEE802.11n 能使用 IEEE802.11a/b/g 的數倍頻寬（40MHz），提供四個空間串流，最大傳輸速度可達 600Mbps。

▼ 3.4.6　IEEE802.11ac

IEEE802.11ac 是透過使用比 11n 更大的頻寬（80MHz 為必備，160MHz 為選項）來達到千兆吞吐量的規格。實體層使用的是 5GHz，而不是 2.4GHz。分成 Wave1（第一代）與 Wave2（第二代），利用提升 MIMO 的 MU-MIMO▼技術來實現高速化的目標。

▼ Multi User Multi-Input Multi-Output

▼ 3.4.7　IEEE802.11ax（Wi-Fi 6）

這是 IEEE802.11 要在 2020 年完成的規格，Wi-Fi Alliance 將其命名為 Wi-Fi6。

過去的技術是以改善傳送速度為目標，但是 IEEE802.11ax 是在有眾多裝置連線的高密度環境，進一步提升頻率的使用效率，提高每個連線裝置的平均吞吐量，進而增進整體效能。

實體層使用了 2.4GHz 與 5GHz 頻率。調變方式最高可以使到 1024QAM▼，能提升通訊速度。此外，為了有效分配頻率，還改用 OFDMA，這是行動電話（LTE）也有使用的技術。

▼ QAM
Quadrature Amplitude Modulation
（正交振幅調變）

MU-MIMO 把同時連接多個裝置的 4 個空間串流擴充到 8 個。MU-MIMO 傳輸除了向下連結之外，也能向上連結。

透過這些改善，達到最大傳輸速度 9.6Gbps，在高密度環境也能提高平均吞吐量。

■ **Wi-Fi**

Wi-Fi 是無線區域網路組織 Wi-Fi Alliance 為了推廣 IEEE802.11 規格而建立的品牌名稱。

Wi-Fi Alliance 對於各品牌支援 IEEE 802.11 的產品進行相容性測試，合格的產品給予「Wi-Fi Certified」認證。看到標示有「Wi-Fi」LOGO 的無線區域網路設備，就能確定該產品通過相容性測試。

音響有個專有名詞「Hi-Fi」（High Fidelity，高忠實度／高重現性），而 Wi-Fi（Wireless Fidelity）也是以建構高品質無線區域網路為目的而命名的。

3.4.8　使用無線區域網路的注意事項

無線區域網路利用電波的特性，達到在廣大範圍內使用的目的，確保使用者維持移動性、設備配置的自由性。這一點意味著，只要在通訊範圍內，即使非允許的使用者也可以收到電子訊號，讓我們隨時都暴露在竊聽、竄改的危險中。

在無線區域網路的規格中，為了防範資料被竊聽或竄改，已經定義可以對資料加密。可是，部分規格在網際網路上，散布著破解密碼的工具，因而形成漏洞。所以現在採用以 AES 為基礎的加密協定 WPA2 廣為普及，今後進一步提升安全性功能的 WPA3 也應該會更加普遍。除了加密資料之外，也同時進行存取控制，只有通過認證的設備，才能使用該無線區域網路，必須盡可能在安全的環境下使用網路。

另外，無線區域網路不用牌照，就可以使用某些頻率。因此，無線區域網路使用的電波，可能因與其他通訊設備互相干擾，而變得不穩定。例如，在靠近微波爐附近使用 2.4GHz 頻率的 802.11b/g，就得特別注意這個問題。啟動微波爐時，發出來的電波與無線頻率很近，有時會受到干擾，造成上傳輸能力顯著降低。

WPA2 與 WPA3

WPA2 是擴充 Wi-Fi Alliance 的認證程式 WPA（Wi-Fi Protected Access），並加入 IEEE802.1i▼必要部分的規格。採用以 AES 為基礎的加密協定，現在已經十分普及。

▼ IEEE802.1i 是制定 IEEE802.1X 安全性標準的規格。WPA2 與 IEEE802.1i 類似，只要條件符合，就可以互相使用，不過這兩個其實是完全不同的規格。

WPA3 是進一步擴充 WPA2 安全性的規格。以家用、小型辦公室為對象的 WPA3-Personal，透過 SAE（Simultaneous Authentication of Equals），實現強大的密碼認證。另外，以大型辦公室為對象的 WPA3-Enterprise，提供 192bit 安全模式，進一步強化安全性。

3.4.9 WiMAX

WiMAX（Worldwide Interoperability for Microwave Access）是使用微波，在企業或家中進行無線連線的方式。就像 DSL 及 FTTH 一樣，都是一種利用無線來達到最後一哩路▼的方式之一。

▼這是指家庭或企業在拉電話線或網際網路線時，電信業者提供的最後一段網路。

WiMAX 屬於無線都會網路（WMAN，Metropolitan Area Networks），支援以大都會、亦即都市圈為範圍的無線網路。在 IEEE802.16 進行標準化，其中一部分變成 WiMAX。此外，還推動支援移動設備的 IEEE802.16e（Mobile WiMAX）標準化。

WiMAX 由 WiMAX 論壇命名，WiMAX 論壇會針對伴隨標準化步驟而產生品牌之間的設備相容性、服務互通性等進行驗證。

3.4.10 藍牙

藍牙是使用和 IEEE802.11b/g 相同的 2.4GHz 頻率，進行通訊的規格▼。資料傳輸速度在 V2 可達 3Mbps（實際最大吞吐量為 2.1Mbps）。通訊距離依照電波強弱，分成最大 1m、10m、100m、400m 等。原則上，通訊設備最多是 8 台▼。

▼因此，IEEE802.11b/g 若放置在和藍牙一樣的場所，可能因為電波干擾而降低效能。

▼ 1 台是主（Master），其他 1 ～ 7 台是從（Slave），形成一個微網（Piconet）。

IEEE802.11 是以筆記型電腦等比較大的設備為對象，而藍牙是以行動電話、智慧型手機、鍵盤、滑鼠等小型、電源容量小的設備為對象。

藍牙 4.0 制定了低耗電量、低成本的 Bluetooth Low Energy（BLE），現在已經運用在需要省電的 IoT 裝置。

◤ 3.4.11 ZigBee

ZigBee 是以嵌入家電為前提，達到低耗電量、短距離無線通訊的規格，最多可以有 65,536 個設備之間進行無線通訊。

ZigBee 的傳輸速度會隨著使用的頻率而改變，但是日本可用的 2.4GHz 頻率，最大傳輸速度為 250kbps。

◤ 3.4.12 LPWA（Low Power, Wide Area）

LPWA 的定義並不明確，卻是能擴大 IoT 等低耗電裝置一次傳送的資料量，進行長距離資料通訊的通訊網路，因此稱作 LPWA。

LPWA 有幾種規格，大致分成不需要電台執照的特定低功率無線規格，以及需要電台執照的規格。

* LoRaWAN

  這是由標準化組織 LoRa Alliance 發布的開放式規格。使用的是不需要執照的 920MHz 頻段。傳輸資料為 11byte，最大傳輸距離為 10km。可以自行建構網路，設置 LoRaWAN 閘道，與 LoRaWAN 裝置通訊。

* Sigfox

  這是由法國 Sigfox 公司開發的獨家規格，使用不用執照的 920MHz 頻率。傳輸資料為 12byte，最大傳輸距離為 10km。與 LoRaWAN 最大的差別是 Sigfox 不能自行建立網路，必須與 Sigfox 服務簽約，使用 Sigfox 網路。

* NB-IoT

  這是使用了行動電話的行動通訊技術（LTE）的 LPWA。3GPP 是 2016 年在 Release13 標準化。NB-IoT 的傳輸速度為上傳 62kbps，下載 21kbps，是低速的半雙工傳輸。由於使用了 LTE，所以要與行動電話業者簽約才能使用。

3.5　PPP（Point-to-Point Protocol）

▼ 3.5.1　何謂 PPP？

PPP（Point-to-Point Protocol）顧名思義，就是點對點（一對一）連接電腦用的協定。PPP 可以說相當於 OSI 參考模型第 2 層的資料連結協定。

乙太網路、FDDI 等除了與 OSI 參考模型的資料連結層有關，也與實體層有關。具體而言，乙太網路使用同軸電纜或雙絞線，決定要以何種電子訊號來表示 0 與 1。相對來說，PPP 可以只考量到資料連結層，不用管實體層。但是，這也代表著，PPP 無法獨立通訊，必須依賴某個實體層。

圖 3-24
PPP

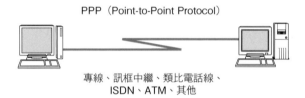

PPP（Point-to-Point Protocol）

專線、訊框中繼、類比電話線、
ISDN、ATM、其他

使用電話線、ISDN、專線、ATM 線路等等方式連線時，一般會使用 PPP。近來以 ADSL 或有線電視的方式連線時，可以使用 PPPoE（PPP over Ethernet）。PPPoE 是將 PPP 訊框封裝在乙太網路資料中再轉發的一種方式。

▼ 3.5.2　LCP 與 NCP

▼使用電話線時，先建立電話級的連接，再建立 PPP 的連接。

PPP 在開始進行資料通訊前，會建立 PPP 等級的連接▼。建立連接之後，再進行認證、壓縮、加密等設定。

在 PPP 的功能中，包含不依賴上層的 LCP 協定（Link Control Protocol）及依賴上層的 NCP 協定（Network Control Protocol）。上層如果是 IP，其 NCP 是 IPCP（IP Control Protocol）。

LCP 可以進行建立或切斷連接、設定封包長度（Maximum Receive Unit）、設定認證協定（PAP 或 CHAP）、監控通訊品質等。

▼設備之間的往來稱作協商。

IPCP 可以設定 IP 位址、是否壓縮 TCP/IP 的表頭等往來方式▼。

圖 3-25
建立 PPP 的連接

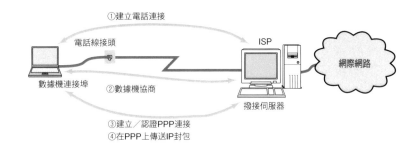

以 PPP 連接時，通常會利用使用者 ID 及密碼來進行認證。PPP 會對通訊雙方進行認證▼。PPP 使用的認證方式有 PAP（Password Authentication Protocol）與 CHAP（Challenge Handshake Authentication Protocol）兩種。

▼連接 ISP 時，一般不會啟用 ISP 端的認證。

PAP 是建立 PPP 連接時，只進行一次 ID 與密碼認證的方法。由於密碼沒有加密，以明文傳送，因而產生被竊聽、建立連接後被盜用線路的風險。

CHAP 是使用每次都會更改密碼的 OTP（One Time Password），可防止竊聽問題。另外，建立連接後，也會定期交換密碼，檢查通訊對象是否中途被替換。

◤ 3.5.3 　 PPP 的訊框格式

PPP 的資料訊框格式如圖 3-26 所示，是用旗標來分割訊框，其使用的方法和 HDLC 協定▼相同。PPP 是參考 HDLC 制定的。

▼ HDLC
（High Level Data Link Control Procedure）
高階資料連接控制流程。

HDLC 是用「01111110」區隔訊框，這個部分稱作旗標。用旗標包圍的訊框內部，不允許出現連續 6 個以上的「1」。因此，傳送訊框時，在連續 5 個「1」之後，必須插入「0」。此外，接收的位元串中若有連續 5 個「1」，一定得刪除後面緊跟著的「0」。利用這個操作，最多只有連續 5 個「1」，因此可以辨識出分割訊框的旗標。PPP 在標準設定狀態下，也是一樣。

圖 3-26
PPP 的資料訊框格式

PPP資料訊框格式（標準設定）

旗標 1位元組 (01111110)	位址 1位元組 (11111111)	控制 1位元組 (00000011)	類型 2位元組	資料 0～1500位元組	FCS 4位元組	旗標 1位元組 (01111110)

此外，以電腦進行撥接連線時，已經由軟體進行 PPP，所以插入或刪除「0」的處理、計算 FCS，全都交給電腦的 CPU 負責。因此我們可以說 PPP 是會對電腦造成沉重負擔的方式。

▼ 3.5.4 PPPoE（PPP over Ethernet）

有些網際網路連線服務可以透過乙太網路，使用提供 PPP 功能的 PPPoE。

這種網際網路連線服務是由乙太網路模擬通訊線路。乙太網路是最普遍的資料連結，而且網路設備、NIC 等的價格也非常便宜，因此能提供低廉的服務。

可是，直接使用這種乙太網路有幾個問題。由於乙太網路沒有認證功能，也不會建立、切斷連接，所以無法按照時間來付費。若能用 PPPoE 在乙太網路上管理連接，ISP 就可以利用 PPP 的認證功能，輕易進行顧客管理。

圖 3-27
PPPoE 資料訊框格式

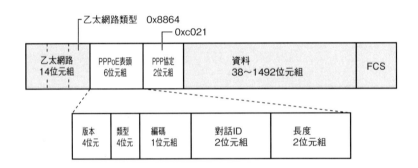

■ IPv6 IPoE

在透過 NTT NGN 網路，使用或提供 IPv6 網際網路連線服務的機制之中，包括了稱作 IPv6IPoE 的服務。

NTT NGN 網路是使用 IPv6 的封閉網路。NTT NGN 網路利用 IPv6 IPoE，讓使用者透過 IPv6 網際網路連線服務供應商的網路 VNE（Virtual Network Enabler），就能連接 IPv6 網際網路。

NGN 網路透過 VNE 把 IPv6 前綴分配給使用者，可以識別通訊的 VNE，使用者就能經由簽約的 VNE 網路，連接到 IPv6 網際網路。

3.6 其他資料連結

到目前為止，已說明了乙太網路、無線通訊、PPP。除此之外，還有其他幾種資料連結▼。

▼但是現在大部分都不再使用。

▶ 3.6.1　ATM（Asynchronous Transfer Mode）

ATM 是以「表頭 5 位元組」+「資料 48 位元組」的細胞（Cell）為單位，進行資料處理的資料連結。縮短線路的占用時間，可以有效率地轉發大容量資料，主要使用於連接廣域網路。ATM 的規格化及討論是由 ITU▼及 ATM 論壇負責進行。

▼ International Telecommunication Union，國際電信聯盟。

■ ATM 的特色

ATM 是一種連接導向型的資料連結。開始通訊之前，一定要設定通訊線路，這點與傳統電話類似。傳統電話在通話之前，要向中間的交換機提出設定到通訊對象的通訊線路▼（這種結構稱作「信令」）。但是，ATM 與傳統電話不同，它可以同時與多位對象建立通訊線路。

▼在 ATM 中，這種線路連接稱作 SVC（Switched Virtual Circuit）。建立固定線路的方法稱作 PVC（Permanent Virtual Circuit）。

ATM 沒有類似乙太網路、FDDI 的傳送權控制功能，可以在任何時候，傳送任何資料。可是，萬一所有電腦同時傳送大量資料時，網路就會形成收斂▼狀態。因此，ATM 擁有精密控制頻寬的功能，可以避免出現這種問題。

▼收斂
這是指網路被塞爆，路由器、交換器無法處理完封包或細胞的狀態。處理不完的封包或細胞會被丟棄。

圖 3-28
ATM 網路

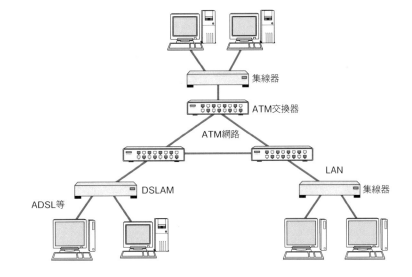

■ 同步多工與非同步多工

讓我們來思考如何以一條線路連接的方法整合多台通訊設備。這種連接在一起的設備稱作 TDM▼。TDM 一般是讓兩邊的 TDM 同步，同時以特定的時間單位來分割資料，依序傳送給接收端。這種方法就像是在組裝工廠，按照傳送目的地，把不同顏色的籃子放在輸送帶上，再將特定產品放入特定顏色的籃子內。這裡的籃子稱作時槽（Slot）。使用這種方法，即使籃子有空位，要是籃子的顏色不對，就無法把產品放進去。換句話說，即使有資料要傳送，仍會出現閒置的時槽。因此，線路的容量只能固定分配給各個通訊，使得線路使用效率降低。

ATM 可以擴充 TDM，提高通訊線路的使用效率▼。ATM 在 TDM 的時槽放入資料時，不會依照線路的順序來放入，而是依照抵達的資料順序來放入時槽中。但是，這樣無法識別接收端的設備是何種通訊類型，所以傳送端加上 5 位元組的表頭，表頭中附上 VPI（Virtual Path Identifier）與 VCI（Virtual Channel Identifier）識別碼▼。利用這些數字，就能識別進行的是何種通訊類型。VPI 與 VCI 是兩個進行直接通訊的 ATM 交換器之間的設定值，在其他交換器之間的含義是不一樣的。

使用 ATM 可以減少空閒的時槽，提高線路的使用效率，可是表頭會造成開支▼，使得實際的通訊速度降低。換句話說，線路速度為 155Mbps，因為 TDM 及 ATM 表頭的開支，實際上的吞吐量為 135Mbps 左右。

▼ TDM（Time Division Multiplexer）
分時多工設備。

▼實際上使用的是 TDM 方式的 SONET（Synchronous Optical Network）或 SDH（Synchronous Digital Hierarchy）的線路。

▼在以 VPI 識別的通訊線路中，利用 VCI 識別多個通訊。

▼開支
進行通訊時，實際上除了要傳送的資料外，還必須加上控制資料及處理的時間。

圖 3-29
同步多工與非同步多工

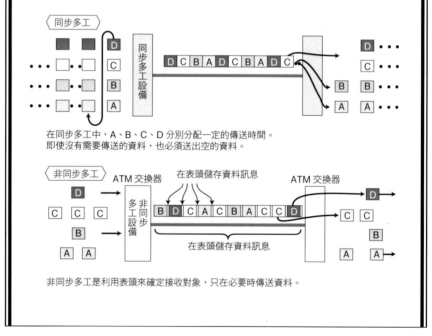

在同步多工中，A、B、C、D 分別分配一定的傳送時間。即使沒有需要傳送的資料，也必須送出空的資料。

非同步多工是利用表頭來確定接收對象，只在必要時傳送資料。

ATM 與上層

在乙太網路中，一個訊框最大可以傳送 1500 位元組，而 FDDI 最大可傳送 4352 位元組的資料。可是，一個 ATM 細胞只能傳送 48 位元組的資料。而且在 48 位元組的資料部分，含有 IP 表頭與 TCP 表頭，幾乎無法傳送上層的資料。因此，一般不會單獨使用 ATM，而會併用稱作 AAL（ATM Adaptation Layer）的上層▼。以 IP 為例，使用的上層是 AAL5。IP 的封包如圖 3-30 所示，依照層級加上表頭，最多分割成 192 個細胞再傳送出去。

▼從 ATM 的角度來看是上層，對 IP 來說是下層。

圖 3-30
ATM 中的封包細胞化

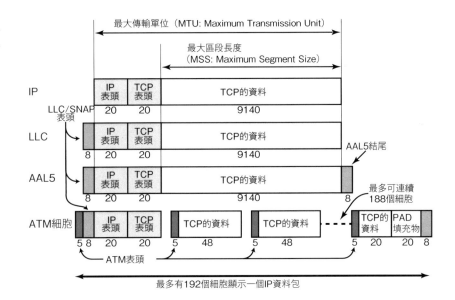

相對來說，只要 192 個細胞少了一個，IP 封包就會被破壞。此時，AAL5 的訊框檢查會出現錯誤，而丟棄所有接收到的細胞。由於 TCP/IP 具備資料傳送的可靠性，所以 TCP 會進行重送處理。不過使用 ATM 網路時，即使遺失一個細胞，仍要再次傳送最多 192 個細胞，這是 ATM 的一大問題。當網路壅塞時，就算只遺失 1% 的細胞（100 個中的 1 個），資料完全不會送達。尤其是，ATM 沒有控制傳送權的機制，因而提高了網路收斂的可能性。建構 ATM 網路時最重要的是，末端的網路頻寬合計必須小於骨幹的頻寬，形成不易遺失細胞的網路環境。另外，現在也正在開發研究，發生網路收斂時可以動態調整 ATM 連接頻寬的技術。

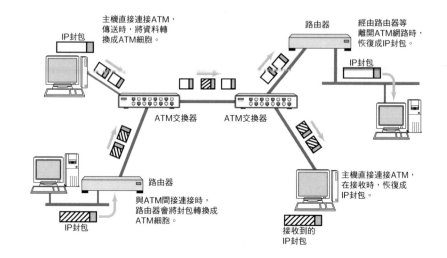

圖 3-31
ATM 的 IP 封包傳送

主機直接連接ATM，
傳送時，將資料轉
換成ATM細胞。

IP封包

路由器

經由路由器等
離開ATM網路時，
恢復成IP封包。

IP封包

ATM交換器　　ATM交換器

路由器

與ATM間接連接時，
路由器會將封包轉換成
ATM細胞。

IP封包

主機直接連接ATM，
在接收時，恢復成
IP封包。

接收到的
IP封包

▰ 3.6.2　POS（Packet over SDH/SONET）

▼ Synchronous Digital Hierarchy，同步數位層級。

▼ Synchronous Optical NETwork，同步光纖網路。

POS 是在以光纖傳輸數位訊號時的實體層規格 SDH▼（SONET▼）上，進行封包通訊的協定。

SDH 是透過電話線、專線的高可靠性光傳輸網路，並且被廣泛運用。SDH 的傳輸速度以 51.84Mbps 為基準，呈倍數增加。現在，市面上已經推出支援 768 條通道、約 40Gbps 的 SDH 傳輸路徑產品。

▰ 3.6.3　光纖通道（Fiber Channel）

▼ SAN（Storage Area Network）
以高速網路連接伺服器與多台儲存設備（硬碟、磁帶備份）的系統。一般企業用來儲存大量資料。

這是可以達到高速資料傳輸的資料連結。與其說是網路，其實結構更像是 SCSI 這種連接週邊設備的匯流排，可以達到 133Mbps ～ 4Gbps 的資料傳輸速度。近年來，主要當作建構 SAN▼的資料連結使用。

▰ 3.6.4　iSCSI

▼ RFC3720、RFC3783

這是把連接個人電腦硬碟時的標準規格 SCSI，使用於 TCP/IP 網路的規格▼。在 IP 封包中，包含 SCSI 的指令與資料，再進行資料的收送。如此一來，我們就能像使用個人電腦中內建的 SCSI 硬碟一樣，使用網路上連接的大型硬碟。

3.6.5 InfiniBand

▼4 條或 12 條。

這是以高階伺服器為對象的超高速介面，擁有高速、高可靠性、低延遲等特色。可以將多條線路▼變成一條，傳輸速度可達到 2Gbps 到數百 Gbps。將來也預計提供數千 Gbps 的高速資料傳輸計畫。

3.6.6 IEEE1394

又稱 FireWire、i.Link。這是串連 AV 設備的家庭用區域網路的資料連結，資料傳輸速度為 100 ～ 800Mbps 以上。

3.6.7 HDMI

這是 High-Definition Multimedia Interface 的縮寫，屬於可以用一條電纜傳送數位高品質影像及聲音的規格。具有保護著作財產權的功能，以連接 DVD/ 藍光播放器、錄影機、AV 訊號放大器等電視或投影機為主，但是也可以用來連接電腦、平板電腦、數位相機、螢幕。從 2009 年發布版本 1.4 起，增加了傳送乙太網路訊框的規格。使用 HDMI 線能透過 TCP/IP 進行通訊，今後的發展值得期待。

3.6.8 DOCSIS

▼ Multimedia Cable Network System Partners Limited。

這是利用有線電視（CATV）進行資料通訊的業界標準規格。由有線電視的業界組織 MCNS▼制定，把有線電視的同軸電纜連接 Cable Modem （Cable Modem），並進行乙太網路轉換的規格標準化。Cable Labs 組織會對 Cable Modem 進行驗證。

3.6.9 高速 PLC（高速電力線通訊）

▼ PLC
Power Line
Communications，
電力線通訊。

▼有人質疑可能會影響到短波段廣播、業餘無線電、電波望遠鏡、防災無線電等。

高速 PLC▼是利用家庭或辦公室內原有的電力線，使用數 MHz ～ 數十 MHz 的頻寬，達到數十 Mbps ～ 200Mbps 的傳送速度。因為使用了電力線進行通訊，不用重新配置區域網路線，就能控制家電設備 / 辦公設備，這種用法的日後發展值得期待。但是，電力線原本並非為通訊而設計，所以在傳輸高頻率訊號時，可能會因為電波外洩而造成影響▼，只限制在屋內（辦公室內、家庭內）使用。

表 3-6
主要的資料連結種類
與特色

資料連結名稱	媒體的傳送速度	用途
乙太網路	10Mbps ～ 1000Gbps	LAN、MAN
802.11	5.5Mbps ～ 400Mbps	LAN ～ WAN
Bluetooth	下載 2.1Mbps、上傳 177.1kbps	LAN
ATM	25Mbps、155Mbps、622Mbps、2.4GHz	LAN ～ WAN
POS	51.84Mbps ～約 40Gbps	WAN
FDDI	100Mbps	LAN、MAN
Token Ring	4Mbps、16Mbps	LAN
100VG-AnyLAN	100Mbps	LAN
光纖通道	133Mbps ～ 4Gbps	SAN
HIPPI	800Mbps、1.6Gbps	連接 2 台電腦
IEEE1394	100Mbps ～ 800Mbps	家用

3.7　公共網路

接下來，要說明的不再是像區域網路這種結構內的連線，而是連接外部時使用的公共用通訊服務。公共用通訊服務是指支付費用給電信業者，如中華電信、遠傳、台灣大哥大等，租借通訊線路的型態。利用這種公共用通訊服務，距離遙遠的組織之間也可以進行通訊，只要和供應商簽訂合約，就能連接網際網路。

以下將介紹類比電話線、行動通訊、ADSL、FTTH、有線電視、專線、VPN、公共無線區域網路。

3.7.1　類比電話線

這是利用固定電話線來進行通訊的方式。使用電話線聲音部分的頻寬，以撥接方式連接網際網路。這種方法不需要特別的通訊線路，只要直接使用廣泛普及於一般家庭中的電話網路即可。

如果要用電話線連接電腦，還需要轉換數位訊號及類比訊號的數據機。數據機的通訊速度為 56kbps，速度很慢，現在幾乎不再使用。

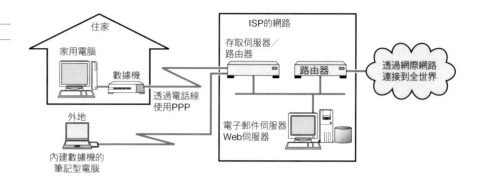

圖 3-32
撥接上網

住家
家用電腦
數據機
透過電話線
使用PPP
外地
內建數據機的
筆記型電腦

ISP的網路
存取伺服器／
路由器
路由器
電子郵件伺服器
Web伺服器

透過網際網路
連接到全世界

3.7.2　行動通訊服務

隨著時代進步，行動通訊服務的速度變得又快又完整，規格從 1G、2G、PHS▼發展到 3G。這裡所謂的「G」是 Generation 的縮寫，也可以稱作第一代、第二代、第三代。現在的主流是 4G-LTE，站在存取網際網路的觀點，支援這個規格的智慧型手機在使用上幾乎和電腦一樣方便。有效傳輸速度可以達到數 Mbps ～數十 Mbps。此外，國際標準化組織 3GPP 已將把比 LTE 的容量更大、更完善的 LTE-Advanced 標準化，各公司利用 MIMO▼、載波聚合技術▼，開始提供下載理論值接近 1Gbps 的服務▼。未來 5G 規格的通訊速度將和 Wi-Fi 一樣，可以達到數 Gbps，與其他通訊方式相比，能提供低延遲的環境。

3.7.3　ADSL

ADSL▼是延伸擴充現有類比電話線的服務。類比電話線雖然也可以進行高頻率的資料通訊，但是電信局的交換機只會以較高的效率傳送音頻，其他多餘的頻率都會被擋掉。尤其是，近年來電話網路的數位化，透過電話線的訊號在通過電信局的交換機時，會轉換成 64kbps 左右的數位訊號。因此，理論上無法以超過 64kbps 以上的傳輸速度進行通訊。可是，從電話到電信局交換機為止的線路，可以進行高速通訊。

ADSL 是利用電話與電信局交換機之間的線路，在這裡設置分配器（Splitter），混合、分離聲音頻率（低頻）與資料通訊用頻率（高頻）。

這種通訊方式除了 ADSL 之外，還有 VDSL、HDSL、SDSL 等，統稱為 xDSL，ADSL 是其中最普遍的方法。

通訊方式、電話線的品質、與電信局的距離，都會影響到線路的速度，但是基本上，ISP →住家或辦公室是 1.5Mbps ～ 50Mbps、住家或辦公室 → ISP 是 512kbps ～ 2Mbps。

▼ PHS（Personal Handyphone System）
原本 PIAFS 透過切換線路的方式，可以提供最大 64kbps 的傳輸速度。後來的 PHS 可達 800kbps，之後運用 PHS 技術，發展出使用 2.5GHz 頻率的寬頻無線接取系統（BWA），現在可以提供 20Mbps（XGP 方式）～ 最大 110Mbps（AXGP 方式）的通訊速度。

▼ MIMO（Multiple-Inputand Multiple-Output）
這是發射器與接收器利用多根天線，提升通訊品質的機制。

▼載波聚合技術
這是把多個頻段的電波聚在一起進行資料傳輸的技術。

▼各公司的 LTE-Advanced 下載理論值
NTT DoCoMo：下載理論值 988Mbps（3.5GHz×2, 1.7GHz×1）
au：下載理論值 958Mbps（3.5GHz×2, 2GHz×1）
SoftBank：下載理論值 400Mbps（2.1GHz×1, 1.7GHz×1, 900MHz）

▼ ADSL
Asymmetric Digital Subscriber Line

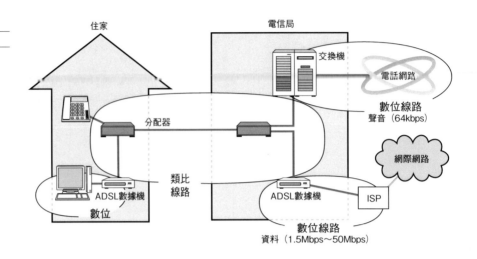

3.7.4　FTTH（Fiber To The Home）

FTTH 是 Fiber To The Home 的縮寫，中文是「光纖到府」。這是直接將高速光纖連接到使用者家裡或公司建築物內的方法。雖然光纖是連接到建築物內，但是一般並非直接與電腦連接，而是透過稱作 ONU▼ 的設備，將光轉換成電子訊號，再連接到電腦或路由器上。使用 FTTH，可以進行穩定的高速通訊，但是線路速度、服務等將隨著各電信服務供應商提供的內容而異。

▼ ONU
（Optical Network Unit）
光網路單元。電信公司的終端設備稱作 OLT（Optical Line Terminal）。

另外還有一種方法稱作 FTTB（Fiber To The Building），中文是「光纖到建築」。這種型態是，光纖連接到公寓、公司、飯店的建築物，之後在建築物內佈線，連接到每一戶。另外，還有光纖連接到住宅附近，再透過網路佈線，讓週邊住家共同使用，這種型態稱作 FTTC（Fiber To The Curb▼），中文是「光纖到路邊」。

▼ Curb 這個字的意思是，住家附近道路的石頭。

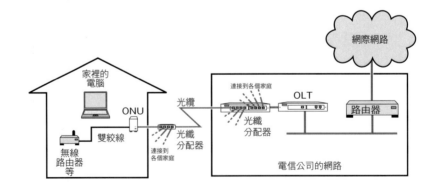

另外，光纜通常是傳送用與接收用分開，兩條成對，但是 FTTH 使用的是簡易 WDM▼，一條電纜就能傳送與接收訊號。連接到各個家庭的光纜是利用介於 ONU 與 OLT 之間的光纖分配器來分離。

▼關於光纜與 WDM，請參考附錄 D.3。

▓ 暗光纖

這是電信業者或電力公司等社會基礎建設相關業者提供的服務，把已經架設卻未使用的光纖租給一般企業或團體，這種光纖就稱作暗光纖。

這項服務只租借光纖，只要在兩端連接使用者認為必要的機器，就可以進行任何通訊。由於完全獨占，而能降低第三者入侵的可能性。例如，北美有家大型雲端業者正計畫用暗光纖連接北美東部、中部、西部多的數據中心。

▶ **3.7.5　有線電視**

把原本使用電波發送的電視訊號改用電纜來傳送的服務，就是有線電視。電波在地面上發送的訊號會受到天線的設置狀況及周遭建築物的影響，而讓收訊狀態變差。使用電纜的有線電視比較不會受到影響，可以傳送清楚的影像，享受看電視的樂趣。

近年來，有愈來愈多人使用有線電視的網際網路連線服務，這種服務是利用沒有播放節目的閒置頻道來專門傳送資料。

▼稱作下行（Downstream）。
▼稱作上行（Upstream）。

電視台到用戶住宅的通訊▼，使用的是和播放電視一樣的頻率範圍，而用戶住宅到電視台▼的通訊是利用閒置的低頻率範圍來傳送。因此，有線電視上傳資料的傳送速度比下載資料的傳送速度低。

圖 3-35
利用有線電視連接網際網路

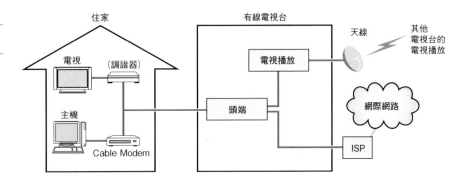

利用有線電視連接網際網路時，必須先申請有線電視台的服務。在用戶住宅設置資料通訊用的 Cable Modem，與有線電視台設置的頭端設備通訊。頭端負責將數位播放或部分類比播放，以及通訊用的數位資料轉換成可以用一條電纜收送的狀態。

▼請參考 3.6.8 節。

連接網際網路時，用戶住宅透過 Cable Modem 進行訊號轉換，再藉由有線電視網與 ISP 連接。有線電視網使用的是 DOCSIS 規格▼，現在最大可以提供 320Mbps 通訊服務。

▌ 3.7.6　專線

隨著網際網路的使用者急速增加、專線服務的價格降低、頻寬更大、更
多樣化，出現了各式各樣的「專線服務」。主要包括乙太網路專線服務，
提供 1Mbps ～ 100Gbps 的通訊速度，可以根據用途做選擇。另外還有
SONET/SDH 專線服務、ATM 專線服務。

專線的連接類型一定是一對一。ATM 原本設計成允許多個連接目標，但
是以專線服務提供的 ATM Mega-Link Service 只能選擇一個連接目標，
無法像 ISDN 或訊框中繼一樣，只要一條電纜就可以連接多個目的地。

▌ 3.7.7　VPN（Virtual Private Network）

連接遠距地區的 VPN（Virtual Private Network）服務包括 IP-VPN 及廣
域乙太網路，近年也開始提供運用了網際網路的 SD-WAN 服務。

▇ IP-VPN

這是指在 IP 網路（網際網路）建構 VPN。

部分電信業者提供在 IP 網路上使用 MPLS 技術建構 VPN 的服務。7.7 節
說明的 MPLS（Multiprotocol Label Switching），是在 IP 封包中加上稱
作標籤（Label）▼的資料來控制通訊。依照每個客戶設定不同標籤，通
過 MPLS 網路時，利用這個標籤來判斷目的地。因此，在一個 MPLS 網
路上，可以劃分出多位顧客的 VPN，形成受到保護的封閉私人網路。另
外，還可以依照每位顧客的需要來控制頻寬。

▼有時也稱作 tag。

圖 3-36
IP-VPN（MPLS）

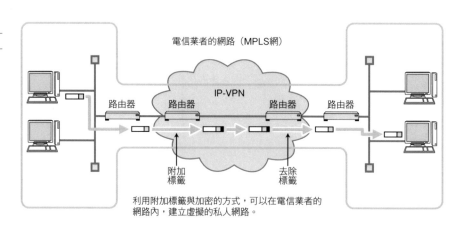

利用附加標籤與加密的方式，可以在電信業者的
網路內，建立虛擬的私人網路。

▼為了與電信業者提供的 IP-VPN 服務有所區別，這種類型的 VPN 稱作網際網路 VPN。

▼關於 IPsec 請參考 9.4.1 節。

除了使用電信業者提供的 IP-VPN 服務，也可能出現企業自行在網際網路上建構 VPN 的情況▼。此時，一般會採取用 IPsec▼建構 VPN 的方法。這種方法是利用 IPsec，在 VPN 上通訊時認證、加密 IP 封包，在網際網路上建構封閉網路環境。這種方法能以低廉的網際網路連線費用確保通訊線路，以各自所需的安全性等級，進行通訊加密。不過，有時也可能因為網際網路壅塞而影響通訊速度。

■ 廣域乙太網路

這是電信業者提供，連接遠距地區的乙太網路連接服務。IP-VPN 是在 IP 層的連接服務，而廣域乙太網路是使用在資料連結層的乙太網路來運用 VLAN（虛擬區域網路）。和 IP-VPN 不同，可以直接使用乙太網路，所以也能運用除 TCP/IP 以外的協定。

在廣域乙太網路中，電信業者建構的 VLAN 成為企業專用的型態。只要設定同一個 VLAN，不論來自何處，都可以連接相同的網路。廣域乙太網路使用的是資料連結層，為了避免多餘的封包流動，使用者必須小心處理。

■ SD-WAN 服務

這是把構成 WAN 的 MPLS、網際網路、4G LTE 等整合在一起，建構虛擬 WAN 連結的服務。可以建置邏輯網路，也提供路徑加密、邏輯網路上的應用視覺化、使用雲端服務時的路徑控制等功能。

▼ 3.7.8　公共無線區域網路

公共無線區域網路是指，使用 Wi-Fi（IEEE802.11b 等）的服務。在車站、餐廳等人潮聚集之處設置熱點（Hot Spot），建立可以接收訊號的區域，就能利用含有無線區域網路介面的筆記型電腦或智慧型手機連線上網。

使用者經由熱點就能連接網際網路。此外，連線之後，使用 IPsec 經由 VPN，也可以連接到自己的公司。這種服務分成免費提供（購物中心或車站等）與針對簽約的使用者提供付費服務。

使用公共無線區域網路時，必須檢查是否有安全性保護（加密），以及要通訊的網站是否加密。

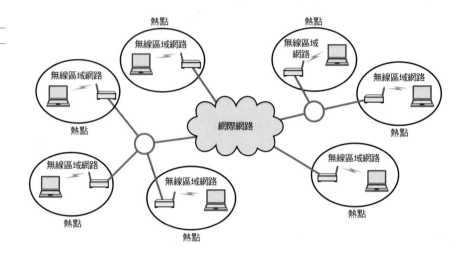

圖 **3-37**
公共無線區域網路

▼ **3.7.9**　其他公共通訊服務（**X.25**、訊框中繼、ISDN）

■ X.25

X.25 網是改良電話網的網路。這是一個節點可以同時連接多個網站的服務，擁有 9.6kbps 及 64kbps 的傳輸速度。現在已經出現其他服務，所以不再使用。

■ 訊框中繼

這是簡化 X.25 的高速網路。和 X.25 一樣，能一對 N 通訊，各電信業者能提供從 64kbps ～ 1.5Mbps 的服務。現在轉移到廣域乙太網路或 IP-VPN，使用者逐漸減少。

■ ISDN

ISDN 是 Integrated Services Digital Network 的縮寫（整合服務數位網）。這是整合電話、傳真、資料通訊等各種通訊進行處理的公共網路。現在已經轉移到其他服務，使用者逐漸減少。

第4章

IP 協定

本章要介紹 IP（Internet Protocol）。IP 是將封包送到目標電腦，在 TCP/IP 之中，扮演著最重要的角色。運用 IP 可以與地球上另一端的電腦通訊，因此本章要說明 IP 的功能與結構。

7 應用層 （Application Layer）	〈應用層〉 TELNET, SSH, HTTP, SMTP, POP, SSL/TLS, FTP, MIME, HTML, SNMP, MIB, SIP, …
6 表現層 （Presentation Layer）	
5 交談層 （Session Layer）	
4 傳輸層 （Transport Layer）	〈傳輸層〉 TCP, UDP, UDP-Lite, SCTP, DCCP
3 網路層 （Network Layer）	〈網路層〉 ARP, IPv4, IPv6, ICMP, IPsec
2 資料連結層 （Data-Link Layer）	乙太網路、無線網路、PPP、… （雙絞線、無線、光纖、…）
1 實體層 （Physical Layer）	

4.1 / IP 是網際網路層的協定

網際網路層是 TCP/IP 的心臟，而這一層是由 IP（Internet Protocol）與 ICMP（Internet Control Message Protocol）兩個協定所構成。本章主要將針對 IP ▼來做介紹，至於 DNS、ARP 等與 IP 相關的協定，會在第 5 章說明。

現在使用的 IP 包括 IPv4 與 IPv6 等兩個版本。從網際網路誕生到現在，IPv4（Internet Protocol version 4）是最常用的版本。因網際網路普及於全球，使得 IPv4 位址枯竭，所以把新的 IPv6（Internet Protocol version 6）標準化。本章將先說明 IPv4，接著再說明 IPv6。

▼ 4.1.1　IP 相當於 OSI 參考模型的第 3 層

IP（IPv4、IPv6）相當於 OSI 參考模型的第 3 層網路層。若用一句話來說明網路層的作用，就是「實現終點節點▼之間的通訊」。終點節點之間的通訊又稱為端對端（end-to-end）通訊，是網路層最重要的功能。以圖 4-1 來說，就是指讓主機 B 與主機 C 通訊。

位於網路層的下層的資料連結層只負責在相同種類資料連結的節點之間傳送封包。但是要跨越資料連結進行通訊時，就需要網路層。網路層會隱藏通訊路徑的資料連結差異，即使資料連結的種類不同，也可以取得合作，轉發封包，讓連接到與其他資料連結的電腦之間能進行通訊。

▼這裡的意思是「IP 這個協定」，有時會直接寫成「IP 協定」。IP 是 Internet Protocol 的縮寫，所以「IP 協定」會變成「Internet Protocol 協定」，可能有人會覺得「協定」這兩個字重複了，但是 IP 會與各種詞彙一起使用，例如 IP 位址、IP 封包、IP 網路等，也會當作 Interrupt Process、Intellectual Property、Instruction Pointer 等其他名詞的縮寫。如果只寫出 IP，恐怕會造成誤解。因此 RFC 也常顯示成「the IP protocol」。同樣地，我們也會寫成 TCP 協定、TCP/IP 協定。本書會視狀況使用「IP 協定」。

▼終點節點
這是指以執行通訊為目的，連接在網路末端的裝置，具體來說包括電腦、智慧型手機、終端設備等。

圖 4-1
IP 的作用

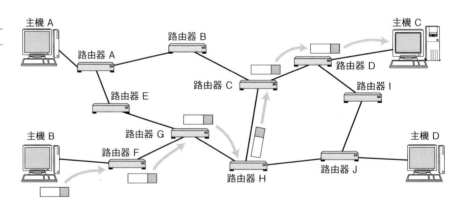

IP 的目的是在複雜的網路中，最後仍能將封包寄送到目的地。

> ### ■ 主機、路由器及節點
>
> 在網際網路的世界裡，附有 IP 位址的設備稱作「主機」。「主機」這個字的定義請見 1.1 的説明，原本是指大型的通用電腦或迷你電腦。在研發網際網路的年代（1970 年左右），連接網路的設備只有這種大型電腦，所以加上 IP 位址的設備通稱為「主機」。現在智慧型手機這種小型機器也能連接網際網路，但是不論連接網際網路的機器是哪一種，對 IP 來說，都稱作「主機」。
>
> 説的更精準一點，主機是「加上 IP 位址，但是不負責路由控制▼的設備」。有 IP 位址，且能進行路由控制的設備稱作「路由器」，與主機不同。主機與路由器合在一起稱作「節點」▼。

▼路由控制
又稱路由選擇（Routing），負責中繼封包。詳細說明請參考 4.2.2 節與第 7 章。

▼ 這些是官網上記載 IPv6 規格的 RFC 所使用的名詞（具體來說是 RFC8200）。IPv4 的 RFC 把進行路由控制的設備稱作「閘道」（具體而言是 RFC791）。現在有時會把預設閘道（請參考 4.4.1）等路由器稱作閘道。

▼ 4.1.2　網路層與資料連結層的關係

資料連結層負責讓直接相連的設備之間彼此通訊。相對來說，網路層的 IP 功用是在沒有直接連接的網路之間進行資料轉發。為什麼需要這兩層？按照以下的思考方式，就能輕易瞭解兩者的差異了。

假設你要去遠方旅行，打算搭乘飛機、火車、公車前往目的地，因而先到旅行社購買機票與車票。

到了旅行社之後，向對方說明出發地與目的地，旅行社不僅準備了旅行所需的機票及車票，還製作了這趟旅行的行程表。在行程表中，清楚記載著幾點幾分要搭哪班飛機或火車。

▼ 這裡的「區間」指的是「區段」（請參考 P93 的專欄）。

由於買到的機票及車票只在特定區間▼內有效，每次轉搭飛機或公車時，或搭乘不同家鐵路公司的火車時，就得使用不同車票。

圖 4-2
IP 的作用與資料連結的功用

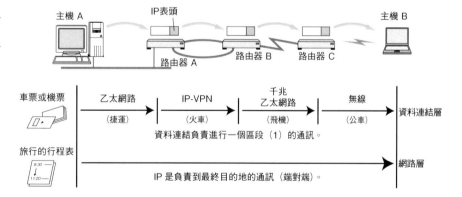

これ些車票及機票的功用是用來控制在各個區間內的移動。這裡的「區間內」等同資料連結。寫著區間內起站到終站的車票相當於記載著資料連結目標與傳送來源的表頭▼。說明旅行全程的行程表等同網路層。

有行程表卻沒有車票，就無法搭乘交通工具，也無法到達目的地。相對來說，即使有車票，也很難抵達最終的目的地。因為不曉得該依照何種順序來搭乘這些交通工具。如果要成功到達目的地，就得同時準備好車票與行程表。要進行網路通訊如同去遠方旅行，電腦網路必須同時具備網路層與資料連結層，資料連結層與網路層合作，就能把資料傳送到目的地。

4.2　IP 的基礎知識

IP 主要的功能有三個，包括 IP 位址、傳送封包給最終主機（路由選擇）、IP 封包的分割處理與重組處理，以下將針對各點簡單說明。

4.2.1　IP 位址是網路層的位址

在電腦通訊中，會使用位址等識別碼來辨識通訊對象。第 3 章介紹了資料連結層的 MAC 位址。MAC 位址是用來識別在同一資料連結內的電腦。

網路層的 IP 也是使用位址來識別，這個部分稱作 IP 位址，主要用於「從連接網路的所有主機中，識別進行通訊的目標對象。」。利用 TCP/IP 進行通訊的所有主機或路由器一定要設定 IP 位址▼。

圖 4-3
IP 位址

在連接網際網路的主機中，會附加上 IP 位址。

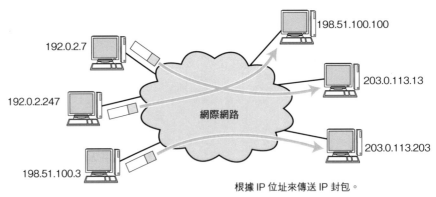

根據 IP 位址來傳送 IP 封包。

不論主機連接到何種資料連結，IP 位址的格式幾乎都是一樣的，乙太網路、WLAN、PPP 的 IP 位址格式都相同▼。詳細說明請參考 4.2.3 節，在網路層中，包含了將資料連接層抽象化的功用。不管資料連結的種類為何，IP 位址的格式都相同，這一點也可以說是一種抽象化。資料連結會隨著技術提升、運用型態的變化、以及成本或費用而改變。利用抽象化，就能使用相同 IP 位址來運用、管理網路。

▼資料連結的 MAC 位址格式不見得完全一模一樣。

另外，橋接器、交換集線器等在實體層或資料連結層中負責轉發封包的設備，不需要設定 IP 位址▼。這些設備是把 IP 封包當作單純的 0 或 1 位元串來傳送，或當作資料連結訊框的資料部分來轉發，所以不需要支援 IP 協定▼。

▼在網路管理使用支援 SNMP 等能遠端確認狀態、更改設定的設備（交換集線器）時，會設定 IP 位址。沒有設定 IP 位址，就無法利用 IP 管理網路。

▼相對來說，這些設備在位址體系不同的 IPv4 或 IPv6 都可以使用。

▼路由選擇（Routing）。

▼ 4.2.2 路由控制（路由選擇）

路由控制（路由選擇▼）是將封包傳送到目標 IP 位址主機的功能。即使網路變得很複雜，可能會迷路，利用路由控制就能決定到目標主機的路徑（通路）。假如路由控制沒有發揮作用，封包就會迷路，無法傳送到目標主機。我們可以將資料正確送到地球的另一頭，都是拜路由控制管理所賜。

圖 4-4
路由控制（路由選擇）

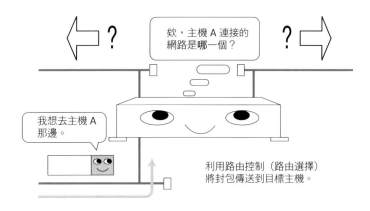

■ 傳送封包到最終目標主機

英文字 Hop 的意思是「跳」，在 TCP/IP 中，IP 封包跳過網路的一個區間，就稱作 Hop，一個區間稱作一跳。IP 的路由控制是以多跳路由（Hop-by-Hop Routing）方式進行，依照各個區間決定下一個路徑來轉發封包。

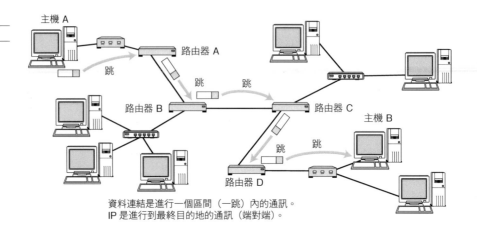

圖 4-5
多跳路由

資料連結是進行一個區間（一跳）內的通訊。
IP 是進行到最終目的地的通訊（端對端）。

■　一跳的範圍

一跳的意思是只使用資料連接層以下的功能來傳送訊框的一個區間。

乙太網路等資料連結是使用 MAC 位址來傳送訊框。因此，一跳是使用傳送端的 MAC 位址與接收端的 MAC 位址傳送訊框的區間。這是指從主機或路由器的 NIC 開始，不經過路由器的轉發，就能到達相鄰主機或路由器 NIC 的區間。在一跳的區間內，即使利用橋接器或交換集線器連接電纜，也不會透過路由器或閘道相連。

▼具體而言，是利用加在 IP 表頭前面的資料連結表頭。乙太網路是在目的地的 MAC 位址內設定。

在多跳路由中，路由器或主機只會設定▼IP 封包下一個要傳送的路由器或主機，不會設定到最終目的地為止的路徑。各個區間（跳）內的路由器負責轉發 IP 封包，重複這個步驟，直到封包傳送到最終的目標主機。

以下我們以搭乘火車旅行為例來說明，請見圖 4-6。

圖 4-6
每抵達一站再詢問接下來的路線

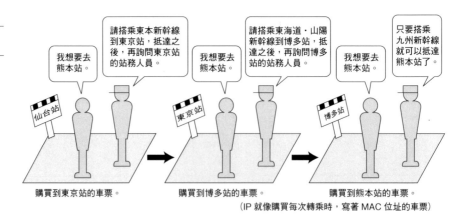

購買到東京站的車票。　　購買到博多站的車票。　　購買到熊本站的車票。
（IP 就像購買每次轉乘時，寫著 MAC 位址的車票）

在這個例子中，雖然已經決定了最後要抵達的目的地，但是本人卻完全不曉得該怎麼去。總之，先前往離自己最近的車站，再詢問站務人員該如何搭乘。把目的地告訴站務人員，親切的站務人員就會告訴你。

「請搭乘○ × 線到○△站，抵達之後，再詢問那裡的站務人員。」

依照指示到達該車站後，再詢問當地的站務人員。對方將會告訴你

「請搭乘這條線到 × □，到那裡再詢問站務人員。」

即使在出發前不曉得到目的地的方法，可是使用抵達一站再詢問前往下一站「隨興、沒有計畫▼」的方法，就能抵達目的地。

▼隨興、沒有計畫的英文是「ad hoc」，這是提到IP時，常用的名詞。

▼實際上，IP 封包在由中途的路由器轉發時，會放入資料連結層的訊框內再寄送。以乙太網路為例，接收端的 MAC 位址會成為下一個路由器的 MAC 位址。IP 位址與 MAC 位址的關係請參考 5.3.3 節。

IP 在傳送封包時，也是如此，旅行者就像是 IP 封包，車站或站務人員就是路由器。IP 封包抵達路由器之後，路由器會調查目標 IP 位址▼。接著決定要將封包傳送給哪個路由器，並且轉發過去。IP 封包送達該路由器之後，再次調查目標 IP 位址，轉送到下一個路由器。重複這個步驟，IP 封包就可以傳送到最終目的地。

如果比喻成快遞，IP 封包就是貨物，而資料連結是卡車。貨物自己不會移動，運送貨物是卡車的工作，卡車只會將貨物運送到一個區間。不同區間的貨物將由到達該目的地的卡車運送，IP 的工作也一樣。

圖 4-7
利用 IP 進行封包配送

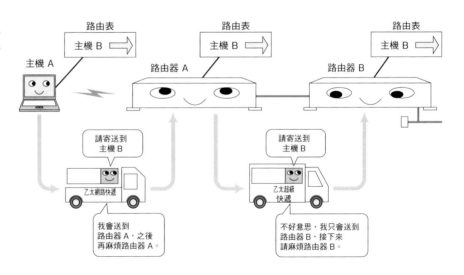

■ 路由表（Routing Table）

如果要將封包送到目標主機，所有主機與路由器必須擁有路由表（Routing Table）。這張表格中，記載著應該將 IP 封包傳送到哪個路由器。IP 封包將依照這張路由表來傳送資料。

圖 4-8 是路由器 D 的路由表。封包傳到路由器 D 之後，比較封包目的地與路由表，判斷接下來要傳到哪個路由器，再進行轉送。

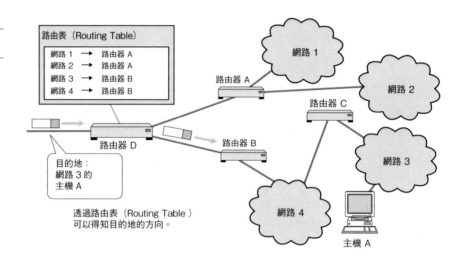

圖 4-8
路由表（Routing
Table）

▼ 4.2.3　資料連結的抽象化

IP 是用來在多個資料連結之間進行通訊的協定。各個資料連結的種類有不同的特色，而 IP 的重要工作之一，就是將這些特色抽象化。例如，4.2.1 節說明過，資料連結的位址是透過 IP 位址來抽象化。從 IP 的上層來檢視，實際通訊不管是透過乙太網路或 WLAN、PPP 來進行，都將視為是一樣的。

不同的資料連結在性質上最大的差別在於，最大傳輸單位（MTU, Maximum Transmission Unit）。最大傳輸單位就好比運送包裹或貨物時，有體積的限制。

如圖 4-9 所示，經由貨運公司運送貨物時，每家貨運公司可以運送的最大負載容量並不一樣。即使貨物超出最大負載容量，只要裝在多台貨車上，就可以傳送。雖然貨車與司機的數量也會因此增加，不過若能把貨物全都寄到同一個目的地，代表達成了運送貨物的目的。

圖 4-9
各個資料連結的最大傳輸單位（MTU）不一樣

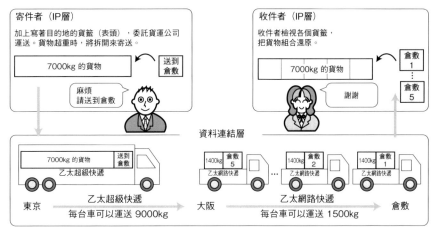

▼乙太網路或 Wi-Fi 的 MTU 為 1500byte，但是過去 MTU 曾經使用過 576 的 X.25、4352 的 FDDI、9180 的 ATM 等。住家與網路供應商之間的線路有時會使用 1460～1492 的 MTU。關於 MTU 的值請參考表 4-2。

▼關於分割處理的說明，請參考 4.5 節。

同樣地，資料連結的 MTU 有時也會隨著種類而異▼。IP 的上層可能會要求寄送大於 MTU 的封包，或途中可能會經過比封包長度還小的 MTU 網路。

為了解決這種問題，IP 就得進行分割處理（Fragmentation）。分割處理是指，將大的 IP 封包分割成多個小 IP 封包▼。分割後的封包，送達目標主機之後，將會重新合而為一，傳遞給 IP 的上層。換句話說，從 IP 的上層來看，不論在資料傳輸的過程中 MTU 是多少，收到的都還是和傳送時一樣長的封包。這是因為 IP 具有將資料連結特性抽象化，使上層不易看到下層網路結構細節的功能。

4.2.4　IP 屬於非連接導向式通訊

▼連接導向式請參考 1.7.1 節。

IP 屬於非連接導向式▼通訊。換句話說，傳送封包之前，不需要與通訊對象之間建立連接。上層產生要傳送的資料，向 IP 提出傳送請求後，會立即將資料壓縮成 IP 封包再傳送。

連接導向式通訊要先與通訊對象建立連接，假如通訊對象的主機沒有開機或主機不存在，就無法建立連接，沒有建立連接，就無法傳送封包。相對來說，沒有建立連接的主機，也無法把資料傳送過來。

可是，非連接導向式通訊不論目標主機是否開機、存不存在，都可以傳送封包。相對來說，這種方法無法得知封包是何時、由誰傳送過來。因此，必須隨時監控網路，接收、處理傳給自己的封包。假如沒有準備好，可能會錯過一些封包。這種非連接導向式通訊可能會產生多餘的通訊。

為什麼 IP 是非連接導向式通訊呢？

這是為了簡化功能並提高速度。與非連接導向式通訊相比，連接導向式通訊的處理較為複雜，而且管理連接資料也比較麻煩。此外，每次通訊時都要建立連接，連帶降低了處理速度。如果需要連接導向式通訊服務，應該由 IP 的上層提供，而不是 IP。

▼聽到「盡最大努力」或「Best Effort」，可能會覺得是正面的意思，不過實際上是用來表示「不做保證」的負面意義。

■ 提高可靠性的上層 TCP 是連接導向式通訊

IP 被稱作是盡最大努力型（Best Effort）▼服務，這是因為「IP 會盡力把封包傳送到目的地」。可是，「實際上不保證能否送達」，途中可能遺失封包、順序錯誤、增加多餘的封包等。如果傳送出去的資料無法確實送達目標主機，就會引起問題。例如，電子郵件缺少了重要的部分，無法將訊息完整傳遞給收件者，而造成嚴重問題。

TCP 的作用是提高可靠性。IP 只負責到把資料傳遞到目標主機，而 TCP 能利用 IP，讓資料確實傳送到目標主機。

為什麼不讓 IP 有可靠性，而刻意分成兩個協定呢？

原因在於，若要讓一個協定負責所有的處理，會變得十分複雜，我們很難定義、開發（程式設計）出這樣的協定，而且可能無法順利執行。依照各層明確制定協定的功用，再針對這些功用，定義或設計協定，這樣比較容易達成。

將通訊需要的功能層級化，清楚定義 TCP 或 IP 各個協定的目標，比較容易擴充功能及提高效能，這個部分與協定執行的容易度有關。網際網路能有今日的發展，可以說與這一點有著密不可分的關聯性。

4.3 IP 位址的基礎知識

透過 TCP/IP 通訊時，會使用 IP 位址來識別主機或路由器。如果要進行正確的通訊，需要幫每台設備設定正確的 IP 位址。

另外，透過網際網路進行通訊時，全世界都得分配正確的 IP 位址，並且進行設定、管理、運用，否則無法正常通訊。

IP 位址可以說是 TCP/IP 通訊時，最基本的部分。

4.3.1 何謂 IP 位址？

▼二進位
這是只用 0 與 1 來表現數字的方法。

IP 位址（IPv4 位址）是以 32 位元的正整數表示，利用 TCP/IP 進行通訊時，必須將 IP 位址分配給每一個主機。IP 位址在電腦內部是以二進位來處理。可是，我們很難看懂二進位▼代表的意思，所以使用了特別的方法來顯示。也就是採取將 32 位元的 IP 位址，以每 8 位元分成一組，共分成 4 組，每一組用點（.）隔開，以十進位▼來表示。請見下面的實際例子，應該比較容易瞭解。

▼ 這種顯示方法稱作加點十進位表示法（Dotted Decimal Notation）。

例）
2^8	2^8	2^8	2^8	
10101100	00010100	00000001	00000001	（二進位）
10101100.	00010100.	00000001.	00000001	（二進位）
172 .	20 .	1 .	1	（十進位）

將顯示成 IP 位址的數字組合起來，加以計算，得到的結果是

$$2^{32} = 4,294,947,296$$

▼ 43 億看起來好像很大，其實這個數字比世界總人口少。

換句話說，就數字上而言，最多約有 43 億台的電腦可以連接 IP 網路▼。

▼ 如果想在 Windows 或 UNIX 系統顯示 IP 位址，只要分別輸入 ipconfig/all、ifconfig-a 指令即可。

實際上，IP 位址並非依照主機而是以 NIC 來分配▼。一般一個 NIC 對應一個 IP 位址，但是也可能出現一個 NIC 對應多個 IP 位址的情況。此外，一般而言，路由器擁有兩個以上的 NIC，所以會有兩個以上的 IP 位址。

▼ 利用附加 IP 位址的 NAT 技術，可以連接 43 億台以上的電腦，關於 NAT 的說明，請參考 5.6 節。

因此，實際上連接上網的電腦數量不可能達到 43 億台。另外，IP 位址分成「網路部分」與「主機部分」，這一點後面會再說明。實際可以連接 IP 網路的電腦數量會更少▼。

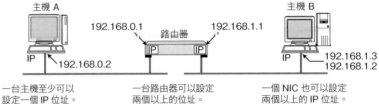

每個 NIC 需要一個以上的 IP 位址。

主機 A　　192.168.0.1　路由器　192.168.1.1　　主機 B

IP　192.168.0.2　　　　　　　　　　　　　IP　192.168.1.3
　　　　　　　　　　　　　　　　　　　　　　　192.168.1.2

一台主機至少可以　　　　一台路由器可以設定　　　一個 NIC 也可以設定
設定一個 IP 位址。　　　　兩個以上的位址。　　　　兩個以上的 IP 位址。

圖 4-10
每個 NIC 可以分配一
個以上的 IP 位址

▌ **4.3.2**　**IP 位址是由網路部分與主機部分組成**

IP 位址分成「網路部分（網路位址）」與「主機部分（主機位址）」▼。

▼ 192.168.128.10/24 的
「/24」是表示網路部分從
開頭到第幾位元為止。這個
範例是到 192.168.128 為止
為網路位址。詳細說明請參
考 4.3.6 節的子網路遮罩。

如圖 4-11 所示，「網路部分」是依照資料連結的區段來分配數值。網路
部分必須設定成所有區段的位址不重複，而相同區段內的主機，都要設
定成相同網路位址。

IP 位址的「主機部分」是同一區段內，不能分配相同的數值，但是可以
與其他區段同值。

依照這些原則來設定網路位址與主機位址，可以讓整個網路中，每台電
腦都擁有自己的 IP 位址。換句話說，代表 IP 位址獨一無二▼。

▼獨一無二
網路沒有與其他重複，只有
一個 IP 位址，請同時參考
1.8.1 節。

IP 封包由途中的路由器轉發時，如圖 4-12 所示，利用的是目標 IP 位址
的網路部分。因為，不用檢視主機部分，只要看到網路部分，就可以識
別這是哪個區段內的主機。

那麼，哪裡是網路部分，哪裡是主機部分呢？一般分成兩種，初期的 IP
是利用「等級（Class）」來區分網路部分與主機部分。現在則是利用子
網路遮罩（網路前置碼）來區分。但是，仍有部分功能或因為系統、協
定的關係，而保留「等級（Class）」的分類方法，必須特別留意。

圖 4-11

IP 位址的主機部分

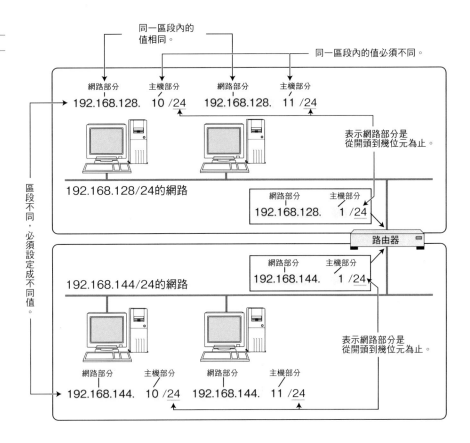

圖 4-12

IP 位址的網路部分

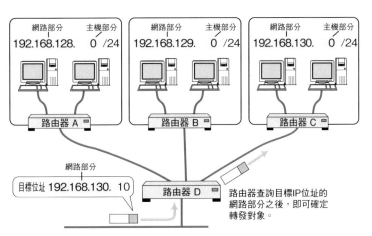

▮ 4.3.3　IP 位址的等級

▼ E 級是未使用的等級。

IP 位址可以分成 A 級、B 級、C 級、D 級等 4 個等級▼。這些等級是利用 IP 位址第 1 到第 4 位元的組合,決定網路部分與主機部分。

▮ A 級

▼除去識別等級的位元,剩下 7 位元。

▼關於 A 級的位址總數計算請參考 2.1 節。

A 級是 IP 位址的第 1 位元由「0」開始,其 IP 位址第 1 位元到第 8 位元▼是網路部分。若以十進位顯示 IP 位址的範圍,結果是 0.0.0.0 ～ 127.255.255.255。後面的 24 位元是主機位址,一個網路中,可以分配的主機位址最多有 16,777,214 個▼。

▮ B 級

▼除去識別位址的 2 位元,剩下 14 位元。

▼關於 B 級的位址總數計算請參考 2.2 節。

B 級是 IP 位址的前 2 個位元為「10」開頭,其 IP 位址第 1 位元到第 16 位元▼是網路部分。若用十進位表示 IP 位址的範圍,結果是 128.0.0.0 ～ 191.255.255.255。後面的 16 位元是主機位址,在一個網路中,可以分配的主機位址是 65,534 個▼。

圖 4-13
IP 位址的等級

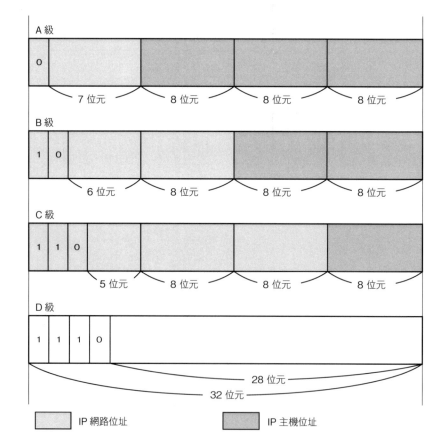

■ C 級

C 級是 IP 位址的前 3 位元為「110」開頭，其 IP 位址從第 1 到第 24 位元▼是網路部分。若以十進位顯示 IP 位址的範圍，結果是 192.0.0.0 ～ 223.255.255.255。後 8 位元是主機位址，在一個網路中，可分配的主機位址是 254 個▼。

▼去除等級識別位元後是 21 位元。

▼關於 C 級的位址總數計算說明請參考 2.3 節。

■ D 級

D 級是 IP 位址的前 4 個位元為「1110」開頭，其 IP 位址第 1 位元到第 32 位元▼是網路部分。若顯示為十進位，結果是 224.0.0.0 ～ 239.255.255.255。D 級沒有主機位址，主要是用來進行 IP 群播通訊。關於 IP 群播的說明請參考 4.3.5 節。

▼去除等級識別位元後是 28 位元。

■ 分配 IP 主機位址時的注意事項

分配 IP 位址的主機部分時，有些注意事項一定要特別注意，亦即以位元表現主機部分時，所有位元無法都變成 0 或 1。主機部分的所有位元都是 0 的位址，只會用來代表不曉得網路位址或 IP 位址的情況，一般不會使用。此外，主機部分的所有位元為 1 的位址，一般當作廣播位址（Broadcast Address）使用。

因此，在分配 IP 位址主機部分的數量時，應該要去除這兩種情況。以 C 級為例，即為 $2^8 - 2 = 254$ 個。

▛ 4.3.4　廣播位址

廣播位址是對連接到相同連結的所有主機，傳送封包用的位址。如果 IP 位址的主機部分全都是 1，就成為廣播位址▼。假設以二進位表示 172.20.0.0/16，就變成

▼在乙太網路中，MAC 位址的所有位元變成 1 的 FF:FF:FF:FF:FF:FF 是廣播網址。因此，若要利用資料連結的訊框來傳送廣播的 IP 封包時，必須以 MAC 位址全設定為 1 的 FF:FF:FF:FF:FF:FF 來傳送。

> 10101100.00010100.00000000.00000000 　　（二進位）

如果這個位址的主機部分全都變成 1，就是廣播位址。

> 10101100.00010100.11111111.11111111 　　（二進位）

以十進位顯示這個位址，就變成 172.20.255.255。

■ 兩種廣播

廣播分成本地廣播（Local Broadcast）與直接廣播（Directed Broadcast）。

在自己所屬連結內的廣播是本地廣播。例如，網路位址為 192.168.0.0/24，廣播位址即為 192.168.0.255。由這些廣播位址設定的 IP 封包會被路由器遮斷，所以不會傳到 192.168.0.0/24 以外的連結。

對不同 IP 網路的廣播是直接廣播。假設在 192.168.0.0/24 內的主機對目標 IP 位址為 192.168.0.255 傳送 IP 封包。收到該封包的路由器會將封包轉發到目標網路 192.168.1.0/24。如此一來，就可以對 192.168.1.1 ～ 192.168.1.254 內的所有主機傳送封包[▼]。

▼直接廣播會有安全性問題，所以大部分會設定成不透過路由器轉發。

圖 4-14
本地廣播與直接廣播

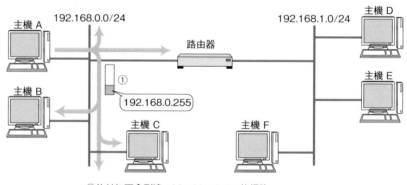

①的封包不會到達 192.168.1.0/24 的網路
（本地廣播）。

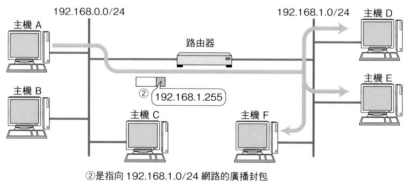

②是指向 192.168.1.0/24 網路的廣播封包
（直接廣播）。

4.3.5　IP 群播

同時傳送提高效率

圖 4-15
單播、廣播、群播的
通訊圖

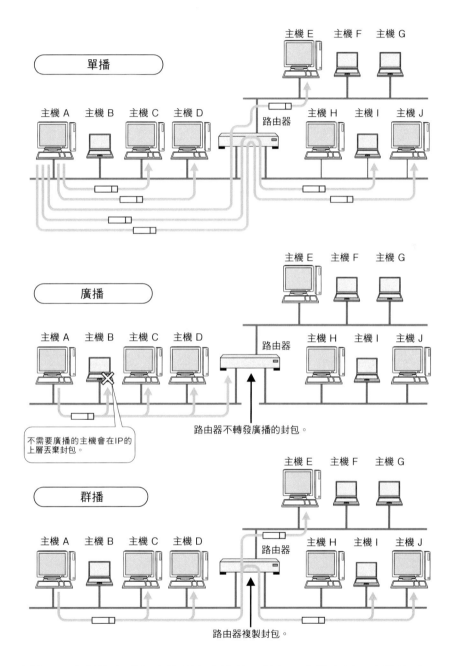

廣播是用來對特定群組中的所有主機傳送封包。由於廣播是直接使用 IP
來傳送封包,所以無法提供可靠的傳輸。

隨著多媒體應用程式的發達,對多台主機同時傳送相同資料,提高通訊效率的需求也愈來愈高。例如,在視訊會議系統中,進行一對 N、N 對 N 的通訊,與一對一通訊相比,對多台主機傳送相同資料的情況增多。

在群播功能出現之前,一直採取廣播方式,對全部主機傳送封包,由接收封包的主機 IP 上層判斷是否需要該封包,如果需要就接收,不需要則丟棄。

可是,這種方法會影響到沒有關係的網路或主機,也會讓整個網路的流量變大。此外,廣播無法通過路由器,假如要對不同區段傳送相同封包,必須採取其他方法。因此,才會使用可以通過路由器,只對必要的群組傳送封包的群播功能。

■ IP 群播與位址

IP 群播使用的是 D 級的 IP 位址。因此,開頭到第 4 位元為止,如果是「1110」,就會當成群播位址。剩下的 28 位元將變成群組編號,成為群播的對象。

圖 4-16
群播位址

IP 群 播 位 址 的 範 圍 從 224.0.0.0 到 239.255.255.255 為 止。 其 中,224.0.0.0 到 224.0.0.255 不需要路由控制,在同一連結內,也會成為群播,而其餘的位址會到達全網路的所有群組成員中▼。

▼ 可以利用存活時間(TTL),限制封包的到達範圍。

另外,所有主機(路由器以外的主機、終端主機)必須屬於 224.0.0.1 群組,而所有路由器要屬於 224.0.0.2 群組。在群播位址中,有些已有既定的用途。代表性的部分如表 4-1 所示。

▼ IGMP
網路群組管理協定(Internet Group Management Protocol)。

若想使用 IP 群播,在進行實用的通訊時,需要用到 IGMP▼等協定。關於這個部分,將在 5.8.2 節說明。

表 4-1
有既定用途的代表性群播位址

位址	內容
224.0.0.1	子網路內的所有系統
224.0.0.2	子網路內的所有路由器
224.0.0.5	OSPF 路由器
224.0.0.6	OSPF 指定路由器
224.0.0.9	RIP2 路由器
224.0.0.10	EIGRP 路由器
224.0.0.11	Mobile-Agents
224.0.0.12	DHCP 伺服器 / 中繼代理
224.0.0.13	全都是 PIM Routers
224.0.0.14	RSVP-ENCAPSULATION
224.0.0.18	VRRP
224.0.0.22	IGMP
224.0.0.251	mDNS
224.0.0.252	Link-local Multicast Name Resolution
224.0.0.253	Teredo
224.0.1.1	NTP Network Time Protocol
224.0.1.8	SUN NIS+ Information Service
224.0.1.22	Service Location （SVRLOC）
224.0.1.33	RSVP-encap-1
224.0.1.34	RSVP-encap-2
224.0.1.35	Directory Agent Discovery （SVRLOC-DA）
224.0.2.2	SUN RPC PMAPPROC CALLIT

4.3.6 子網路遮罩

等級造成許多浪費？

網路部分相同的電腦必須全都連結到相同網路。例如，建構 B 級的 IP 網路時，在一個連結內可以連接 6 萬 5 千台主機。可是，一個連結能連接 6 萬 5 千台電腦嗎▼？這種情況在現實網路中並不存在。

▼ IoT 或控制系統有時會形成這種狀態。

直接使用 A 級或 B 級非常浪費資源。隨著網際網路的擴大，網路位址的數量已經不敷使用，因此不允許直接使用 A 級、B 級、C 級，而得採取減少浪費的方式。

■ 子網路與子網路遮罩

現在，使用 IP 網路時，網路部分與主機部分的分割不再受到等級的限制，而是採用子網路遮罩，使用能將 A 級、B 級、C 級的網路分割成更小的子網路位址。這是把依照等級來決定的主機部分當作子網路位址使用，而能分割成多個物理網路的方法。

採用子網路之後，可以用兩個識別碼來代表 IP 位址，一個是 IP 位址，另一個是表示網路部分的子網路遮罩。子網路遮罩是以二進位來思考，為一個 32 位元的數值，對應 IP 位址網路部分的位元為 1，對應主機部分的位元為 0，這樣就能不受等級限制來決定 IP 位址的網路部分。子網路遮罩必須從 IP 位址的開頭位元開始連續下去▼。

▼最初提出子網路遮罩時，允許從開頭起不連續的遮罩，但是現在已不允許這種情況。

現在顯示子網路的方法有兩種。假設 172.20.100.52 的前 26 位元是網路位址，第一個是

IP 位址	172.	20.	100.	52
子網路遮罩	255.	255.	255.	192
網路位址	172.	20.	100.	0
子網路遮罩	255.	255.	255.	192
廣播位址	172.	20.	100.	63
子網路遮罩	255.	255.	255.	192

與 IP 位址不同，這是直接顯示子網路遮罩的方法。另外一個是

IP 位址	172.	20.	100.	52	/26
網路位址	172.	20.	100.	0	/26
廣播位址	172.	20.	100.	63	/26

▼這種表記法稱作「前置法」。

這是在 IP 位址後面加上「/」，接著寫上網路位址從開頭到第幾位元為止的方法▼。利用這種表記法顯示網路位址時，可以省略最後的 0。例如 172.20.0.0/16，可以寫成 172.20/16。

圖 4-17 整理了以二進位顯示 IP 位址的結構。

圖 4-17
子網路遮罩可以彈性
決定網路部分

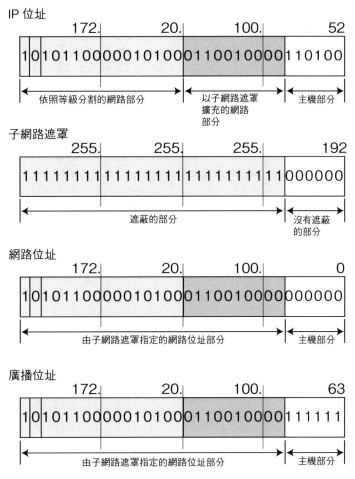

在 B 級的 IP 位址中，定義了 10 位元的子網路遮罩時。

4.3.7　CIDR 與 VLSM

到 1990 年代中期為止，是以等級為單位來分割各組織的 IP 位址。建構大規模網路的組織，分配 A 級位址；建構小規模網路的組織，分配 C 級位址。由於全世界只能分配不超過 128 個▼的 A 級位址，而 C 級位址可以連接的主機及路由器數量最多為 254 台，所以多數的組織轉而申請 B 級位址。結果造成 B 級位址嚴重不足，出現不夠分配的情況。

於是，後來廢除了 IP 位址的分級，改以任意位元長度來分配 IP 位址▼，這種方法稱作 CIDR▼。CIDR 的意思是「在不受等級限制的組織之間，進行路由控制」。由於組織間的路由協定 BGP（請參考 7.6 節）對應 CIDR，因而能不受等級限制來分配 IP 位址▼。

▼因為有 0、10、127 等固定用途、無法分配的位址。

▼即使是已經分配到 B 級的組織，如果判斷不需要 B 級位址時，可暫時返還分配到的 IP 位址，再重新分配長度適當的 IP 位址。

▼ CIDR
（Classless InterDomain Routing）
無等級網域間路由。

▼在轉移到 CIDR 的初期階段，由於 A 級與 B 級的絕對數量不足，所以通常會把以 2 次方（2、4、8、16、32、…）分割的 C 級位址整合起來再分配，這就稱作超級網。

▼利用 CIDR 整合的 C 級位址，必須是 2 的次方（2、4、8、16、32、⋯），還得具備位元劃分清楚的界線。

▼關於路徑資料的整合，請參考 4.4.2 節。

隨著 CIDR 的運用逐漸成熟，而能把連續多個 C 級位址▼當作一個大網路來處理。因為 CIDR 的關係，不但能有效運用現在的 IP（IPv4）位址空間，同時也能整合▼壓縮路徑資料。

例如，圖 4-18 是運用 CIDR 把 203.183.224.1 到 203.183.225.254 整合成一個網路的範例（2 個 C 級位址）。

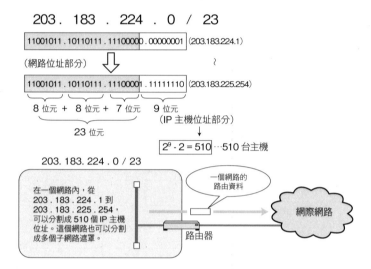

圖 4-18
CIDR 的運用範例（1）

同樣地，圖 4-19 是把 202.244.160.1 到 202.244.167.254 整合成一個網路的範例。這是把原本 8 個 C 級網路整合成一個 IP 網路。

圖 4-19
CIDR 的運用範例（2）

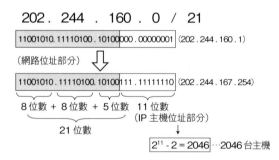

網際網路剛開始支援 CIDR 的時候，在結構上、組織的網路內，必須統一子網路遮罩的長度。換句話說，一旦決定是 /25，組織內整個子網路遮罩的長度就一定得統一成 25 位元。可是，實際上可能會出現有些部門的主機數量有 500 台，有些部門只有 50 台的情況。如果一律統一成 /25 的子網路遮罩長度，將無法建構出效率良好的網路。即便是組織內部的網路，也必須利用可調整的子網路來有效運用 IP 位址。

▼ Variable Length SubnetMask，可變長子網路遮罩。

因此，後來出現可以依照組織內的部門，調整子網路遮罩長度的可變長子網路遮罩 VLSM▼。它可以將路由控制轉換成 RIP2（7.4.5 節）或 OSPF（7.5 節）。透過 VLSM，把主機數量為 500 台的子網路遮罩長度分割成 /23，50 台的子網路遮罩長度分割成 /26，理論上，IP 位址的使用率可以提升 50%。

有了 CIDR 及 VLSM 等技術之後，暫時解決了全球 IP 位址絕對不足的問題，但是仍無法改變 IP 位址的絕對數量有限的這個事實。因此，才會出現 4.6 節將要說明的 IPv6 等 IPv4 以外的方法▼。

▼ 在因應全球 IPv4 位址不夠用的技術之中，除了 CIDR 及 VLSM 以外，還會使用 NAT（5.6 節）或代理伺服器（1.9.7 節）等。

▌ 4.3.8　全球位址與私有位址

原本在網際網路中，必須幫所有的主機或路由器設定唯一的 IP 位址。換句話說，如圖 4-20 左側所示，假如有多台 IP 位址一樣的主機，將無法判斷資料究竟要傳送到哪台主機。接收端收到封包後，在回傳訊息時，也會因為有多台 IP 位址相同的主機，而無法判斷該訊息是從哪台主機傳來的，結果沒辦法正確通訊。

由於網際網路的急速普及，使得 IP 位址出現了不夠用的問題。如果按照原本的方法來分配唯一 IP 位址，就會出現 IP 位址用罄的危機。

因此，後來放棄幫所有主機或路由器設定唯一 IP 位址，改採取只在必要時，分配必要數量的唯一 IP 位址，請見圖 4-20 右側。

對於沒有連接網際網路的獨立網路，只要 IP 位址在該網路中是唯一的即可，可以不用顧慮網際網路來分配 IP 位址。可是，假如各個網路都隨意使用 IP 位址，仍可能造成問題▼。因此，後來衍生出可以使用於私有網路中的私有 IP 位址。私有 IP 位址的使用範圍如下。

▼例如，改變運用方針，該網路要連接網際網路時，或不小心誤與網際網路連接時，還有各個獨立網路卻彼此連接時，都可能發生問題。

10.	0.	0.	0	～	10.	255.	255.	255	（10/8）	A 級
172.	16.	0.	0	～	172.	31.	255.	255	（172.16/12）	B 級
192.	168.	0.	0	～	192.	168.	255.	255	（192.168/16）	C 級

▼在 A 級～C 級的範圍中，去除 0/8、127/8。

▼也稱作公共 IP 位址。

在這個範圍內的 IP 位址是私有 IP 位址，超出這個範圍外▼的 IP 位址稱作全球 IP 位址▼。

起初，私有 IP 位址是使用在沒有與網際網路連接的網路中。可是後來，出現了可以在私有 IP 位址與全球 IP 位址之間進行位址轉換的 NAT 技術▼，使得分配私有 IP 位址的主機可以與分配全球 IP 位址的網際網路上主機互相通訊。

▼請參考 5.6 節。

現在，一般的作法是，在家裡、學校、企業內設定私有 IP 位址，只有連接網際網路的路由器（寬頻路由器）或在網際網路上公開的伺服器設定全球 IP 位址。假如私有 IP 位址的主機想與網際網路通訊時，可以透過 NAT 來進行。

▼使用 IP 任播（5.8.3 節）時，有時相同 IP 會分配給多台主機或路由器。

基本上，全球 IP 位址在整個網際網路中是唯一▼位址，但是私有 IP 位址在整個網際網路中並非唯一。由於私有 IP 位址只要在同一組織內保持唯一即可，所以不同組織可能使用相同 IP 位址。

▼例如，利用應用程式表頭或資料部分，通知 IP 位址或連接埠編號的應用程式，將無法順利通訊。

組合私有 IP 位址與 NAT 是現在最常見的方法，但是與使用全球 IP 位址相比，仍有許多限制▼。為了解決這個問題，才衍生出 IPv6 技術。儘管 IPv6 已經廣泛運用在特定用途，卻尚未能取代企業或家用通訊。目前 IPv4 的全球 IP 位址已經用罄，所以現在正想辦法運用 IPv4 與 NAT 緊急應變，這就是網際網路面臨的現況。

圖 4-20
全球 IP 位址與私有 IP 位址

■ 全都是全球 IP 位址

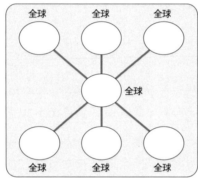

每台主機的 IP 位址都不重複。

■ 現在的網際網路使用了部分私有 IP 位址

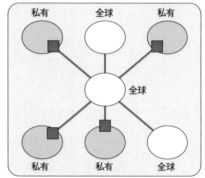

◯在使用全球 IP 位址的網路中，沒有重複的 IP 位址。

◯在使用私有 IP 位址的網路中，各自使用相同的 IP 位址。
■利用 NAT 部分來轉換 IP 位址。

◤ 4.3.9 由誰決定全球 IP 位址？

全球 IP 位址是由誰管理、誰來決定的呢？全球 IP 位址是由全球性的 ICANN▼來統一管理。日本國內只由 JPNIC▼負責管理全球 IP 位址，其他機構禁止分配全球 IP 位址，台灣則是由 TWNIC 負責。

▼ICANN
（Internet Corporation for Assigned Names and Numbers）
負責管理全球 IP 位址與網域名稱。

▼JPNIC（Japan Network Information Center）
日本負責管理網際網路 IP 位址與 AS 號碼的機構。

IP 位址的申請過程如圖 4-21 所示。在網際網路商用化之前，使用者必須直接向 JPNIC 取得全球 IP 位址，才能連接網際網路。可是，現在我們在向 ISP 申請網際網路連線時，幾乎也會同時申請全球 IP 位址。此時，ISP 將代替使用者向 JPNIC 申請分配位址。假如不是與網際網路服務供應商連接，而是連到地區網路時，就得聯絡該地區網路的經營者。

如果使用的是 FTTH、ADSL 等網際網路連線服務，該網際網路服務供應商的伺服器將會自動分配 IP 位址，每次重新連線時，IP 位址就會改變。此時，負責管理 IP 位址的是網際網路服務供應商，所以一般使用者不用申請 IP 位址。

只有需要全球固定 IP 位址時，才需要申請 IP 位址。例如，要讓多台伺服器連接網際網路時，就得按照要連接網際網路的伺服器數量來申請 IP 位址。

圖 4-21
IP 位址的申請流程

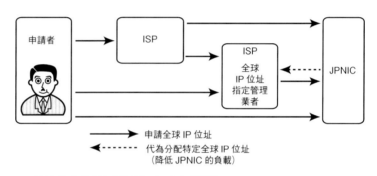

申請全球 IP 位址
代為分配特定全球 IP 位址
（降低 JPNIC 的負載）

▼關於整合路由資料請參考 4.4.2 節。

▼ PA 位址（Provider Aggregatable Address）

▼ PI 位址（Provider Independent Address）

▼關於 BGP 請參考 7.6 節。

日本國內的全球 IP 位址是由 JPNIC 負責管理。
在 ISP 中，也有指定代為處理全球 IP 位址分配服務，管理 IP 位址的業者。一般使用者想要取得 IP 位址，可以向連接網際網路的 ISP 提出申請。即使直接向 JPNIC 申請並取得 IP 位址，ISP 也可能拒絕連線。在 ISP 會分配可以整合路由資料▼的 PA 位址▼，所以每次 ISP 改變時，就得調整 IP 位址（重新編號）。

直接向 JPNIC 申請，取得 IP 位址時，會分配與 ISP 無關的 PI 位址▼。這種位址無法利用 ISP 收集路由資料，因此必須在透過 BGP▼宣傳路由資料。由於會增加路由器的負擔及管理成本，有時 ISP 會拒絕連線。不過如果是這種情況，即使更改 ISP，也不需要改變 IP 位址。

但是，現在一般常見的作法是，依照 4.3.8 節的說明，在區域網路設定私有 IP 位址，透過設定了少數全球 IP 位址的代理伺服器（請參考 1.9.7 節）或 NAT（請參考 5.6 節），就能與網際網路通訊。此時，只需要和代理伺服器或 NAT 相同數量的 IP 位址即可。

如果完全屬於公司內的封閉網路，今後也不會連接網際網路時，就可以設定私有 IP 位址。

▼機器設定錯誤、故障、漏洞（bug），造成路徑頻繁改變，使得通訊不穩定或錯誤的路由資料，導致無法與特定子網路通訊，破壞了特定位元類型的封包等。

▼ ICMP 是 IP 疑難排解使用的協定。詳細說明請參考 5.4 節。

▼這是利用 ICMP 調整沿途路由器的應用程式。請參考 P202 的專欄說明。

▼網際網路即使發生問題，也沒有受理客服問題的窗口，而是由包含 ISP 在內的使用者們來解決問題。當發生問題時，網路管理者必須與負責該部分的管理者聯絡，萬一別人通知自己組織內的機器發生問題時，都得設法處理。

▼ ohmsha.co.jp 是代表網際網路地址的字串，請參考 5.2.3 節。

▼如果是 UNIX，在終端機輸入「whois -h whois.nic.ad.jp IP 位址」就能搜尋。

▼如果是 UNIX，在終端機輸入「whois -h whois.jprs.jp 網域名稱」就能搜尋。

■ WHOIS

網際網路是連接各種組織建構而成。封包就像封包中繼一樣，經過各種組織傳送出去。換句話說，即使和認識的朋友通訊，一般並不會知道究竟是誰在管理封包傳送途中的線路或設備。由於這樣就能正常通訊，所以根本也不需要知道。

可是，偶爾在通訊路徑中，可能發生故障或漏洞▼。假如是自己或通訊對象的問題，只要彼此溝通就可以解決。倘若問題出在通訊路徑上，該怎麼辦才好？

遇到這種情況，網路技術者們會檢視 ICMP 封包、運用 traceroute▼等工具，追蹤發生異常的設備或線路附近的 IP 位址。查明 IP 位址後，通知管理該 IP 位址的組織或管理者，就能找到解決問題的線索▼。

不過，這裡有個問題，「究竟是誰在管理該 IP 位址？該怎麼知道是誰？」。最近，常發生中毒的主機在不知情的狀況下，持續傳送非法封包的情況。即使想聯絡管理者，請對方處理，還得先從 IP 位址或主機名稱中找出管理者才行。

為了解決這個問題，網際網路從以前開始就採取利用網路資料，查詢組織或管理者的聯絡方式。這種方法就稱作 WHOIS。WHOIS 是可以搜尋 IP 位址、AS 編號、分配及管理網域名稱▼、管理者等相關資料的服務。

日本使用的 IP 位址及 JP 網域名稱可以透過以下網址取得資料。

- IP 位址▼、AS 編號

  http://www.nic.ad.jp/ja/whois/ja-gateway.html

- 網域名稱▼

  http://whois.jprs.jp/

  台灣查詢的位址是 https://www.whois365.com/tw/

4.4 路由控制（Routing）

傳送封包時，使用的是網路層的位址，亦即 IP 位址。可是，只有 IP 位址仍無法將封包送達目標主機，還需要「該目標位址要送給哪台路由器或主機」的資料，這個資料就是 4.2.2 節說明過的路由表（Routing Table）。利用 IP 通訊的主機或路由器等設備一定要有路由表。主機或路由器是根據這張路由表，決定封包的傳送目標，再寄送封包。

製作路由表的方法有兩種，一種是管理者事先設定好，另外一種是路由器彼此交換資料，自動產生。前者稱作靜態路由（Static Routing），後者稱作動態路由（Dynamic Routing）。如果是路由器彼此交換資料，自動產生路由表時，必須設定路由協定，讓連接網路的路由器之間互相取得路由資料。

IP 是以擁有正確的路由表為前提來執行動作，可是 IP 本身沒有定義建立路由表的協定。換句話說，IP 本身沒有建立路由表的功能，而是由路由協定產生。關於路由協定，請參考第 7 章的說明。

▼ 4.4.1 IP 位址與路由控制（Routing）

IP 位址的網路部分是用來進行路由控制。圖 4-22 是傳送 IP 封包的範例。

▼在 Windows 或 UNIX 中，如果要顯示路由表，要輸入「netstat-r」或「netstat-rn」指令。

在路由表中，記錄著網路位址與接著要傳送到的路由器位址▼。傳送 IP 封包時，查詢 IP 封包的目標位址，找出路由表中一樣的網路位址，再轉發到下一個對應的路由器。假如在路由表中，有多個一樣的網路位址，會選擇一致的位元串較長的網路位址▼。

▼這稱作最長一致（longest match）。

例如，172.20.100.52 與 172.20/16 及 172.20.100/24 都相符，此時會選擇位元串較長的 172.20.100/24。另外，下一個要傳送到的路由器位址，如果寫著該主機或路由器本身的網卡 IP 位址時，代表「目標主機屬於同一資料連結」▼。

▼目標 IP 位址與主機或路由器在相同的資料連結時，路由表的顯示方法會隨著 OS 或路由器的機種而改變。

圖 4-22
路由表與傳送 IP 封包

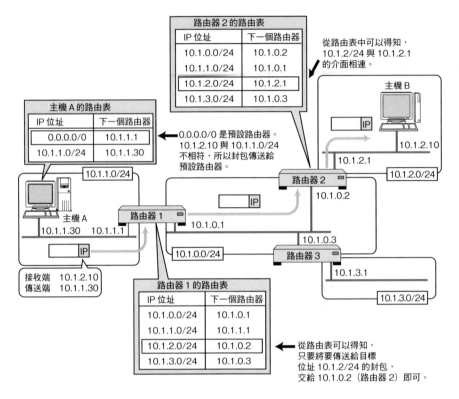

■ 預設路由器

▼成為預設路由器的路由器有時會稱作預設閘道。

假如在路由表中記錄了所有網路或子網路的資料，會造成很多資料都用不到而浪費掉。此時，就可以使用預設路由器（Default Route）▼。這個預設路由器是與記錄在路由表中的任何位址都不相符時，所使用的路徑。

▼顯示子網路遮罩時，IP 位址是 0.0.0.0，子網路遮罩也是 0.0.0.0。

▼如果要顯示 IP 位址為 0.0.0.0，必須寫成 0.0.0.0/32。

預設路由器一般顯示為 0.0.0.0/0 或 default▼。0.0.0.0/0 不代表 IP 位置是 0.0.0.0。因為是「/0」，所以沒有表示 IP 位址的部分▼。有時為了避免誤以為 0.0.0.0 是 IP 位址，所以顯示為 default，但是在電腦內部或以路由協定傳送路由資料中，仍是以 0.0.0.0/0 來處理。

■ 主機路由

▼顯示子網路遮罩時，IP 位址是 192.168.153.15，子網路遮罩是 255.255.255.255。

「IP 位址 /32」稱作主機路由（Host Route）。例如，192.168.153.15/32▼就是主機路由。這是指使用所有 IP 位址的位元來進行路由控制。使用主機路由，將根據網卡中的 IP 位址來進行路由控制，而不是 IP 位址的網路部分。

▼但是，使用大量主機路由時，會讓路由表變大，增加路由器的負載，導致網路效能下低，必須特別注意這一點。

因為某個原因而不想使用網路位址進行路由控制時，就會使用主機路由▼。

■ 回送位址

如果想在同一台電腦內部的程式之間傳送訊息，就會用到回送位址（Loopback Address）。一般是把 IP 位址 127.0.0.1 當作回送位址。與 127.0.0.1 有著相同意義的是稱作 localhost 的主機名稱。使用該位址時，封包不會在網路上傳輸。

■ 連結本地位址

▼為了避免 IP 位址重複，先用 ARP 確認之後，再決定要使用的 IP 位址。關於 ARP 的說明請參考 5.3 節。

有時可以使用 169.254/16 位址，不用跨路由器，在同一個連結內進行通訊。當主機沒有設定固定 IP，且無法利用 DHCP 取得 IP 位址時，就會這樣設定。主機部分為隨機設定▼。這種位址稱作連結本地位址（Link-Local Address），禁止透過路由器轉送。

▦ 4.4.2 整合路由表

思考網路位址的位元類型並進行層級配置後，即使內部是由多個子網路構成，外部仍可以利用一個代表性網路位址來進行路由控制。這樣可以妥善建構網路，整合路由資料，縮小路由表的容量▼。

▼整合路徑控制資料又稱作路由匯總（Aggregation）。

圖 4-23 在整合前需要 6 個路由控制資料，但是整合後，減少成 2 個。

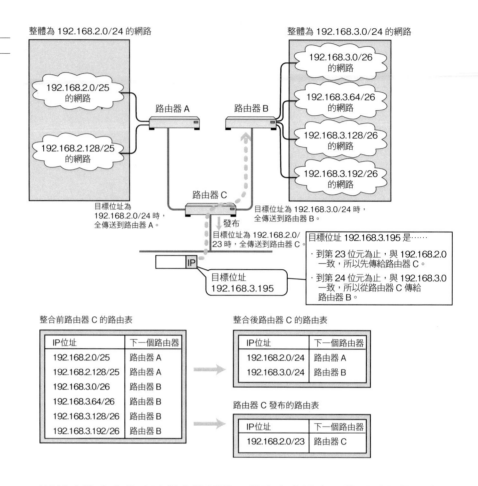

圖 4-23
路由表的整合範例

可以縮小路由表的確是很大的優點。當路由表變大，就需要耗費更多記憶體及 CPU 資源來管理路由表，而且搜尋時間也比較久，進而導致 IP 封包的轉發效能降低。假如要建構大規模的高效能網路，如何盡量縮小路由表，將會是重要的課題。

整合路由背後有著一個重要的含義，亦即將自己所知的路由資料傳送給周圍的路由器時，要盡量精簡這些資料。如圖 4-23 所示，路由器 C 可以將自己知道的 192.168.2.0/24 與 192.168.3.0/24 等網路，整合並發布「我知道 192.168.2.0/23 的網路喔！」。

4.5 / IP 的分割處理與重組

▼ 4.5.1　資料連結不同，MTU 也會不一樣

誠如 4.2.3 節介紹過，每種資料連結的最大傳輸單位（MTU）都不一樣。表 4-2 整理了各種資料連結的 MTU。每種資料連結的 MTU 大小不同，是因為各個資料連結是依照用途建構，再決定符合該用途的 MTU 大小。IP 位於資料連結層的上層，所以必須不受到 MTU 大小的影響。如 4.2.3 節的說明，IP 具有將資料連結的不同性質抽象化的功能。

表 4.2
各種資料連結的 MTU

資料連結	MTU（位元組）	Total Length（單位是位元組，包含 FCS）
IP 的最大 MTU	65535	–
Hyperchannel	65535	–
IP over HIPPI	65280	65320
16Mbps IBM Token Ring	17914	17958
IP over ATM	9180	–
IEEE 802.4 Token Bus	8166	8191
IEEE 802.5 Token Ring	4464	4508
FDDI	4352	4500
乙太網路	1500 ▼	1518
PPP（Default）	1500	–
IEEE 802.3 Ethernet	1492	1518
PPPoE	1492	–
X.25	576	–
IP 的最小 MTU	68	–

▼ 最近，乙太網路也可以使用大於 1500 位元組的 MTU，這個部分稱作「Jumbo Frame」。為了提高伺服器的通訊速度，大部分會使用 9000 位元組以上的 MTU。如果要使用 Jumbo Frame，不僅該區段的主機、路由器，就連橋接器（交換集線器）也必須支援 Jumbo Frame。即使不使用 Jumbo Frame，只要經由 IP 隧道，通過途中路由器或橋接器的訊框也能達到 15000 位元組以上。如果要避免 IP 碎片，就得將路由器或橋接器的 MTU 放大。

▼ 4.5.2　IP 資料包的分割處理與重組

主機或路由器必須視狀況，進行 IP 資料包的分割處理（Fragmentation）。對網路傳送資料包時，若無法按照原本的大小直接轉發，就要進行分割處理。

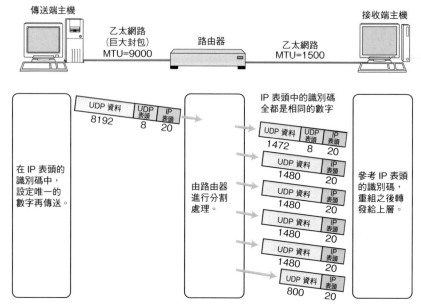

圖 4-24
IP 資料包的分割處理
與重組

傳送端主機　　乙太網路（巨大封包）MTU=9000　　路由器　　乙太網路 MTU=1500　　接收端主機

IP 表頭中的識別碼
全都是相同的數字

UDP 資料 8192　UDP 表頭 8　IP 表頭 20

在 IP 表頭的
識別碼中，
設定唯一的
數字再傳送。

由路由器
進行分割
處理。

UDP 資料 1472　UDP 表頭 8　IP 表頭 20
UDP 資料 1480　IP 表頭 20
UDP 資料 1480　IP 表頭 20
UDP 資料 1480　IP 表頭 20
UDP 資料 1480　IP 表頭 20
UDP 資料 800　IP 表頭 20

參考 IP 表頭
的識別碼，
重組之後轉
發給上層。

在 IP 表頭中，含有分割後的碎片位置，以及顯示該封包後面還有接續其他碎片的旗標。
根據這個旗標，可以瞭解 IP 資料包是否被分割，以及這是碎片的開頭、中間，還是結尾。
（數字代表資料的長度，單位是位元組）。

圖 4-24 是在網路中進行分割處理的範例。這張圖是用路由器連接 MTU
為 9000 位元組的巨大封包乙太網路與 MTU 為 1500 位元組的一般乙太
網路，而傳送主機是朝著接收主機傳送「IP 表頭＋ UDP 表頭＋資料＝
8220 位元組」的封包。資料會傳送到路由器，卻無法直接轉發到路由器
之後的目的地，所以路由器會將 IP 資料包分割成 6 個再傳送。只要有需
要，可以重複執行多次分割處理▼。

▼分割處理是以 8 位元組的
倍數為單位。

分割後的 IP 資料包只會在終點的目標主機進行還原成 IP 資料包的重組
處理。雖然過程中的路由器可以進行分割，卻無法執行重組處理。

這樣做的理由有很多。例如，分割後的 IP 資料包不保證是透過相同路徑
來傳送。因此，就算在中途等待，也可能等不到其他封包。此外，分割
後的碎片可能在半途遺失而無法送達▼。即使中途重組，通過別的路由器
時，仍必須進行分割。結果，途中的細節控制只會給路由器帶來沉重的
負擔，而變得沒有效率。基於這些理由，只有終點的目標主機才能重組
分割後的封包。

▼目標主機進行重組處理
時，即使沒有收到部分封
包，仍有可能只是延後送達
而已。因此，最初收到資料
包之後，大概會等待 30 秒
再進行處理。

▼ **4.5.3** 路徑 MTU 探索（Path MTU Discovery）

分割處理有幾個缺點。第一是會加重路由器的處理負擔。隨著時代的進步，網路的物理性傳輸速度逐漸往上提升，因而期待路由器也能配合網路的傳輸速度來提高效率。可是，相對來說，也增加了路由器必須負責的處理工作，例如提高安全性的過濾處理▼等。IP 的分割處理也會對路由器造成極大的負擔。因此，最好盡可能避免由路由器來負責分割處理。

第二點是，進行分割處理後，即使只缺少一個分割後的碎片，也會遺失整個 IP 資料包。為了避免這個問題，初期 TCP 是以無法分割的小碎片▼來傳輸封包，結果使得網路的使用效率變差。

路徑 MTU 探索（Path MTU Discovery▼）就是用來防範這些問題的技術。路徑 MTU（PMTU：Path MTU）是指從傳送端主機到接收端主機，不需要分割處理的最大 MTU。換句話說，就是存在於路徑的資料連結中最小的 MTU。路徑 MTU 探索是發現路徑 MTU，讓傳送端主機依照路徑 MTU 的大小來分割資料再傳送的方法。使用路徑 MTU 探索，中途的路由器就不用執行分割處理，而且 TCP 也能以更大的封包大小來傳送資料。最近大部分的作業系統都具備路徑 MTU 探索功能。

▼這是指只有擁有特定參數的 IP 資料包，才能通過路由器。包括傳送端的 IP 位址、接收端的 IP 位址、TCP 或 UDP 的連接埠編號、TCP 的 SYN 旗標及 ACK 旗標等。

▼ TCP 內的資料是 536 位元組或 512 位元組。

▼也可以縮寫成 PMTUD。

圖 4-25
路徑 MTU 探索的結構（以 UDP 為例）

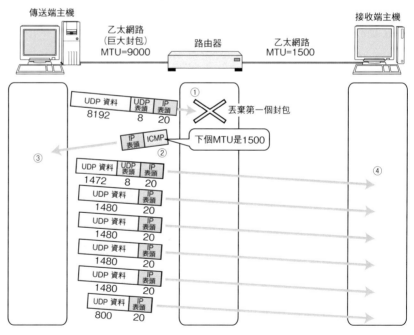

① 設定禁止分割 IP 表頭的旗標後，再傳送封包。路由器丟棄封包。
② 利用 ICMP 取得下一個 MTU 的大小。
③ UDP 不進行重送處理。應用程式傳送下一個訊息時，進行分割處理。
　　具體而言，UDP 層轉發的「UDP 表頭＋資料」，在 IP 層進行分割處理再傳送。
　　IP 不會區別 UDP 表頭與應用程式的訊息。
④ 所有碎片整理起來後，在 IP 層重組，再轉發給 UDP 層。
　　　　　　　　　　　　　　　　　　　　（數字代表資料的長度，單位是位元組）

路徑 MTU 探索會進行以下處理。

首先，傳送端主機在傳送 IP 資料包時，將 IP 表頭中的禁止分割旗標設定為 1。如此一來，中途的路由器就算必須進行 IP 資料包的分割處理，也會跳過，丟棄封包。接著透過 ICMP 無法送達訊息，把資料連結的 MTU 值提供給傳送端主機▼。

▼ 具體來說，這是利用 ICMP 無法送達訊息中的分割請求（編碼 4）封包進行通知。但是，有時舊的路由器沒有在 ICMP 封包中置入下一個 MTU 值，此時傳送端主機必須調整封包大小，從中找出適當的值。

下一次，從傳送給相同目標位址的 IP 資料包中，獲得 ICMP 通知的路徑 MTU，並當成目前的 MTU。傳送端主機將根據這個 MTU 值，進行分割處理。重複這個操作，直到沒有收到 ICMP 無法送達的訊息，這樣就能得知到接收端主機為止的路徑 MTU。此外，路徑 MTU 的值較多時，至少可以儲存在快取▼10 分鐘。在這 10 分鐘內，持續使用剛才取得的路徑 MTU 值，但是過了 10 分鐘後，將重新根據連結的 MTU，再次進行路徑 MTU 探索。

▼ 快取（cache）
將可能需要使用多次的資料，暫時存放在可以馬上取得的記憶體中。

TCP 是根據路徑 MTU 的大小，重新計算最長區段大小（MSS, Maximum Segment Size），再根據該值傳送封包。因此，TCP 如果利用路徑 MTU 探索，IP 層就不會進行分割處理。關於 TCP 的 MSS 請參考 6.4.5 節的說明。

圖 4-26
路徑 MTU 探索的結構（以 TCP 為例）

▼ 6.4.5 節會詳細說明，但是 TCP 具有根據建立連結時，MTU 較小的一端來決定封包長度的機制。因此，這個網路實際上不會產生分割處理。可是，當有 2 個以上的路由器，兩邊的 MTU 為 9000，中間網路的 MTU 為 1500 時，就會發生這張圖說明的現象。

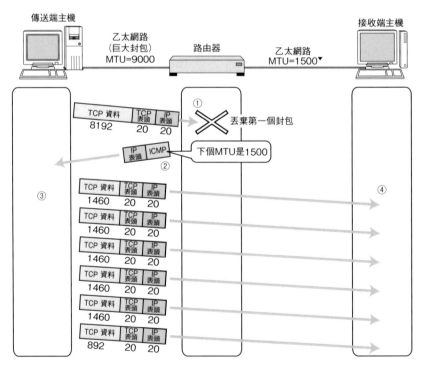

▼ 為了提高安全性，有些組織會限制不接收所有的 ICMP 訊息，但是這樣會產生問題。由於沒有執行路徑 MTU 探索，將造成最終使用者在完全不清楚的狀況下，形成有時能與對方通訊，有時無法通訊的狀態。

① 設定禁止分割 IP 表頭的旗標後，再傳送封包。路由器丟棄封包。
② 利用 ICMP 取得下一個 MTU 的大小▼。
③ 利用 TCP 的重送處理，再次傳送資料。此時，TCP 將資料區分成 IP 不會分割的大小，再轉發給 IP 層。IP 層不再進行分割處理。
④ 不需要重組，直接將資料轉發給 TCP 層。

（數字代表資料的長度，單位是位元組）

4.6 IPv6（IP version 6）

▼ 4.6.1 為何需要 IPv6？

IPv6（IP version 6）是為了根本解決 IPv4 位址用罄問題，而展開標準化的網際網路協定。目前使用的 IPv4，其 IP 位址的長度為 4 位元組（32 位元），而 IPv6 的長度是它的 4 倍，亦即 16 位元組（128 位元）▼。

IP 協定的轉移是非常麻煩、耗時的工作，因為所有連接網際網路的主機及路由器的 IP 全都得更改。在網際網路如此普及的現在，要更換全部的 IP 協定堆疊▼，變得極為困難。

基於這些原因，使得我們不僅想利用 IPv6 解決位址用罄的問題，也希望可以一舉消除對 IPv4 的諸多不滿。除此之外，現在也努力研究，讓 IPv4 與 IPv6 可以彼此通訊，具有相容性▼。

▼ 4.6.2 IPv6 的特色

IPv6 有以下幾個特色，這些功能有部分 IPv4 也有。可是，即便是加入 IPv4 的作業系統，也沒有完全採用這些功能。因為其中包括無法使用，或管理者必須花時間才能運用的功能。但是，IPv6 把這些功能都當作必要功能，所以應該可以減輕管理者的負擔▼。

- IP 位址的擴大與路由表的整合
  - 將 IP 位址的結構變成適合網際網路的層級結構。接著計畫性分配 IP 位址，以符合位址結構，盡量避免讓路由表變得過於龐大。
- 提高效能
  - 固定表頭長度（40 位元組），省略表頭檢查碼等部分，簡化表頭結構，減輕路由器的負擔。
  - 路由器不用負責分割處理（利用路徑 MTU 探索，讓傳送端主機進行分割處理）。
- 支援隨插即用功能
  - 在沒有 DHCP 伺服器的環境會自動分配 IP 位址。
- 採用認證功能及加密功能
  - 提供偵測偽造 IP 位址的安全性功能，以及防止竊聽功能（IPsec）。

▼因此理論上 IPv6 可以設定的位址數量是 IPv4 的 2^{96} ＝ 7.923×10^{28} 倍。

▼協定堆疊
這是指執行可以實現該協定的程式或線路。

▼ IP 隧道（5.7 節）或協定轉換（5.6.3 節）等。

▼這是只使用IPv6的情況。同時使用 IPv4、IPv6 時，需要花費的人力可能是兩倍以上。

- 把群播、Mobile IP 功能定義成 IPv6 的擴充功能
  - 將群播、Mobile IP 功能明確定義成 IPv6 的擴充功能。如此一來，原本在 IPv4 難以運用的群播、Mobile IP，在 IPv6 就能順利運用。

◤ 4.6.3 IPv6 的 IP 位址標示方法

IPv6 的 IP 位址長度為 128 位元，顯示的數字是 38 位數（$2^{128}=$ 約 3.40×10^{38}）。這是個天文數字，足以將 IPv6 位址分配給數量難以想像的主機及路由器。

IPv6 的 IP 位址與 IPv4 相同，若以十進位來顯示，會成為 16 個數字。這種顯示方法非常麻煩，因此 IPv6 採取和 IPv4 不同的顯示方法。依照 16 位元分割 128 位元的 IP 位址，以冒號（ : ）分隔，用十六進位顯示。另外，假如連續出現 0，可以把 0 省略，以兩個連續的冒號來表示（ :: ）。但是，一個 IP 位址只容許出現一次使用連續兩個冒號來省略 0 的情況。

雖然 IPv6 盡量努力簡化 IP 位址，可是這種 IP 位址一旦變長，我們就很難記得住。

- IPv6 的 IP 位址顯示範例
  - 以二進位表示
    ```
    1111111011011100:1011101010011000:0110110010101010:
    0011001000010000:1111111011011100:1011101010011000:
    0110110010101010:0011001000010000
    ```
  - 以十六進位表示
    ```
    FEDC:BA98:7654:3210:FEDC:BA98:7654:3210
    ```

- IPv6 的 IP 位址省略範例
  - 以二進位表示
    ```
    0001000010000000:0000000000000000:0000000000000000:
    0000000000000000:0000000000001000:0000100000000000:
    0010000000001100:0100000101111010
    ```
  - 以十六進位表示
    ```
    1080:0:0:0:8:800:200C:417A
    ↓
    1080::8:800:200C:417A（省略時）
    ```

▼ 4.6.4　IPv6 位址的架構

IPv6 和 IPv4 的層級類似，也是以 IP 位址開頭的位元類型來區分 IP 位址的種類。

在網際網路的通訊中，使用的是全球單播位址（Global Unicast Address）。

全球單播位址是在網際網路內唯一的位址，因此必須使用接受正式分割的 IP 位址。

如果是控制類網路等不直接與網際網路通訊的私有網路，可以使用唯一本地位址（Unique Local Address）。唯一本地位址必須在網址內包含利用演算法隨機產生的亂數，和 IPv4 的私有位址一樣，都可以自由使用。

如果只在乙太網路的同一區段內進行通訊，例如沒有路由器的網路，可以使用連結本地單播位址（Link Local Unicast Address）。

假如建構了可以使用多種 IP 位址的網路環境，即使在相同連結上，也可以使用全球單播位址或唯一本地位址來通訊。

IPv6 可以對一個 NIC 同時分配多個 IP 位址，能視狀況來分別使用這些 IP 位址。

圖 4-27
IPv6 的通訊

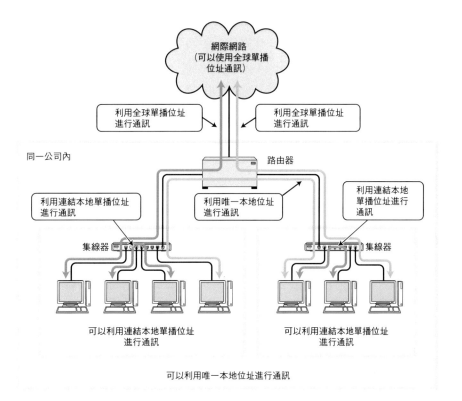

表 4-3			
IPv6 的位址架構	未定義	0000 … 0000（128 位元）	::/128
	回送位址	0000 … 0000（128 位元）	::1/128
	唯一本地位址	1111 110	FC00::/7
	連結本地單播位址	1111 1110 10	FE80::/10
	群播位址	1111 1111	FF00::/8
	全球單播位址	（其他全部）	

▚ 4.6.5　全球單播位址

圖 4-28
全球單播位址

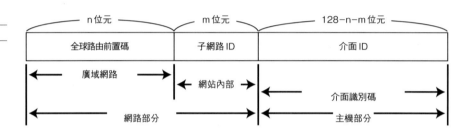

全球單播位址是指全世界唯一的位址。這是在網際網路通訊或組織內通訊等，最常用的 IPv6 位址。

全球單播位址的格式定義如圖 4-28 所示。現在 IPv6 網路使用的格式是 $n = 48$、$m = 16$、$128 - n - m = 64$。換句話說，前 64 位元是網路部分，後 64 位元是主機部分。

▼ 稱作 IEEE EUI-64 識別碼。

一般來說，在介面 ID 中，儲存了 64 位元版 MAC 位址▼的值。但是，MAC 位址是設備原本的資料，有時可能不想讓通訊對象知道。此時，也可以加上與 MAC 位址無關的「暫時位址」。暫時位址是由隨機亂數產生，會定期變化，所以很難從 IPv6 位址來定位設備。該如何改變，全由安裝的操作系統與設定而定▼。

▼在當作使用者端的個人電腦來運用時，大部分會加上暫時位址。

▚ 4.6.6　連結本地單播位址

圖 4-29
連結本地單播位址

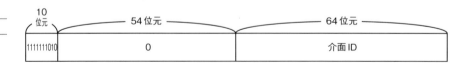

連結本地單播位址是指在相同資料連結內，唯一的位址。可以使用於沒有路由器的同一連結內通訊。一般在介面 ID 中，儲存了 64 位元版的 MAC 位址。

▛ **4.6.7 唯一本地位址**

圖 **4-30**

唯一本地位址

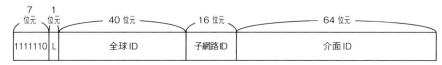

※ L 通常是 1
※ 全球 ID 是隨機亂數
※ 子網路 ID 是該組織的子網路位址
※ 介面 ID 是介面的 ID

唯一本地位址是在不與網際網路進行通訊時，使用的位址。

設備控制等控制類網路、金融機構等核算類網路，這些原本就計畫不與網際網路通訊的環境，還有為了提高安全性，經由 NAT 或閘道（代理）與網際網路進行通訊的企業內部網路，就會使用這種位址。

唯一本地位址雖然不與網際網路連線，但是全球 ID 仍以隨機亂數來決定，盡量維持唯一性。這是因為日後可能遇到企業合併、業務整合、提高效率等情況，以唯一本地位址建構的網路之間，需要彼此相連的緣故。此時，就能在盡量不更改 IPv6 位址，直接整合了▼。

▼全球 ID 不一定是全世界唯一的位址，所以可能出現一模一樣的情形，不過可能性非常低。

▛ **4.6.8 利用 IPv6 進行分割處理**

IPv6 的分割處理只由起點的主機負責執行，路由器不進行分割處理。這是為了減輕路由器的負擔，達到高速網際網路連線的目的。因此，在 IPv6 中，路徑 MTU 就成為必備功能。但是，IPv6 已經決定了最小 MTU 是 1280 位元組，所以嵌入式系統等系統資源▼有限的設備，因為沒有路徑 MTU 探索功能，而改採取在傳送 IP 封包時，以 1280 位元組為單位來分割資料，再傳送的方式。

▼ CPU 的效能及記憶體的容量等。

4.7 IPv4 表頭

利用 IP 進行通訊時，會在資料前面加上 IP 表頭再傳送。在 IP 表頭中，儲存了用 IP 協定控制傳送封包時需要的資訊。檢視 IP 表頭，可以瞭解 IP 具備的功能明細。

圖 4-31
IP 資料包的格式
（IPv4）

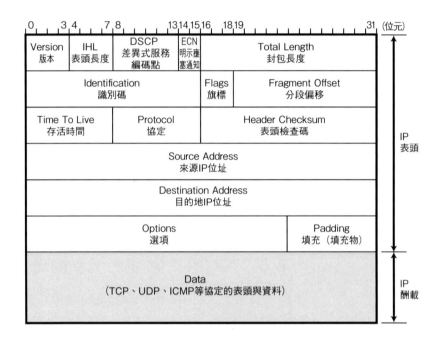

■ 版本（Version）

這裡顯示了 IP 表頭的版本編號，由 4 個位元構成。現在的 IP 版本是 4，所以這裡的值是「4」。此外，IP 的所有版本如表 4-4 所示。從以下網址可以取得與 IP 版本編號有關的最新資料。

http://www.iana.org/assignments/version-numbers

表 4-4
IP 表頭的版本編號

版本	縮寫	協定名稱
4	IP	Internet Protocol
5	ST	ST Datagram Mode
6	IPv6	Internet Protocol version 6
7	TP/IX	TP/IX: The Next Internet
8	PIP	The P Internet Protocol
9	TUBA	TUBA

> ### ▨ IP 的版本編號
>
> IPv4 的下一代網際網路協定是 IPv6。為什麼從版本 4 變成版本 6 呢？
>
> IP 版本編號的定義與一般軟體產品的版本編號有些差異。一般軟體的版本編號會隨著每次更新而變大，最新的版本就是最大的號碼。由特定公司或機構開發的軟體，的確可以做到這一點。
>
> 網際網路為了改善 IP 協定，由多個機構各自進行研究開發，為了讓這些機構可以測試協定是否可行，依序分配了 IP 的版本編號。
>
> 注重執行與運用的網際網路，對於有用的提案，不能只提出書面規劃，還必須經過實際測試。因此，還未成為正式標準，尚未被廣泛使用的協定，會加上幾個編號，如表 4-4 所示，以進行實驗▼。實際測試之後，選出比較適合的協定，進行標準化。IP version 6（IPv6）就是在所有提出的協定中，雀屏中選成為下一代協定的版本。換句話説，IP 版本的數字大小，沒有特別的意義。

▼在 RFC750 記載了 0～4 的版本編號，當作 INTERNET MESSAGE VERSIONS，因為沒有採用版本 0～3 而取消分配。

▨ 表頭長度（IHL，Internet Header Length）

由 4 個位元構成，表示 IP 表頭本身的大小，單位為 4 位元組（32 位元）。沒有選項的 IP 封包，會輸入「5」。換句話説，沒有選項的 IP 表頭長度是 20 位元組，$4 \times 5 = 20$。

▨ DSCP 欄位與 ECN 欄位

圖 **4-32**
DSCP 欄位與 ECN 欄位

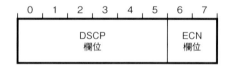

▼關於 DiffServ 的詳細説明，請參考 P222。

早期的 IP 規格把 DSCP 欄位（Differentiated Services Codepoint）定義成 TOS（Type Of Service）（後面會説明），現在稱作 DiffServ▼，用來進行品質控制。

第 3～5 位元為 0，則第 0～2 位元稱作類別選擇器編碼點（Class Selector Code Point）。和 TOS 的優先程度一樣，全部可以設定 8 個品質控制等級。由 DiffServ 的管理者來決定，各個層級要進行何種處理。由於和 TOS 之間相容，所以數字愈大，相對優先順序愈前面。如果第 5 位元是 1，代表設定成實驗用或本地用。

ENC（Explicit Congestion Notification）是通知網路壅塞的欄位，由 2 個位元構成。

表 4-5
ECN 欄位

位元	縮寫	含義
6	ECT	ECN-Capable Transport
7	CE	Congestion Experienced

▼關於 ECN 的詳細內容，請參考 5.8.5 節的說明。

第 6 位元的 ECT 是通知上層傳輸協定是否支援 ECN。路由器在轉發 ECN 為 1 的封包時，當發生網路壅塞的狀況，會將 CE 設定為 1 ▼。

■ 服務類型（TOS，Type Of Service）

早期的 IP 將 DSCP、ECN 的 8 個位元成服務類型（TOS：Type Of Service），代表傳送 IP 的服務品質。從開頭的位元開始，分別具有以下含義。

表 4-6
服務類型的各位元含義

位元	含義
0 1 2	優先程度▼
3	最低延遲
4	最大吞吐量
5	最大可靠性
6	最小代價
（3～6）	最大安全性
7	未使用

▼使用 0、1、2，這 3 個位元來表示 0 ～ 7 的優先程度。0 的優先程度最低，7 的優先程度最高。

然而一般認為，要建置符合這些要求的控制機制並不容易，而且如果設定不當，會變得毫無意義，所以 TOS 的運用很困難。因此現在把 TOS 欄位當成 DSCP 欄位或 ECS 欄位使用。

■ 封包長度（Total Length）

代表由 IP 表頭與 IP 資料構成的整個封包長度是多少位元組。這個欄位的長度是 16 位元，所以 IP 傳送的封包最大是 65535（＝ 2^{16}）位元組。

目前沒有一個資料連結可以直接傳送如表 4-2 所示的最大封包（65535 位元組）。可是，IP 會進行分割處理（碎片），所以從 IP 的上層來看，不論使用何種資料連結，都可以收送 IP 規格上的最大封包長度。

■ 識別碼（ID，Identificaiton）

由 16 位元構成，在重組碎片時，當作識別碼使用。相同碎片的識別碼一樣，不同碎片的識別碼不同。一般而言，每次傳送 IP 封包時，數值都會逐漸增加。此外，即使 ID 相同，若接收端的 IP 位址、傳送端的 IP 位址、協定的數字不同時，將會當作不同的碎片來處理。

■ 旗標（Flags）

由 3 個位元構成，代表與分割封包有關的控制訊息。各位元的含義如下。

表 4-7
旗標的位元含義

位元	含義
0	未使用。現在必須為 0
1	指示是否要分割（don't fragment） 0- 可以分割 1- 不可分割
2	顯示分割後的封包是否為最後的封包（more fragment） 0- 最後的碎片封包 1- 其中的碎片封包

■ 分段偏移（FO，Fragment Offset）

▼碎片（Fragment）
片段、分片的意思。這裡是指，為了轉發，經過分割後的原本資料片段。

由 13 位元構成，表示分割後的碎片▼是在原本資料的哪個位置。第一個值由 0 開始，FO 欄位有 13 位元，所以最多能顯示 8192（= 2^{13}）個位置。單位是 8 位元組，所以顯示原本資料位置的最大值為 $8 \times 8192 = 65536$ 位元組。

■ 存活時間（TTL，Time To Live）

由 8 位元構成。原本的意思是這個封包可以存在網路中的時間（存活時間），以秒為單位來顯示。可是，實際在網際網路上是代表可以中繼多少路由器的意思。每次通過路由器時，TTL 就會減 1，變成 0 之後，封包就會被丟棄▼。

▼ TTL 是 8 位元，所以能顯示 0～255 的數字，代表可以通過 $2^8 = 256$ 個路由器。這可以避免 IP 封包永遠持續存在於網路中。

■ 協定（Protocol）

由 8 位元構成，表示 IP 表頭的下一個表頭屬於哪個協定。常用的協定如表 4-8 所示，已經有各自的編號。

從以下網址可以取得最新的協定編號清單：

    http://www.iana.org/assignments/protocol-numbers

分配編號	縮寫	協定名稱
0	HOPOPT	IPv6 Hop-by-Hop Option
1	ICMP	Internet Control Message
2	IGMP	Internet Group Management
4	IP	IP in IP (encapsulation)
6	TCP	Transmission Control
8	EGP	Exterior Gateway Protocol
9	IGP	any private interior gateway (Cisco IGRP)
17	UDP	User Datagram
33	DCCP	Datagram Congestion Control Protocol
41	IPv6	IPv6
43	IPv6-Route	Routing Header for IPv6
44	IPv6-Frag	Fragment Header for IPv6
46	RSVP	Reservation Protocol
50	ESP	Encap Security Payload
51	AH	Authentication Header
58	IPv6-ICMP	ICMP for IPv6
59	IPv6-NoNxt	No Next Header for IPv6
60	IPv6-Opts	Destination Options for IPv6
88	EIGRP	EIGRP
89	OSPFIGP	OSPF
97	ETHERIP	Ethernet-within-IP Encapsulation
103	PIM	Protocol Independent Multicast
108	IPComp	IP Payload Compression Protocol
112	VRRP	Virtual Router Redundancy Protocol
115	L2TP	Layer Two Tunneling Protocol
124	ISIS over IPv4	ISIS over IPv4
132	SCTP	Stream Control Transmission Protocol
133	FC	Fibre Channel
134	RSVP-E2E-IGNORE	RSVP-E2E-IGNORE
135	Mobility Header (IPv6)	Mobility Header (IPv6)
136	UDPLite	UDP-Lite
137	MPLS-in-IP	MPLS-in-IP

■ 表頭檢查碼（Header Checksum）

由 16 位元（2 位元組）構成，這是 IP 表頭的檢查碼。檢查碼是用來確保 IP 表頭沒有被破壞。檢查碼的計算方式是，先讓檢查碼的欄位變成 0，以 16 位元為單位，計算一補數▼的和。將計算出來的一補數，加入檢查碼欄位中。

▼一補數
一般電腦的整數運算使用的是二補數。檢查碼的運算使用的是一補數，即使位數增加，也會恢復成 1 位數，所以優點是能避免資料遺失，並且可以使用 2 個 0 來分別顯示。

■ **來源 IP 位址（Source Address）**

由 32 位元（4 位元組）構成，表示傳送端的 IP 位址。

■ **目的地 IP 位址（Destination Address）**

由 32 位元（4 位元組）構成，表示接收端的 IP 位址。

■ **選項（Options）**

長度可變，一般不會使用選項欄位，只在進行測試或偵錯時才使用。選項包含以下內容。

- 安全性標籤
- 來源路由
- 路由記錄
- 時戳

■ **填充（Padding）**

又稱作填充物。有時加入選項時，可能會讓表頭的長度變成非 32 位元的整數倍。此時，把「0」當作填充物來加入，變成 32 位元的整數倍。

■ **資料（Data）**

加入資料。IP 上層的表頭也會全都當作資料來處理。

4.8 IPv6 的表頭格式

IPv6 的 IP 表頭格式如圖 4-33 所示。與 IPv4 相比，IP 位址的欄位產生了巨大變化。

▼ TCP 與 UDP 在計算檢查碼時，使用了偽表頭，所以能檢查 IP 位址及協定編號是否正確。如此一來，即使 IP 層無法確認可靠性，TCP 層或 UDP 層也可以做到。詳細說明請參考 TCP 及 UDP。

IPv6 省略了表頭的檢查碼▼，這是為了減輕路由器的處理負擔。路由器不用計算檢查碼，可以提高封包的轉發效率。

另外，用來進行分割處理的識別碼變成了選項。IPv6 的表頭或選項都是以 8 位元組為單位來構成。這是為了讓 64 位元 CPU 的電腦更容易處理而做的調整。

圖 4-33

IPv6 的封包格式

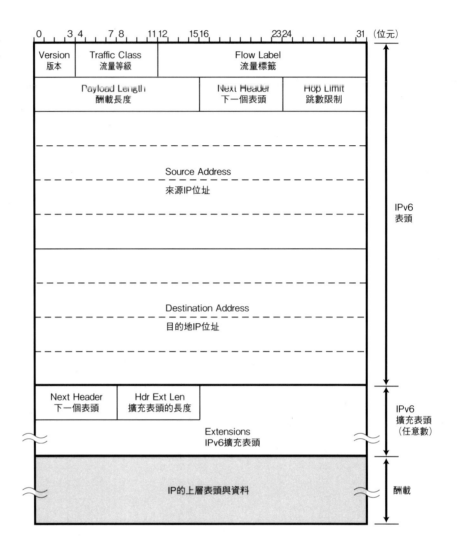

■ 版本（Version）

版本欄位和 IPv4 一樣，長度都是 4 位元。IPv6 的版本是 6，所以輸入 6。

■ 流量等級（Traffic Class）

這個部分相當於 IPv4 的 TOS（Type Off Service）欄位，長度為 8 位元。但是，IPv4 幾乎沒有用到 TOS，算是沒有用處的技術，原本在 IPv6 的表頭中，也計畫將其刪除。可是，後來以當作今後研究的形式而保留下來。具體而言，目前正在評估當作 DiffServ（P222）與 ECN（5.8.5 節）使用。

流量標籤（Flow Label）

▼詳細說明請參考 5.8.4 節。

這是計畫用來控制品質（QoS，Quality of Service）▼的欄位，長度為 20 位元。但是，利用這個流量標籤可以進行何種服務，將成為今後的課題。假如不使用流量標籤，則全都填上 0。

▼關於 RSVP 及流量設定，請參考 P221「IntServ」的說明。

進行品質控制時，由隨機亂數決定流量標籤，利用 RSVP（資源保留協定 Resource Reservation Protocol）等流量的協定▼，在路徑中的路由器上，進行與品質控制相關的設定。希望傳送控制品質的封包時，會加上以 RSVP 預想的流量標籤再傳送。在路由器上，把收到 IP 封包的流量標籤當作搜尋關鍵字，快速搜尋品質控制資料，再進行必要的處理▼。

▼進行品質控制的路由器，必須盡快轉發收到的封包。可是路由器需要花時間搜尋收到的封包該用哪種品質來傳送，而無法進行良好的品質控制。流量標籤是路由器為了「快速搜尋」品質控制資料所使用的索引（目錄），流量標籤本身沒有特別的含義或功能。

此外，流量標籤與目的地 IP 位址、來源 IP 位址等 3 個部分必須完全一樣，否則不會識別成相同的流量。

酬載長度（Payload Length）

酬載（Payload）是指封包的資料部分。雖然 IPv4 的 TL（Total Length）包含了表頭的長度，但是 Payload Length 表示的是 IPv6 表頭以外的資料部分。IPv6 的選項是緊接在 IPv6 的表頭後面，以資料形式顯示，所以如果包含選項時，含該選項的資料全長就是 Payload Length▼。

▼這個欄位的長度是 16 位元，資料最大為 65535 位元組。但是，超過這個大小的資料，為了能當作一個 IPv6 封包來傳送，而準備了大型酬載選項（Jumbo Payload Option）。這個選項含有長度為 32 位元的欄位，所以最大可以把 4G 位元組的資料當作一個 IP 封包來傳送。

下一個表頭（Next Header）

這個部分相當於 IPv4 的協定欄位。但是，除了 TCP 或 UDP 等協定之外，假如有 IPv6 擴充表頭，就會加入該協定的編號。

跳數限制（Hop Limit）

由 8 位元構成，相當於 IPv4 的 TTL，為了明確表示「限制可以通過的路由器數量」，而命名為 Hop Limit。每次通過路由器時，就會減 1，變成 0 之後，就會丟棄該 IPv6 封包。

來源 IP 位址（Source Address）

由 128 位元構成，表示傳送端的 IP 位址。

目的地 IP 位址（Destination Address）

由 128 位元構成，表示接收端的 IP 位址。

▶ **4.8.1** IPv6 擴充表頭

IPv6 的表頭長度固定，表頭內無法加上選項。取而代之的是，可以利用擴充表頭來擴充功能。

擴充表頭是插入在 IPv6 的表頭與 TCP 或 UDP 的表頭之間。IPv4 的選項長度限制為 40 位元組，但是 IPv6 沒有限制。IPv6 可以增加任意數值的擴充表頭。在擴充表頭中，包含顯示下一個協定及擴充表頭的欄位。

IPv6 表頭沒有儲存識別碼或分段偏移的欄位。分割 IP 封包時，可以使用擴充表頭。

圖 4-34
IPv6 的擴充表頭

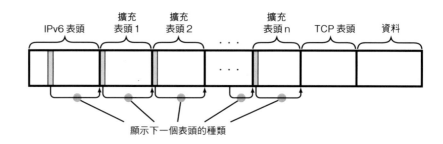

具體來說，擴充表頭的種類如表 4-9 所示。必須分割 IPv6 封包時，會使用 44 的分段表頭。在 IPv6 使用 IPsec 時，會運用 50、51 的 ESP、AH。Mobile IPv6 使用的是 60 與 135 的目的選項及行動表頭。

表 4-9
IPv6 擴充表頭與協定編號

擴充表頭	協定編號
逐跳選項（HOPOPT）	0
路由表頭（IPv6-Route）	43
分段表頭（IPv6-Frag）	44
封裝安全酬載（ESP）	50
認證表頭（AH）	51
表頭結尾（IPv6-NoNxt）	59
目的選項（IPv6-Opts）	60
行動表頭（Mobility Header）	135

第5章

IP 的相關技術

IP（Internet Protocol）可以將封包傳送到目標主機，但是單憑 IP 仍無法完成通訊。需要有解決主機名稱、MAC 位址的功能，以及利用 IP 傳送封包時，萬一發生問題的輔助功能等。此外，還有一些 IP 不能缺少的功能。

因此，本章要介紹 DNS、ARP、ICMP、DHCP 等功能，當作輔助或擴充 IP 的結構。

7 應用層 （Application Layer）	〈應用層〉 TELNET, SSH, HTTP, SMTP, POP, SSL/TLS, FTP, MIME, HTML, SNMP, MIB, SIP, …
6 表現層 （Presentation Layer）	
5 交談層 （Session Layer）	
4 傳輸層 （Transport Layer）	〈傳輸層〉 TCP, UDP, UDP-Lite, SCTP, DCCP
3 網路層 （Network Layer）	〈網路層〉 ARP, IPv4, IPv6, ICMP, IPsec
2 資料連結層 （Data-Link Layer）	乙太網路、無線網路、PPP、… （雙絞線、無線、光纖、…）
1 實體層 （Physical Layer）	

5.1　單憑 IP 無法進行通訊

看完前面 4 章，我想你應該瞭解了使用 IP 將封包傳送到目標主機的結構。

可是，我們平常在使用網路時，幾乎不會輸入 IP 位址。

當我們在使用 Web 或電子郵件時，輸入的不是 IP 位址，而是 Web 網站的位址、電子郵件位址等應用層決定的位址。可是，實際上如果要讓主機使用 IP 封包來通訊，就得知道應用程式使用的位址對應到哪個 IP 位址。

此外，在資料連結中，不會使用 IP 位址。如果是乙太網路，是用 MAC 位址來傳送封包。實際上，在網路上傳送 IP 封包的是資料連結本身，所以必須取得傳送端的 MAC 位址。假如不知道 MAC 位址，就無法通訊。

因此，實際進行通訊時，無法只靠 IP 來完成，還需要支援 IP 的各種相關技術來輔助。

本章就是要說明這些輔助 IP 的相關技術。具體來說，包括 DNS、ARP、ICMP、ICMPv6、DHCP、NAT。此外，還會介紹 IP 隧道、IP 群播、IP 任播、品質控制（QoS）、明示壅塞通知、Mobile IP。

5.2　DNS（Domain Name System）

我們平常存取網際網路時，不使用 IP 位址，而是輸入由字元與點組成的名稱。一般來說，使用者利用 TCP/IP 進行通訊時，不會使用 IP 位址。這是因為有了 DNS（Domain Name System）功能的輔助，DNS 可以將字元與點組合成的名稱轉換成 IP 位址。

IPv4 與 IPv6 都可以使用 DNS。

▀ 5.2.1 IP 位址很難記住

▼電話號碼是數字串。因為
搬家而更換電話號碼時，很
多人都記不住。相較之下，
由英文字串構成的電子郵件
位址，反而比較容易記得。

▼ hosts
若以智慧型手機來比喻，就
像「姓名」與「電話號碼」
對應「聯絡人」及「電話
簿」。即使不曉得電話號
碼，也能打電話給對方，只
要登錄在 hosts，就算不曉
得對方的 IP 位址，也能用
主機名稱通訊。

TCP/IP 為了識別連接網路的電腦，會幫每台主機設定唯一的 IP 位址，再根據該 IP 位址來進行通訊。可是，有時並不方便使用 IP 位址。例如，當使用者使用應用程式，必須直接設定通訊對象時。因為 IP 位址是一串數字串，對我們來說，實在很難記住▼。

因此，在 TCP/IP 的世界裡，從以前就開始使用稱作主機名稱的識別碼。幫每一台電腦命名，想要通訊時，輸入的是主機名稱而不是 IP 位址。這樣就能自動轉換成 IP 位址，再進行通訊。為了達到這個功能，使用了稱作 hosts▼的資料庫檔案，定義主機名稱對應的 IP 位址。

圖 5-1
主機名稱與 IP 位址的
轉換

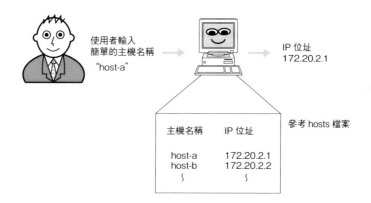

ARPANET 是網路的起源，當初是由網路資訊中心（SRI-NIC）統一管理 hosts 檔案。在 ARPANET 中進行電腦連線、更改 IP 位址時，中心的資料庫都會更新，其他電腦會定期從中心下載資料庫來運用。

可是，隨著網路規模變大，連接的電腦數量增多，很難在同一個地方集中管理主機名稱或 IP 位址的註冊、變更處理。

▀ 5.2.2 DSN 出現

於是，為了以良好效率管理主機名稱及 IP 位址的對應關係，而開發出 DNS。在這個系統中，管理主機的組織可以進行資料設定或變更。換句話說，DNS 是能在組織內管理顯示主機名稱與 IP 位址關係的資料庫。

在 DNS 中，想要通訊的使用者，只要輸入主機名稱（或網域名稱），就會自動搜尋註冊在資料庫伺服器中的主機名稱或 IP 位址，從中取得 IP 位址的資料▼。如此一來，即使註冊或更改了主機名稱或 IP 位址，只要在該組織內進行處理即可，不需要向其他機關報告或申請。此外，還出現了稱作動態 DNS 的機制，就算 IP 位址改變，也能使用相同主機名稱。

利用 DNS，能解決初期 ARPANET 發生的問題。這種 DNS 不管網路變得多龐大，仍可以因應。現在我們使用瀏覽器等應用程式時，只要輸入主機名稱就可以通訊，都是拜 DNS 所賜。

▼ Windows 或 UNIX 若想從網域名稱查出 IP 位址時，通常會使用 nslookup 指令。輸入「nslookup 主機名稱」，就會顯示 IP 位址。

▼ 5.2.3　網域名稱的結構

如果要瞭解 DNS 的結構，必須先瞭解什麼是網域名稱。網域名稱是指，識別主機名稱、組織名稱用的層級式名稱。例如，倉敷藝術科學大學的網域名稱如下所示。

```
kusa.ac.jp
```

網域名稱是由多個短英文字母加上點，組合而成。這個網域名稱最左邊的「kusa」是倉敷藝術科學大學（Kurashiki University of Science and the Arts）固定的網域名稱，後面的「ac」是代表大學（academy）或高級專科、職業學校等高等教育機構，最後的「jp」是日本（japan）。

▼擁有網域名稱的組織可以設定、運用各自的「子網域」。子網域介於主機名稱與網域名稱之間。

使用網域名稱時，各個主機名稱的後面會加上該組織的網域名稱▼。例如，若有 pepper、piyo、kinoko 等主機時，名稱如下所示

```
pepper.kusa.ac.jp
piyo.kusa.ac.jp
kinoko.kusa.ac.jp
```

使用網域名稱之前，只用主機名稱來管理 IP 位址，所以就算是不同組織，也不能使用相同的主機名稱。層級式網域名稱出現之後，各個組織單位就能自由使用主機名稱。

▼頂層網域（TLD：Top Level Domain）。

▼國碼頂層網域（ccTLD：country code TLD）。

▼通用型網域（gTLD：generic TLD）。

DNS 如圖 5-2 的 A 所示，形成層級結構。結構看起來像是一棵顛倒的樹木，所以稱作樹狀結構。頂點是根，下面形成多個分枝。頂點下面是第 1 層網域▼，包含「jp」（日本）或「tw」（台灣）等國家的網域▼，以及「edu」（美國的教育機構）或「com」（美國的企業）等網域▼。這種形狀類似企業內的組織層級。

圖 5-2
網域的層級結構

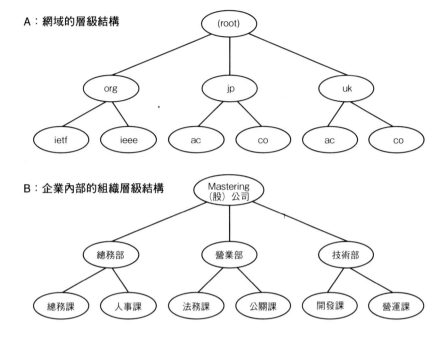

A：網域的層級結構

B：企業內部的組織層級結構

▼ jp 網域名稱的註冊管理、
運用服務從 2002 年 4 月 1
日開始，由日本 JPRS（股）
公司負責提供。

▼ ASCII
（American Standard
Code for Information
Interchange）可以顯示英
文、數字、！、@ 等符號的
7 位元文字碼。

jp 網域▼之下，還包括了如圖 5-3 所示的種類。「jp」下方的第二層網域名稱是「ac」或「co」等屬性（組織類型）或代表「tokyo」等地區、組織名稱的通用網域。使用屬性（組織類型）網域或地區網域時，還可以顯示第 3 層的網域名稱。

有很長一段時間，網域名稱只能使用 ASCII 字元▼，不過現在已經能支援中文等多國語言。

圖 5-3
*.jp 的網域名稱

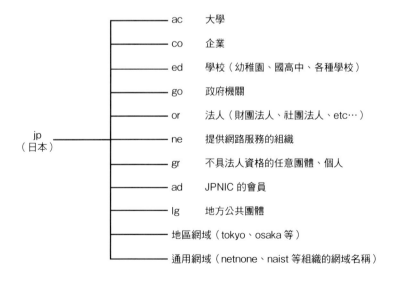

■ 域名伺服器

域名伺服器是指，管理網域名稱的主機或軟體。域名伺服器負責管理該層的網域資料，管理的層級稱作 ZONE。如圖 5-4 所示，各層都設置了域名伺服器。

圖 5-4
域名伺服器

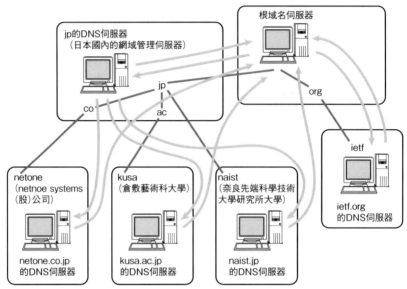

- 各個網域層級都配置了域名伺服器。
- 各個域名伺服器知道下層域名伺服器的IP位址，從根到域名伺服器連接成樹狀結構。
- 所有域名伺服器都知道根伺服器的IP位址，可以從根開始依序造訪，能存取全球的域名伺服器。

▼根據 DNS 協定的規範，根域名伺服器能以 13 個 IP 位址來表示，從 A 到 M 來命名。可是，現在因為 IP 任播的關係，可以在多個節點設定相同的 IP 位址，所以增加了根域名伺服器的數量，提高了故障的承受度，分散負載。關於 IP 任播請參考 5.8.3 節的說明。

在根的部分所設置的伺服器稱作根域名伺服。這個根域名伺服器在利用 DNS 搜尋資料時，扮演著非常重要的角色▼。根域名伺服器中，註冊了下一層域名伺服器的 IP 位址。以圖 5-4 為例，根域名伺服器中，註冊了管理 jp 及 org 的域名伺服器 IP 位址。相對來說，新增或更改 jp 或 org 層的網域名稱時，必須在根域名伺服器中，新增或更改設定。

▼一個主機名稱（網域名稱）可以分配多個 IP 位址稱作「輪替式 DNS」，有時會用來分散 Web 伺服器的負擔。此時會用 nslookup 指令顯示多個 IP 位址。

根域名伺服器的下層域名伺服器中，註冊了更下層的域名伺服器及主機的 IP 位址。如果位於管理網域的下層，就可以自由設定主機與 IP 位址的對應關係▼或子網域。但是，要新設定該層的網域名稱或域名伺服器或設定 IP 位址時，就得在上層的域名伺服器中新增或變更。

網域名稱與域名伺服器必須像這樣分層設置。假如域名伺服器當機，就無法搜尋該網域對應的 DNS。因此，為了提高故障的承受力，一般會設定兩台以上的域名伺服器。假如無法查詢 DNS，將會由第二伺服器或第三伺服器等依序負責提供服務。

所有域名伺服器都必須註冊根域名伺服器的 IP 位址，因為利用 DNS 搜尋 IP 位址是從根域名伺服器開始依序進行。以下網址可以取根域名伺服器的最新 IP 位址資料。

> http://www.internic.net/zones/named.root

■ 解角器（Resolver）

執行 DNS 查詢的主機或軟體稱作解角器。使用者所使用的工作站或個人電腦相當於解角器。解角器至少要知道一個以上的域名伺服器 IP 位址，一般會註冊該組織內的域名伺服器 IP 位址。

▽ **5.2.4** DNS 的查詢處理流程

▼ DNS 的查詢處理稱作 query。

接下來要具體說明 DNS 的查詢處理流程▼。圖 5-5 是位於 kusa.ac.jp 網域中的電腦想要造訪 www.ietf.org 伺服器時，查詢 DNS 的流程。

圖 5-5
DNS 的查詢流程

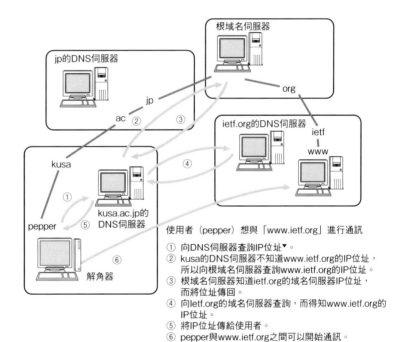

使用者（pepper）想與「www.ietf.org」進行通訊

① 向 DNS 伺服器查詢 IP 位址▼。
② kusa 的 DNS 伺服器不知道 www.ietf.org 的 IP 位址，所以向根域名伺服器查詢 www.ietf.org 的 IP 位址。
③ 根域名伺服器知道 ietf.org 的域名伺服器 IP 位址，而將位址傳回。
④ 向 ietf.org 的域名伺服器查詢，而得知 www.ietf.org 的 IP 位址。
⑤ 將 IP 位址傳給使用者。
⑥ pepper 與 www.ietf.org 之間可以開始通訊。

▼一般 DNS 的查詢與應答都是使用 UDP 來進行。可是 DNS 的訊息長度限制為 512byte 以下，使用 IPv6 極有可能超過這個大小，此時會使用 EDNS0（Extension mechanisms for DNS），透過 TCP 重新執行查詢處理。

▼這張圖是向相同網域內的域名伺服器提出查詢處理，也有向組織外的域名伺服器提出查詢請求的情況。

解角器為了查詢 IP 位址，對域名伺服器▼提出查詢處理。收到查詢請求的域名伺服器，如果在自己的資料庫中查到資料，就會傳回去，如果沒有，將會對根域名伺服器提出查詢處理。如上圖所示，由上開始依序瀏覽域名的樹狀結構，找到擁有目標資料的域名伺服器，再從中取得需要的資料。

▼這裡的快取期間是在提供資料的域名伺服器上進行設定。

解角器與域名伺服器會將最新知道的資料暫存在快取中▼，這種作法可以避免每次查詢時，造成效能降低的情況。

▼ 5.2.5　DNS 是分散在網際網路中的資料庫

前面曾說明過，DNS 是利用主機名稱來查詢 IP 位址的系統。可是，它所管理的可不只這樣而已，還包括各式各樣的資料。DNS 主要管理的資料如表 5-1 所示。

例如，主機名稱與 IP 位址的對應資料稱作 A 記錄，而利用 IP 位址查詢主機名稱時的資料稱作 PTR。此外，上下層域名伺服器的 IP 位址所對應的資料稱作 NS 記錄。

其中，最重要的是 MX 記錄。這裡登錄了電子郵件位址及接收該電子郵件的電子郵件伺服器主機名稱。詳細內容請參考 8.4 節的電子郵件的說明。

表 5-1
DNS 的主要記錄

類型	編號	內容
A	1	主機的 IP 位址（IPv4）
NS	2	域名伺服器
CNAME	5	主機別名對應的正式名稱
SOA	6	區域內登錄資料的起始標誌
WKS	11	已知的服務
PTR	12	反向查詢 IP 位址的指標
HINFO	13	與主機相關的追加資料
MINFO	14	電子郵件信箱及電子郵件清單
MX	15	電子郵件伺服器（Mail Exchange）
TXT	16	文字
SIG	24	安全簽章
KEY	25	金鑰
GPOS	27	地理位置
AAAA	28	主機的 IPv6 位址
NXT	30	下一個網域
SRV	33	選擇伺服器
*	255	請求所有記錄

5.3 ARP（Address Resolution Protocol）

確定 IP 位址之後，就可以對目標 IP 位址傳送 IP 資料包。可是，實際利用資料連結進行通訊時，還需要知道與 IP 位址對應的 MAC 位址。

▼ 5.3.1 ARP 概要

▼ ARP（Address
Resolution Protocol）
位址解析協定。

ARP▼是解決位址問題的協定。把目標 IP 位址當作線索，用來取得下一個接收封包設備的 MAC 位址。假如目標主機不在同一連結上，就會利用 ARP 來查詢下一跳路由器的 MAC 位址。只有 IPv4 可以使用 ARP，無法用於 IPv6。IPv6 則是利用 ICMPv6 的芳鄰探索訊息▼來取代 ARP。

▼請參考 P205。

▼ 5.3.2 ARP 的結構

ARP 是如何得知 MAC 位址呢？ ARP 會利用 ARP 請求封包與 ARP 回應封包等兩種封包來取得 MAC 位址。

請見圖 5-6。現在主機 A 要向同一連結上的主機 B 傳送 IP 封包。主機 A 的 IP 位址是 172.20.1.1，主機 B 的 IP 位址是 172.20.1.2，主機 A 不知道主機 B 的 MAC 位址。

圖 5-6
ARP 的結構

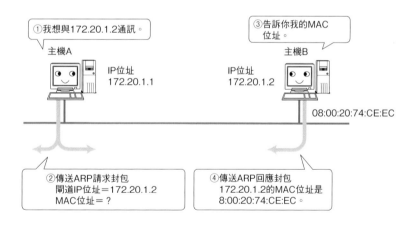

主機 A 為了取得主機 B 的 MAC 位址，一開始會以廣播方式傳送 ARP 請求封包。在這個封包中，包含了想要知道 MAC 位址的 IP 位址。換句話說，封包中儲存了主機 B 的 IP 位址 172.20.1.2。相同連結上的所有主機或路由器會收到廣播的封包，並且進行處理。因此，同一區段上的所有主機或路由器會收到 ARP 請求封包，對封包內容進行解析。假如目標 IP 位址與自己的 IP 位址一致，將會把自己的 MAC 位址放入 ARP 回應封包中，傳回給主機 A。

簡單來說，想從 IP 位址取得 MAC 位址時，傳送的是 ARP 請求封包▼，告訴對方自己的 MAC 位址時，回傳的是 ARP 回應封包。利用 ARP 可以從 IP 位址中查詢到 MAC 位址，因此能在連結內透過 IP 進行通訊。ARP 可以動態解決位址問題，所以透過 TCP/IP 建構網路或進行通訊時，不用特別在意 MAC 位址，只要考量到 IP 位址即可。

▼快取
預測相同資料可能會再次用到，而先儲存在記憶體中。

一般由 ARP 取得的 MAC 位址會有幾分鐘的時間暫存在快取▼中。每次傳送一個 IP 資料包時，就會傳送 ARP 請求封包，這樣會增加流量，造成許多無用的通訊。因此，為了避免 ARP 造成流量增加，利用 ARP 取得 MAC 位址之後，將會暫時把該 IP 位址與 MAC 位址的關係先記下來▼，假如 IP 位址相同，就不執行 ARP，改使用儲存起來的 MAC 位址傳送 IP 資料包。只要執行過一次 ARP 處理，在 ARP 快取清除之前，都不會再執行與該 IP 位址有關的 ARP 處理。這樣可以防範網路上散布大量的 ARP 封包。

▼儲存 IP 位址與 MAC 位址對應關係的資料庫稱作 ARP 表。 在 UNIX 或 Windows 中，執行「arp-a」指令，可以顯示 ARP 表的內容。

曾經傳送過一次 IP 資料包的主機，持續傳送多次 IP 資料包的可能性比較高，因此快取可以有效減少 ARP 封包。反之，收到 ARP 請求的主機，可以從 ARP 請求封包中，得知提出 ARP 請求的主機所擁有的 MAC 位址與 IP 位址。此時，取得的 MAC 位址也會暫存成快取，再根據這個 MAC 位址，傳送 ARP 回應封包。因此，我們可以說，收到 IP 資料包的主機極有可能回傳 IP 資料包當作回應，利用 MAC 位址的快取，可以發揮減少封包的效果。

▼更換 NIC 時，或移動筆記型電腦、智慧型手機時。

從 ARP 中取得的 MAC 位址，雖然暫存成快取，但是經過一段時間之後，仍會被丟棄。這是為了當 MAC 位址與 IP 位址的對應關係改變▼時，仍能正確傳送封包。

圖 5-7
ARP 的封包格式

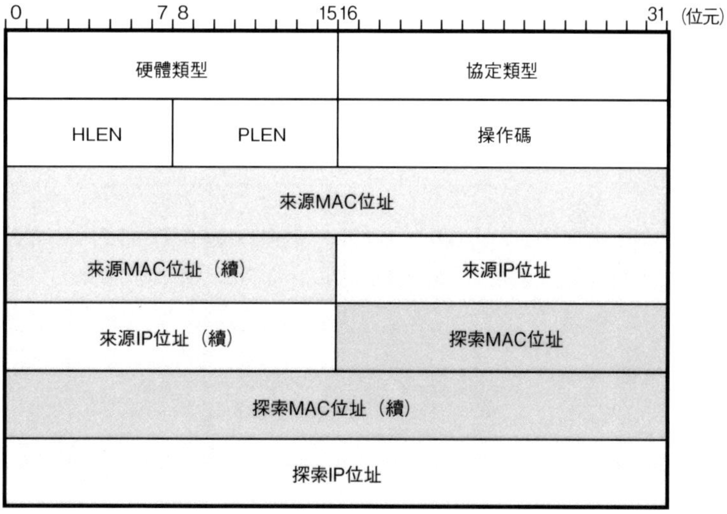

硬體類型	協定類型
HLEN	PLEN	操作碼

來源MAC位址

來源MAC位址（續）	來源IP位址

來源IP位址（續）	探索MAC位址

探索MAC位址（續）

探索IP位址

HLEN：MAC位址的長度＝6（位元組）
PLEN：IP位址的長度＝4（位元組）

� 5.3.3 IP 位址與 MAC 位址兩者都要？

應該有些讀者會產生疑問。

「只要找出資料連結的目標 MAC 位址，就知道要傳給主機 B，為什麼還需要 IP 位址？」

的確，乍看之下好像多此一舉。而且

「只要取得 IP 位址，就知道傳送目標，即使不傳送 ARP，只要在資料連結上進行廣播，也能將封包傳送給主機 B 吧？」

可能有些讀者心中也有這種疑惑。為什麼同時需要 MAC 位址與 IP 位址呢？

其實只要思考要對其他連結的主機傳送封包，就會豁然開朗。如圖 5-8 所示，主機 A 想要將 IP 資料包傳給主機 B 時，必須經過路由器 C。即使知道主機 B 的 MAC 位址，卻因為路由器 C 使網路分隔開來，而無法直接傳送。因此，要先傳送封包給路由器 C 的 MAC 位址 C1。

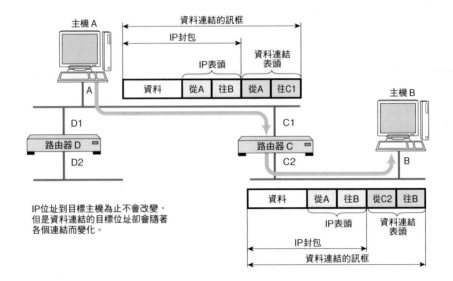

圖 5-8
MAC 位址與 IP 位址
的功用不同

假設把 MAC 位址當作廣播位址，這樣連路由器 D 也會收到封包。路由器 D 收到的封包，也會轉發給路由器 C，使得封包增加成 2 個以上▼。

▼為了避免發生這種問題，路由器必須轉發將 MAC 位址變成廣播位址的 IP 資料包。

在乙太網路上傳送 IP 封包時，需要的資料是「接下來要經由哪個路由器來傳送封包？」，然後利用 MAC 位址抵達「下一個路由器」。

思考這些事情之後，我想你應該瞭解為什麼需要 IP 位址與 MAC 位址了吧！所以我們要利用 ARP 協定連接兩個位址進行通訊▼。

▼為了避免這種兩階段的結構造成通訊效能降低，所以 ARP 具備前面說明過，將 IP 位址與 MAC 位址的對應關係，暫存成快取的功能。有了快取功能，就不需要在每次傳送 IP 封包時，都要傳送 ARP，因而能避免效能降低。

請再試著思考，不使用 IP 位址，只用 MAC 位址連接全球網路上主機的情況。只有 MAC 位址，無法得知各個主機位於哪裡▼，所以利用 MAC 位址連接全世界時，橋接器在學習之前必須先向全世界傳送封包。試想，在自己的網路上，流動著全世界的封包，會發生什麼事呢？這麼龐大的封包數量，一定會將網路頻寬塞爆。當橋接器必須學習所有無法整合的全球 MAC 位址，處理的資料量十分龐大時，將導致網路無法正常運作▼。

▼在 IP 位址中，網路部分能當作位置資料，定位網路上的位置，並整合位址。

▼相對來說，IP 位址的路由表也會變得很龐大。

▼ 5.3.4 RARP
（Reverse Address Resolution Protocol）

RARP 與 ARP 相反，想從 MAC 位址取得 IP 位址時，就會使用 RARP。

平常我們可以使用個人電腦，用鍵盤輸入 IP 位址進行設定，也能使用 DHCP▼自動設定 IP 位址。此外，超級電腦的管理者可以使用鍵盤輸入 IP 位址。可是，嵌入式設備可能沒有輸入 IP 位址的介面，或無法利用 DHCP 設定動態 IP 位址▼。

此時，就會使用 RARP。使用 RARP 時，必須準備 RARP 伺服器。在 RARP 伺服器中，設定設備的 MAC 位址及 IP 位址▼。之後，連接網際網路，當啟動該設備時，該設備就會傳送請求

> 「我的 MAC 位址是○○，請告訴我 IP 位址。」

針對該請求，RARP 伺服器會傳送以下訊息。

> 「MAC 位址是○○的設備，請使用 IP 位址△△。」

該設備會按照這個訊息來設定 IP 位址。

▼ 5.3.5 Gratuitous ARP（GARP）

gratuitous 的意思是「沒有理由」或「免費」，GARP 是「想知道與我的 IP 位址對應的 MAC 位址」的 ARP 封包。換句話說，就是把自己的 IP 位址當作目標 IP 位址，傳送 ARP 請求封包

> 「請告訴我使用這個 IP 位址的設備，它的 MAC 位址。」

照理來說，自己應該清楚自己的 MAC 位址，為什麼需要傳送這種封包？

這是為了確認是否有重複的 IP。即使對自己的 IP 位址傳送 ARP 請求封包，也應該沒有回應。倘若收到回應，代表這個 IP 位址已經被使用了。透過這種方法可以偵測 IP 位址是否重複。

此外，還可以更新中途交換集線器等 MAC 位址學習表▼。當自己的 IP 位址與 MAC 位址的對應關係出現變化時，就會用到▼。

▼ 關 於 DHCP（Dynamic Host Configuration Protocol），請參考 5.5 節。DHCP 可以像 RARP 一樣，分配固定的 IP 位址。

▼個人電腦連接嵌入式設備時，必須設定 IP 位址，但是使用 DHCP 設定動態 IP 位址時，可能不曉得該嵌入式設備的 IP 位址。

▼ 可以使用 RARP 是因為 MAC 位址是設備原有的值。

▼請參考 1.9.4 節。

▼ 可以使用 ARP 回應封包或 ARP 請求封包。

▌ **5.3.6** 代理 ARP（Proxy ARP）

通常在同一區段（子遮罩）內傳送 IP 封包時，會使用 ARP 封包。相對來說，不使用路由表，想把 IP 封包傳到其他區段時，會使用代理 ARP（Proxy ARP）。代理 ARP 會針對不同區段（子遮罩）傳送 ARP 請求封包，路由器會回傳自己的 MAC 位址。結果 IP 封包會傳送給路由器，路由器在取得 IP 封包後，再轉發給含原本 IP 位址的節點。如此一來，兩個以上分開的區段，可以像在是同一個區段般進行通訊。

現在的 TCP/IP 網路以路由器連接多個區段時，會在各個區段定義子網路，利用路由表進行路由控制。可是，如果有無法定義子網路遮罩的舊設備，或重複使用多個子網路的 VPN 環境，有時會使用代理 ARP。

5.4 ICMP（Internet Control Message Protocol）

▌ **5.4.1** 輔助 IP 的 ICMP

建構 IP 網路時，最重要的是，確認網路是否正常運作。發生異常時，進行疑難排解（故障對策）。

▼網路設定包括連接線路，設定 IP 位址及子網路遮罩，設定路由表，設定 DNS 伺服器，設定電子郵件伺服器及代理伺服器等，種類非常多，ICMP 只負責其中與 IP 有關的部分。

例如，建構網路時，需要有確認設定是否正確的方法▼。另外，網路無法正確運作時，需要有辦法找出問題。若要減輕管理者的負擔，就得具備這些功能。

ICMP 就是能符合這些要求的協定。

ICMP 具備確認 IP 封包是否送達目標主機、通知為什麼丟棄 IP 封包，還有調整不完善設定等功能。有了這些功能，就可以瞭解網路是否正常、有沒有設定錯誤或設備異常，輕而易舉進行疑難排解▼。

▼但是，ICMP 在盡最大努力型的 IP 上運作，所以無法保證品質，而且在以安全性為優先的環境下，無法使用 ICMP 的情況也隨之增加，所以如果過於依賴 ICMP，可能會有問題。

在 IP 通訊過程中，當 IP 封包因為某個問題而無法送達時，ICMP 會通知故障原因。圖 5-9 是從主機 A 傳送封包給主機 B，卻因為出現問題，使得路由器 2 無法找到主機 B 的範例。此時，路由器 2 會利用 ICMP 通知主機 A，封包沒有傳送到主機 B。

▼ ICMP 的封包格式和 TCP 及 UDP 一樣，都是利用 IP 來傳送。可是，ICMP 負責的不是在傳輸層，而是網路層的功能，所以必須當作是 IP 的一部分來考量。

ICMP 通知是使用 IP 來傳送▼。因此，路由器 2 傳回的 ICMP 封包會由路由器 1 進行和平常一樣的路由控制，轉發給主機 A。收到封包的主機 A，分析 ICMP 的表頭及資料部分，就能瞭解發生了什麼問題。

ICMP 大致可以分類成兩種，包括通知問題的錯誤訊息，還有進行診斷的查詢訊息（表 5-2）。

圖 5-9
ICMP 無法送達的訊息

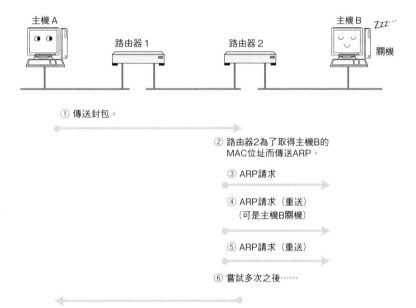

主機 A　　路由器 1　　路由器 2　　主機 B Zzz… 關機

① 傳送封包。

② 路由器2為了取得主機B的 MAC位址而傳送ARP。

③ ARP請求

④ ARP請求（重送）（可是主機B關機）

⑤ ARP請求（重送）

⑥ 嘗試多次之後……

⑦ 因為無法送達主機B，而回傳ICMP Destination Unreachable給主機A。

表 5-2
ICMP 的訊息類型

類型（十進位）	內容
0	回應訊息（Echo Reply）
3	無法送達（Destination Unreachable）
5	重新導向（Redirect）
8	請求訊息（Echo Request）
9	路由器公告（Router Advertisement）
10	路由器請求（Router Solicitation）
11	超時（Time Exceeded）
12	參數異常（Parameter Problem）
13	時戳請求（Timestamp Request）
14	時戳回應（Timestamp Reply）
42	擴充回應請求（Extended Echo Request）
43	擴充回應回覆（Extended Echo Reply）

▼ **5.4.2　主要的 ICMP 訊息**

■ ICMP 無法送達的訊息（類型 3）

IP 路由器無法將 IP 資料包傳送到目標位址時，會對傳送端主機回傳 ICMP 無法送達訊息（ICMP Destination Unreachable Message）。在這個訊息中，將會顯示無法傳送的理由（表 5-3）。

實際進行通訊時，經常發生的錯誤是代碼 0「Network Unreachable」與代碼 1 的「Host Unreachable」。「Network Unreachable」的意思是，沒有該 IP 位址的路由資料，而「Host Unreachable」是指該電腦沒有連接網路▼。另外，代碼 4「Fragmentation Needed and Don't Fragment was Set」是用於 4.5.3 節說明過的路徑 MTU 探索。利用 ICMP 無法送達訊息，傳送端主機就能知道資料無法送達目的地的原因。

▼自從廢除層級之後，單憑 ICMP 訊息取得的路由控制資料不夠完整，因而無法完全定位。

表 5-3
ICMP 無法送達訊息

編號	ICMP 無法送達訊息
0	網路不可達（Network Unreachable）
1	主機不可達（Host Unreachable）
2	協定不可達（Protocol Unreachable）
3	連接埠不可達（Port Unreachable）
4	必須執行分割處理，卻設定了禁止分割的旗標（Fragmentation Needed and Don't Fragment was Set）
5	來源路由失敗（Source Route Failed）
6	未知的目標網路（Destination Network Unknown）
7	未知的目標主機（Destination Host Unknown）
8	隔離來源主機（Source Host Isolated）
9	禁止與目標網路通訊（Communication with Destination Network is Administratively Prohibited）
10	禁止與目標主機通訊（Communication with Destination Host is Administratively Prohibited）

■ ICMP 重新導向訊息（類型 5）

路由器偵測出傳送端主機使用了非最適合路由時，會對該主機傳送 ICMP 重新導向訊息（ICMP Redirect Message）。在這個訊息中，包含了最佳路由資料與原本的資料包。當路由器擁有更適合的路由資料時，會採取這個動作，透過這個訊息，告訴傳送端主機更好的路由。

請見圖 5-10。檢視主機 A 的路由表會發現沒有路由器 2 之後往任何網路的路由資料。因此向主機 C 傳送封包時，會也傳送給預設的路由器 1。路由器 1 將按照路由表轉發給路由器 2，此時相同封包再次通過相同路徑，造成了浪費。因此路由器 1 向主機 A 傳送 ICMP 重新導向訊息，更新主機 A 的路由表。這樣之後通訊時，主機 A 會把要給主機 C 的封包傳送給路由器 2，減少資源浪費。

圖 5-10
ICMP 重新導向訊息

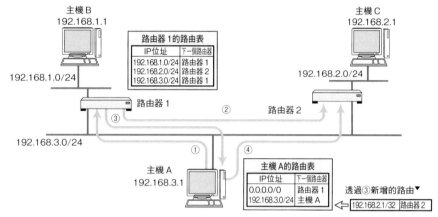

①主機A想要與主機C通訊時，主機A的路由表中沒有192.168.2.0/24的資料，所以透過預設路由的路由器1傳送封包。

②路由器1知道192.168.2.0/24的子網路位於路由器2之後，而將封包轉發給路由器2。

③路由器1認為要傳送給192.168.2.1的封包，直接傳給路由器2的效率比較好，所以傳送 ICMP重新導向訊息給主機A。

④主機A將該筆資料新增到路由表中▼，從下次要傳送的封包開始，傳送到路由器2。

▼在 ICMP 重新導向訊息中，無法傳送網路部分的長度（子網路遮罩），所以增加的路徑會以 /32 的主機路由來加入。

▼根據「自動新增的資料在一定時間後刪除」的想法，由 ICMP 重新導向訊息新增的路由資料，經過一段時間之後，會自動刪除。

▼例如，非傳送端主機，而是途中路由器的路由表出現問題，ICMP 功能就無法正常執行。

▼該 IP 封包在路由器停留 1 秒以上，就減去停留的秒數，但是幾乎所有的設備都不會執行這種處理。

▼重組分割後的封包卻超時，會傳送錯誤碼 1。

但是，重新導向訊息也可能引發問題，所以有時會停用 ICMP 重新導向訊息▼。

ICMP 超時訊息（類型 11）

IP 封包中，包含存活時間（TTL，Time To Live）的欄位。這個值會隨著封包通過一個路由器而遞減 1▼，變成 0 之後，就會丟棄 IP 封包。此時，IP 路由器會回傳 ICMP 超時訊息（ICMP Time Exceeded Message）的錯誤碼 0▼給傳送端主機，通知封包已經被丟棄。

設定 IP 封包的存活時間是為了避免在路由控制發生問題，當路徑形成迴圈時，封包永久在網路中轉發，造成網路癱瘓的狀態。此外，如果想要限制封包的到達範圍，可以採取事先將 TTL 設定成較小的數值，再傳送封包的方法。

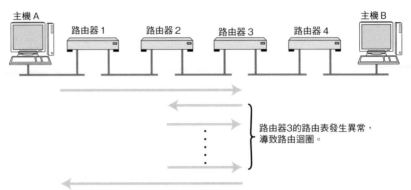

圖 5-11
ICMP 超時訊息

路由器3的路由表發生異常，
導致路由迴圈。

TTL變成0，因而回傳ICMP Time Exceeded。

▼這是在 UNIX、macOS 的
情況。如果是 Windows，
要輸入 tracert 指令。

▼ ping（Packet
nterNetwork Groper）

這是查詢是否能抵達目標
主機的指令。Windows 或
UNIX 若要使用 ping 指令，
是在命令提示字元或終端機
輸入「ping 主機名稱」或
「ping IP 位址」。

■ 方便的 traceroute

traceroute▼這個應用程式可以有效運用 ICMP 超時訊息，能從執行程式的主機開始到特定目標主機為止，顯示通過了哪些路由器。架構是，IP 的存活時間從 1 開始遞增，並且傳送 UDP 封包，強制傳送 ICMP 超時訊息。這樣可以知道通過的每個路由器 IP 位址。當網路發生異常時，這個程式更能發揮效果。在 UNIX 環境中，輸入「traceroute 目標主機位址」，就可以執行。

從以下網址可以下載 traceroute 的原始碼。

```
http://ee.lbl.gov/
```

■ ICMP 回應訊息（類型 0、8）

想要通訊的主機或路由器，希望確認 IP 封包是否送達時，就會使用這種訊息。向對象主機傳送 ICMP 回應請求訊息（ICMP Echo Request Message，類型 8），若對象主機回傳 ICMP 回應回覆訊息（ICMP Echo Reply Message，類型 0），代表可以抵達。ping 指令▼就是使用這種訊息。

圖 5-12
ICMP 回應訊息

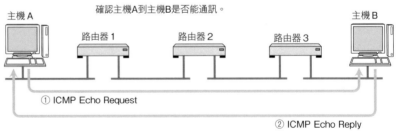

確認主機A到主機B是否能通訊。

主機 A　路由器 1　路由器 2　路由器 3　主機 B

① ICMP Echo Request

② ICMP Echo Reply

只要回傳Reply就可以。

▓ ICMP 路由探索訊息（類型 9、10）

想查詢自己與網路上的哪個路由器連接時，可以使用這種訊息。主機傳送 ICMP 路由器請求訊息（Router Solicitation，類型 10），路由器會回傳 ICMP 路由器公告訊息（Router Advertisement，類型 9）

▓ ICMP 擴充回聲訊息（類型 42、43）

▼ RFC8335

為了發揮比 ping 運用的 ICMP 回應訊息（類型 0、8）更方便的功能，而定義了 ICMP 擴充回應訊息（類型 42、43）▼。

ICMP 回應訊息是利用封包的傳送端節點與接收端節點（網路介面）進行雙向通訊檢查。相對來說，ICMP 擴充回應訊息可以做到以下兩點。

1. 確認接收封包的節點另一個介面的狀態
2. 確認接收封包的節點是否能與其他節點通訊

第 1 點可以有效管理連接多個網路介面的設備。還能確認另一個指定介面能用 IPv4 或 IPv6 進行通訊。

第 2 點能從該設備的 ARP 表（請參考 5.3.2 節）及快取（5.4.3 節）的狀態，得知是否能與指定的其他節點通訊。

▼如果可以隨意使用，就會產生安全性問題，所以會對傳送端的 IP 位址進行限制。

這些機制可以有效管理網路，因為原本得登入該設備，並輸入管理指令才能得知的資料，不用登入就可以知道▼。

▶ **5.4.3** ICMPv6

▓ ICMPv6 的功用

IPv4 的 ICMP 只負責協助 IPv4，即使沒有 ICMP，仍可以利用 IP 來進行通訊。可是，在 IPv6 中，ICMP 的作用就變得非常重要，假如沒有 ICMPv6，將無法透過 IPv6 來進行通訊。

▼ ICMPv6 沒有通知 DNS 伺服器的功能，實際上必須搭配 DHCPv6 一起使用。

尤其是，IPv6 把從 IP 位址查詢 MAC 位址的協定，從 ARP 改成了 ICMP 的芳鄰探索訊息（Neighbor Discovery）。這個芳鄰探索訊息結合 IPv4 的 ARP、ICMP 重新導向、ICMP 路由器選擇消息等功能，甚至還能自動設定 IP 位址▼。

ICMPv6 將 ICMP 分成兩大類，包括錯誤訊息與資料訊息。類型 0 ～ 127 是錯誤訊息，類型 128 ～ 255 是資料訊息。

表 5-4
ICMPv6 錯誤訊息

類型（十進位）	內容
1	終點不可達（Destination Unreachable）
2	封包過大（Packet Too Big）
3	超時（Time Exceeded）
4	參數問題（Parameter Problem）

0 ～ 127 的錯誤訊息是當 IP 封包無法到達目標主機時，由發生錯誤的主機或路由器來傳送。另外，類型 133 ～ 137 稱作芳鄰探索訊息，與其他的訊息不同。

表 5-5
ICMPv6 資料訊息

類型 （十進位）	內容
128	回應請求訊息（Echo Request）
129	回應回覆訊息（Echo Reply）
130	群播監聽查詢（Multicast Listener Query）
131	群播監聽報告（Multicast Listener Report）
132	群播監聽結束（Multicast Listener Done）
133	路由器請求訊息（Router Solicitation）
134	路由器公告訊息（Router Advertisement）
135	芳鄰請求訊息（Neighbor Solicitation）
136	芳鄰公告訊息（Neighbor Advertisement）
137	重新導向訊息（Redirect Message）
138	路由器重新編號（Router Renumbering）
141	反向芳鄰探索請求訊息（Inverse Neighbor Discovery Solicitation）
142	反向芳鄰探索回應訊息（Inverse Neighbor Discovery Advertisement）
143	版本 2 群播監聽報告（Version 2 Multicast Listener Report）
144	本地代理器探索請求訊息 （Home Agent Address Discovery Request Message）
145	本地代理器探索回應訊息 （Home Agent Address Discovery Reply Message）
146	行動前綴請求（Mobile Prefix Solicitation）
147	行動前綴公告（Mobile Prefix Advertisement）
148	認證路徑請求訊息（Certification Path Solicitation Message）
149	認證路徑公告訊息（Certification Path Advertisement Message）
151	群播路由公告（Multicast Router Advertisement）
152	群播路由請求（Multicast Router Solicitation）
153	群播路由終止（Multicast Router Termination）
154	FMIPv6 訊息（FMIPv6 Messages）
155	RPL 控制訊息（RPL Control Message）
157	重複位址請求（Duplicate Address Request）
158	重複位址偵測（Duplicate Address Confirmation）
159	MPL 控制訊息（MPL Control Message）

表 5-5
ICMPv6 資料訊息

類型 （十進位）	內容
160	擴充回應請求（Extended Echo Request）
161	擴充回應回覆（Extended Echo Reply

▼ 如果要查詢 IPv4 位址與 MAC 位址的對應關係，是使用 ARP。在 ARP 暫存 MAC 位址的區域稱作「ARP 表」，而在芳鄰探索則稱作「芳鄰快取」。

▼ IPv4 使用的 ARP 是利用群播來傳送，所以不支援 ARP 的節點也會收到封包，造成資源浪費。

■ 芳鄰探索

在 ICMPv6 中，類型 133 ～ 137 的訊息稱作芳鄰探索訊息。芳鄰探索訊息在 IPv6 的通訊中，擔任著非常重要的工作。查詢 IPv6 位址與 MAC 位址的對應關係時，以芳鄰請求訊息查詢 MAC 位址，用芳鄰回應訊息告知 MAC 位址▼。芳鄰請求訊息是使用 IPv6 的群播位址▼來傳送。

圖 5-13
IPv6 的 MAC 位址查詢

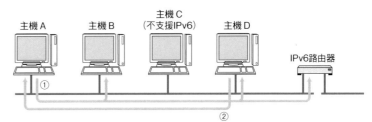

① 以主機 D 為對象，利用群播傳送芳鄰請求訊息，查詢主機 D 的 MAC 位址。

② 主機 D 利用芳鄰回應訊息通知主機 A 自己的 MAC 位址。

此外，在 IPv6 中，提供了隨插即用的功能，所以在沒有 DHCP 伺服器的環境下，也可以自動設定 IP 位址。在沒有路由器的網路中，使用 MAC 位址，建立連結本地單播位址（4.6.6 節）。若有路由器的網路環境，將從路由器取得 IPv6 位址的前面位元資料，在後面位元中設定 MAC 位址。這是利用路由器請求訊息與路由器回應訊息來進行。

圖 5-14
自動設定 IP 位址

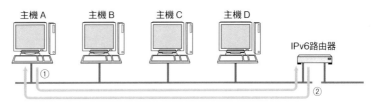

① 利用路由器請求訊息查詢 IP 位址的前面位元。

② 利用路由器回應訊息告知 IP 位址的前面位元。

5.5 DHCP（Dynamic Host Configuration Protocol）

▊ 5.5.1　DHCP 可以隨插即用

要幫每台主機設定 IP 位址，是非常麻煩的工作。尤其是筆記型電腦、智慧型手機、平板電腦等隨身攜帶、不會在固定的場所使用的設備，更令人困擾，每次移動時，都得重新設定 IP 位址。

為了自動設定麻煩的 IP 位址並且統一管理，因而提出 DHCP 協定（Dynamic Host Configuration Protocol）。利用 DHCP，只要以網路連接電腦，就能透過 TCP/IP 進行通訊。換句話說，DHCP 可以達到隨插即用▼的效果。不僅 IPv4，連 IPv6 也可以使用 DHCP。

▼隨插即用
（Plug and Play）
只要以物理性方式連接設備，不用特別的設定，就可以使用該設備。

圖 5-15
DHCP

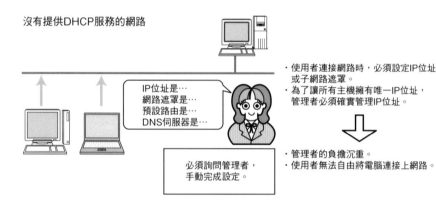

沒有提供DHCP服務的網路

IP位址是…
網路遮罩是…
預設路由是…
DNS伺服器是…

必須詢問管理者，手動完成設定。

・使用者連接網路時，必須設定IP位址或子網路遮罩。
・為了讓所有主機擁有唯一IP位址，管理者必須確實管理IP位址。

・管理者的負擔沉重。
・使用者無法自由將電腦連接上網路。

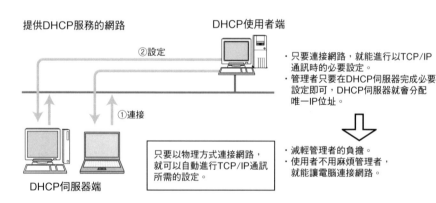

提供DHCP服務的網路　　　　DHCP使用者端

②設定

①連接

只要以物理方式連接網路，就可以自動進行TCP/IP通訊所需的設定。

DHCP伺服器端

・只要連接網路，就能進行以TCP/IP通訊時的必要設定。
・管理者只要在DHCP伺服器完成必要設定即可，DHCP伺服器就會分配唯一IP位址。

・減輕管理者的負擔。
・使用者不用麻煩管理者，就能讓電腦連接網路。

▼ **5.5.2** DHCP 的結構

▼通常該區段的路由器會變成 DHCP 伺服器。

▼傳送 DHCP 發現封包、DHCP 請求封包時，並未確定 DHCP 使用者端的 IP 位址。因此，DHCP 發現封包的目標位址會使用廣播位址 255.255.255.255，傳送端位址以代表「不曉得」的 0.0.0.0 來傳送。

圖 5-16
DHCP 的結構

▼ DHCP 分配 IP 位址的方法有兩種，包括由 DHCP 伺服器從特定 IP 位址中自動挑選，以及依照 MAC 位址分配固定的 IP 位址，還可以兩種併用。

若要使用 DHCP，就得先架設 DHCP 伺服器▼，然後將 DHCP 分配的 IP 位址設定在 DHCP 伺服器上。此外，再依照需求，設定子網路遮罩、路由控制資料、DNS 伺服器的位址等。

以下將簡單說明利用 DHCP 取得 IP 位址的流程，大致可以分成兩個階段，如圖 5-16 所示▼。

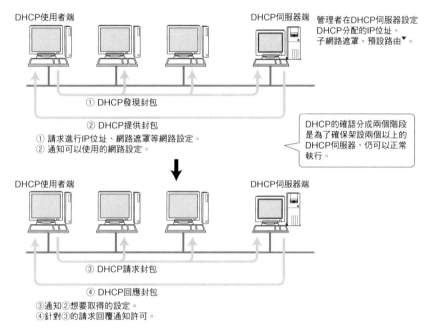

這樣就完成 DHCP 的網路設定，可以利用 TCP/IP 進行通訊。
不需要 IP 位址時，會傳送 DHCP 解除封包。
此外，在 DHCP 的設定中，通常會設定限制時間。因此，DHCP 的使用者必須在超過限制時間之前，傳送 DHCP 請求封包，通知想延長時間。

使用 DHCP 時，一旦 DHCP 伺服器發生問題就很麻煩。因為無法分配 IP 位址，使得該區段內的主機全都無法通訊。為了防範這種問題，建議架設多台 DHCP 伺服器。可是架設多台 DHCP 伺服器後，每台 DHCP 伺服器內記錄的 IP 位址分配資料不相同，可能發生其中一台 DHCP 伺服器分配的 IP 位址，別台 DHCP 伺服器重複分配的問題▼。

▼為了避免這種問題，有時會將各 DHCP 伺服器可分配的位址分開，避免重複。

為了查詢可分配的 IP 位址或已經分配的 IP 位址是否被用掉，DHCP 伺服器或 DHCP 使用者必須具備以下功能。

- DHCP 伺服器

  分配 IP 位址之前，傳送 ICMP 請求封包，確認沒有回應。

- DHCP 使用者端

  針對 DHCP 伺服器分配的 IP 位址，傳送 ARP 請求封包，確認沒有回應。

事先進行以上處理，在設定 IP 位址時，可能會花一些時間，卻能安全進行 IP 位址設定。

▌ **5.5.3** DHCP 中繼代理

一般家庭建構網路時，乙太網路（無線區域網路）的區段通常只有一個，連接的主機數量也不會太多，所以架設一台 DHCP 伺服器就夠用。這台 DHCP 伺服器一般是由連接網際網路的寬頻路由器來擔任。

相對來說，企業或學校等大型機構架設的網路，通常是由多個乙太網路（無線區域網路）的區段組成。在這種環境下，若每個區段都要架設 DHCP 伺服器，會非常麻煩。即使由路由器扮演 DHCP 伺服器的角色，如果有 100 台路由器，這 100 台路由器全都要設定分配的 IP 位址範圍，當架構調整時，就得更改分配範圍，在管理上與執行上都非常複雜▼。換句話說，DHCP 伺服器的設定若分散在各個路由器上，很難進行管理、運用。

▼ DHCP 伺服器分配的 IP 位址範圍必須隨著伺服器、印表機等固定 IP 的設備增減而調整。

於是，在這種環境中，我們會使用統一管理 DHCP 設定的方法，也就是使用 DHCP 中繼代理，如圖 5-17 所示。這種方法可以在一台 DHCP 伺服器上，管理、運用多個不同區段的 IP 位址分配工作。

▼ DHCP 中繼代理大部分都是由路由器來負責，但是也可以在主機安裝軟體來進行。

這種方法是架設 DHCP 中繼代理▼，取代在各個區段上架設 DHCP 伺服器。而且可以在 DHCP 伺服器中，記錄各個區段分配的 IP 位址範圍。

▼ DHCP 封包中，記錄著提出 DHCP 請求的主機 MAC 位址。中繼代理使用記錄在 DHCP 封包中的 MAC 位址，將封包回傳給 DHCP 使用者端。

DHCP 中繼代理在收到 DHCP 使用者端傳送的 DHCP 請求封包等廣播封包後，會變成單播封包，傳送給 DHCP 伺服器。DHCP 伺服器處理轉發過來的 DHCP 封包，再回傳回應訊息給 DHCP 中繼代理。DHCP 中繼代理把 DHCP 伺服器傳來的 DHCP 封包轉發給 DHCP 使用者端▼。這樣即使和 DHCP 伺服器不在同一個連結內，也能利用 DHCP 分配、管理 IP 位址。

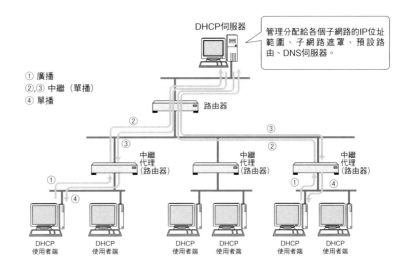

圖 5-17
DHCP 中繼代理

DHCP伺服器

管理分配給各個子網路的IP位址範圍、子網路遮罩、預設路由、DNS伺服器。

① 廣播
②,③ 中繼（單播）
④ 單播

路由器

中繼代理（路由器）　中繼代理（路由器）　中繼代理（路由器）

DHCP使用者端　DHCP使用者端　DHCP使用者端　DHCP使用者端　DHCP使用者端　DHCP使用者端

5.6　NAT（Network Address Translator）

5.6.1　何謂 NAT？

▼網路位址轉換。

NAT（Network Address Translator）▼是在本地網路使用私有 IP 位址，連接網際網路時，轉換成全球 IP 位址的技術。後來還開發出除了位址，還能附上 TCP 或 UDP 連接埠編號的 NAPT（Network Address PortsTranslator）▼，只要利用一個全球 IP 位址，就能與多台主機進行通訊▼，具體的結構如圖 5-18 及圖 5-19 所示。移動路由器及智慧型手機的網絡共享（Tethering）也屬於本節說明的 NAPT。

▼網路位址埠轉換。

▼ NAPT 也稱作 Multi NAT，現在提到 NAT，通常是指 NAPT。

NAT（NAPT）基本上是為了解決位址用罄的 IPv4 所衍生出來的技術。但是 IPv6 為了提高安全性，也使用了 NAT，因此 NAT 可以當成 IPv4 與 IPv6 之間彼此通訊用的技術（NAT-PT）▼。

▼請參考 5.6.3 節。

▌ **5.6.2** NAT 的結構

如圖 5-18 所示，假設 10.0.0.10 的主機要與 163.221.120.9 通訊。使用 NAT 時，利用途中的 NAT 路由器，將傳送端的 IP 位址（10.0.0.10）轉換成全球 IP 位址（202.244.174.37）再轉發。相對來說，收到 163.221.120.9 傳送過來的封包時，目標 IP 位址（202.244.174.37）將轉換成私有 IP 位址（10.0.0.10）後再轉發▼。

▼ TCP 或 UDP 是利用包含在 IP 表頭中的 IP 位址來計算檢查碼，一旦 IP 位址改變，就得更改 TCP 或 UDP 的表頭。

圖 5-18
NAT（Network Address Translator）

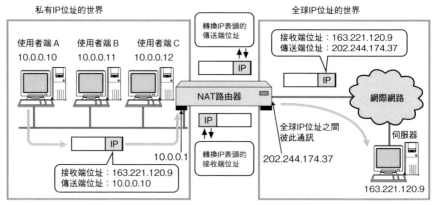

在區域網路中設定私有IP位址，與外部通訊時，轉換成全球IP位址。

圖 5-19
NAPT（Network Address Port Translator）

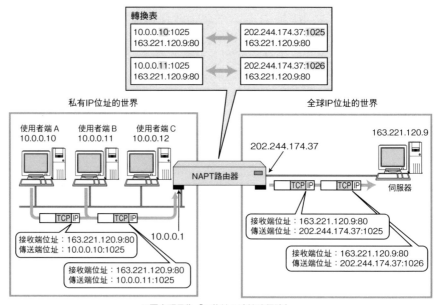

※圖中顯示為「IP位址：連接埠編號」。

▼可以固定建立。

在 NAT（NAPT）路由器內部，將會自動產生轉換位址用的表格▼。剛開始 10.0.0.10 向 163.221.120.9 傳送封包時，就會建立轉換表，再對照該表進行處理。

如果私有網路內的多台主機要進行通訊，純粹只轉換 IP 位址，可能會出現全球 IP 位址不夠用的情況。因此，如圖 5-19 所示，利用 NAPT 把連接埠編號包含在內，一併進行轉換處理，以消除這個疑慮。

詳細說明請參考第 6 章。使用 TCP 或 UDP 進行通訊時，接收端的 IP 位址、傳送端的 IP 位址、接收端的連接埠編號、傳送端的連接埠編號、顯示以 TCP 或 UDP 通訊的協定編號等，這 5 種數字必須一模一樣，才會被識別成是相同通訊，此時使用的就是 NAPT。

在 圖 5-19 中，163.221.120.9 的 主 機 連 接 埠 是 80 號，10.0.0.10 與 10.0.0.11 兩台主機的傳送端連接埠編號相同，都是以 1025 號連接，單純將 IP 位址轉換成全球 IP 位址，用來識別的數字全變成一樣，此時將 10.0.0.11 的傳送端連接埠編號 1025 改成 1026，就能識別。如圖 5-19 所示，由 NAPT 路由器產生轉換表，收送封包時，可以正確轉換，使用者 A、B 及伺服器之間，能同時進行通訊。

▼以 UDP 通訊時，各個應用程式的通訊開始與結束的動作不同，所以不容易建立轉換表。

NAT 路由器會自動更新轉換表。例如，以 TCP 通訊時，在建立 TCP 連線的 SYN 封包傳送後，產生轉換表，接著在收到確認回應的 FIN 封包後，就會從轉換表中刪除▼。此外，一般提到 NAT，就是指 NAPT，而不轉換連接埠，只轉換 IP 位址時，則稱作 Basic NAT。

▰ 5.6.3　NAT64/DNS64

現在大部分的網際網路服務都是透過 IPv4 來提供，如果 IPv6 無法使用 IPv4 提供的服務，那麼建置 IPv6 環境的效益就會降低。

NAT64/DNS64 就是為了解決這個問題，而提出的其中一種方法。如圖 5-20 所示，NAT64/DNS64 是整合 DNS 與 NAT，讓 IPv6 的環境能與 IPv4 的環境通訊。

▼ DNS64 會在以 64:ff9b:: 為開頭的 IPv6 位址嵌入 4 位元的 IPv4 位址。

首先 IPv6 主機會透過 DNS 進行查詢，而 DNS64 伺服器會回傳嵌入 IPv4 位址的 IP 位址▼。

▼這個部分會記錄在轉換表內，以正確處理回傳的封包。

用這個位址傳送 IPv6 封包時，NAT64 會辨識通訊對象的 IPv4 位址，加上 IPv6 表頭與 IPv4 表頭▼。如此一來，就算是只設定了 IPv6 的主機，也能與 IPv4 的環境通訊。

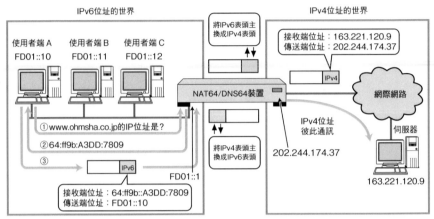

圖 5-20
NAT-PT

在 LAN 設定 IPv4 位址，與外部通訊時，轉換成 IPv4 位址。

▶ **5.6.4** CGN（Carrier Grade NAT）

▼ 又 稱 LSN（Large Scale NAT）。

▼具體而言，就是把全球 IPv4 位址逐一分配給客戶內部設置的裝置。這種裝置 稱 作 CPE（Customer Premises Equipment）。圖 5-21 的寬頻路由器（NAT）就是 CPE。

▼ 分 配 私 有 IPv4 位 址 給 CPE。

CGN▼是在 ISP 執行 NAT 的技術。如果沒有使用 CGN，ISP 至少得分配一個全球 IPv4 位址給每個客戶▼。但是隨著網際網路的爆炸性成長，使得 IPv4 位址不敷使用，現在已經無法做到這一點。

此時，出現了如圖 5-21 所示的 CGN。使用 CGN，ISP 不用分配全球 IPv4 位址給客戶，只要分配私有 IPv4 位址即可▼。客戶透過網際網路通訊時，會執行以下的轉換。

- 1. 各組織的 NAT

  各組織的私有 IP 位址　　⇔ ISP 分配給各組織的私有 IP 位址

- 2. ISP 的 CGN 裝置

  ISP 分配給各組織的　　　⇔ 全球 IP 位址
  私有 IP 位址

因此眾多客戶可以共用分配給 CGN 裝置的少數全球 IPv4 位址，能緩解 IPv4 位址即將用罄的問題。

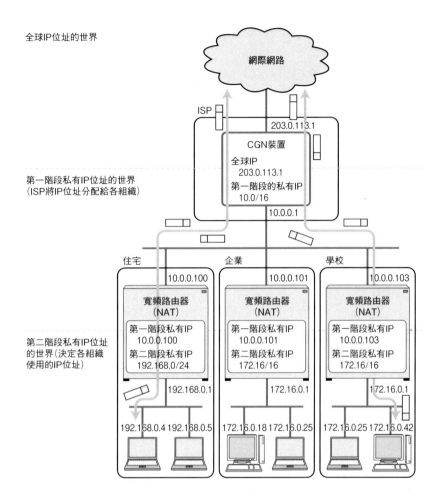

圖 5-21
CGN

但是使用 CGN 可能比一般 NAT 還麻煩，因為要分成兩階段來使用 NAT。

比方說，一邊更改特定客戶的目標 IP 位址或 TCP、UDP 的連接埠編號，一邊通訊時，會在 CGN 裝置建立大量的 NAT 轉換表。如此一來，CGN 裝置可以使用的連接埠編號會不夠用，可能導致其他客戶無法通訊▼。為了防範這種問題，管理者必須確認 CGN 裝置的資源分配狀況，調整每個客戶可通訊對象及連接埠編號的上限設定，提供公平的通訊環境。

▼即使非惡意，也可能發生中毒的情況。

▌ **5.6.5** NAT 的問題

由於在 NAT（NAPT）含有轉換表，因此會產生以下限制。

▼雖然可以設定成只讓指定的連接埠編號存取內部，卻只能設定和所有全球 IP 位址相同數量的台數。

- 無法從 NAT 的外側連接內側的伺服器▼。

- 產生轉換表及轉換處理都會耗費資源。

- 通訊過程中，NAT 因為動作異常而重新啟動時，所有的 TCP 連接都會重置。

- 即便準備 2 台 NAT 以便故障時切換，卻仍必須切斷 TCP 連接。

▌ **5.6.6** 解決 NAT 的問題與穿越 NAT

解決 NAT 問題的方法主要有兩種。

▼但是，如果其他設備都沒有使用 IPv6，就毫無意義了。

一種方法是使用 IPv6。使用 IPv6 時，可用的 IP 位址數量就會大增，公司、住宅內的所有設備都可以分配全球 IP 位址▼。解決了位址不夠用的問題之後，就不需要使用 NAT 了。可是，目前 IPv6 尚未普及。

▼可以使用 Microsoft 公司提供的 UPnP（Universal Plug and Play）。

另一個是以含有 NAT 的網路環境為前提來建立應用程式，即使有 NAT，使用者也不會意識到，可以正常通訊。在 NAT 內側（私有 IP 位址）的主機啟動應用程式時，會建立 NAT 的轉換表，向 NAT 外側（全球 IP 位址）傳送虛擬封包。NAT 不知道這個虛擬封包是什麼，所以讀取封包表頭，建立轉換表。此時，只要能建立適當格式的轉換表，NAT 外側的主機就能連接 NAT 內側的主機。這種方法能讓各個不同網路的 NAT 內側主機之間彼此通訊。另外，還有由應用程式與 NAT 路由器通訊，建立 NAT 表，再將 NAT 路由器上的全球 IP 位址，傳送給應用程式的方法▼。

▼因此延長了 IPv4 的壽命，同時也延緩了轉換成 IPv6 的進度。

這種有 NAT，也能讓 NAT 的外側與內側進行通訊的方式，稱作「NAT 穿越」。這樣就可以解決部分 NAT「外側無法連接內側伺服器」的問題。此種方法與現有的 IPv4 相容性極高，可以不用轉換成 IPv6。對於使用者而言，這是個非常棒的優點，所以與 NAT 相容性高的應用程式逐漸增加▼。

▼轉換成 IPv6 之後，系統變單純，對於系統開發者而言是一大優點，但是對於一般使用者而言，沒有特別的變化。假如要同時支援 IPv6 與 IPv4，系統會變得很複雜，對於系統開發、設計、運用者而言，可說是更加麻煩。

可是，NAT 友善的應用程式也有其他問題。由於結構變複雜，使得開發應用程式很花時間，無法在開發者沒有設想到的環境中執行，出現問題時，也很難找出原因▼。

5.7 / IP 隧道

假設有個網路環境如圖 5-22 所示，網路 A、B 使用了 IPv4，其中網路 C 只支援 IPv6，在這種狀況下，網路 A 與 B 無法利用 IPv4 進行通訊。此時，透過只支援 IPv6 的網路 C，網路 A 與 B 之間就能使用 IPv4 進行通訊。

圖 5-22
IPv6 網路被兩個 IPv4 網路包圍

請見圖 5-23，在 IP 網路隧道中，網路 A 或 B 傳送的整個 IPv4 封包會當作一個資料來處理，在前面加上 IPv6 表頭，就能通過網路 C。換句話說，像隧道般通過網路 C，就能讓網路 A 與 B 進行通訊。

一般在 IP 表頭中，會緊接著 TCP 或 UDP 等上層表頭。可是，現在「IPv4 表頭之後仍是 IPv4 表頭」或「IPv4 表頭的下一個是 IPv6 表頭」、「IPv6 表頭的下一個是 IPv4 表頭」的用法愈來愈多。這種在網路層的表頭後方，緊接著網路層（或下層）表頭的通訊方法，稱作「IP 隧道」。9.4.1 節說明的 VPN 也使用了隧道技術。

使用隧道時，MTU 會因為增加的表頭而變小。此時，只要利用 4.5 節說明的 IP 分割處理，就算是大型的 IP 封包，也能正確中繼。此時，會在隧道入口進行分割處理，於出口進行重構處理。若要避免分割處理，在形成隧道的網路可以利用巨大封包來擴大 MTU。

圖 5-23
在 IP 隧道傳送封包的過程

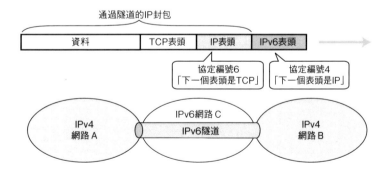

▼路由表會變成兩倍，IP 位址的管理也會變得很麻煩。由於必須導入支援兩種協定的設備，所以包含資安對策在內的管理運用成本將會大增。

▼隧道設定錯誤，可能造成讓封包變成無線迴圈等嚴重問題。設定時，一定要謹慎執行。

▼ 6to4
這是指以 IPv4 封包封裝 IPv6 封包的方式。在 IPv6 位址中，加入了 IPv4 網路入口的全球 6to4 路由器之 IPv4 位址。

▼ L2TP（Layer 2 Tunneling Protocol）
利用 IP 封包轉發資料連結 PPP 封包的技術。

要建構同時支援 IPv4、IPv6 等兩種協定的網路非常麻煩▼。此時，只要利用 IP 隧道，就能輕鬆管理。骨幹只轉發 IPv6 或 IPv4 封包，允許不支援 IPv6 或 IPv4 的路由器利用隧道讓資料通過。這樣只要管理單邊協定，不但能減輕管理負擔▼，也可以降低投資成本。

IP 隧道可以用於以下情況。

- Mobile IP

- 中繼群播封包

- 在 IPv4 網路傳送 IPv6 封包（6to4 ▼）

- 在 IPv6 網路傳送 IPv4 封包

- 以 IP 封包傳送資料連結訊框（L2TP ▼）

圖 5-24 是使用 IP 隧道轉發群播封包的範例。在大部分的網路環境中，路由器不支援群播封包的路由控制，所以群播封包無法穿越路由器來傳送。在這種環境下，使用隧道通過路由器的封包會變成一般的單播封包，而能達成向遠方連結傳送群播封包的目的。

圖 5-24
群播隧道

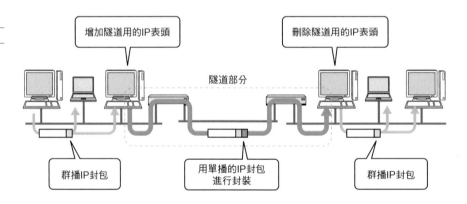

5.8　其他 IP 相關技術

5.8.1　VRRP
（Virtual Router Redundancy Protocol）

一般而言，使用者使用的智慧型手機或電腦是經由預設路由器（預設閘道），連接到公司內部的區域網路或網際網路。此時，一旦預設路由器故障，就會造成嚴重的問題。由公司內部的區域網路來看，即使預設路由

▼冗餘化

準備多個系統或線路，提高容錯能力。這些系統或線路分成運作型及備援型，平常使用運作型系統或線路，一旦發生故障時，就切換成備援型。使用冗餘這個名詞是因為除非發生問題，否則備援型的系統或線路是多餘的。

▼也可以使用第 7 章說明的路由協定。可是使用者使用的智慧型手機或電腦很少運用路由協定，通常是由 DHCP 等固定分配預設路由器。

▼準備多個備援路由器時，會先決定切換的優先順序再使用。

圖 5-25
VRRP 的運作

器以外的線路冗餘化▼，一旦該區段出口的路由器故障，就束手無策▼。除了故障之外，還可能因維護而必須關閉、重新啟動預設路由器。即使是暫時無法使用網路，也會感到困擾時，可以使用 VRRP。

如圖 5-25 所示，VRRP 是由多個路由器形成冗餘化來提高容錯率的結構。VRRP 把多個路由器整合成一個群組來使用，其中一個為主路由器，其餘為備援路由器▼。平時主路由器為預設路由器，一旦故障，就使用備援路由器進行通訊。

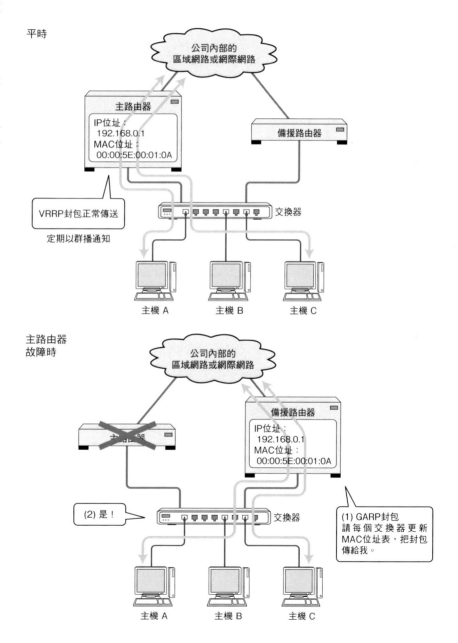

▼ IPv4 使用 224.0.0.18，
IPv6 使用 ff02::12。

▼ IPv4 是以 00:00:5E:00:01
為 開 頭，IPv6 是 以
00:00:5E:00:02 為開頭的 6
位元 MAC 位址。最後 1 位
元代表 VRRP ID，相同群組
使用的值是一樣的。在同
一區段建立不同 VRRP 群組
時，會設定成其他值。

▼ 如果沒有更新中途交換
集線器的 MAC 位址學習
表，就無法將封包傳送給備
援路由器。因此更改路由器
時，要使用 5.3.5 節說明的
GARP 來更新交換集線器的
MAC 位址學習表。

▼ Internet Group
Management Protocol

▼關於 ICMPv6 請參考 5.4.3
節。

▼ Multicast Listener
Discovery。ICMPv6 的類型
是 130、131、132。

▼單播用的路由協定請參考
第 7 章的說明。

平時主路由器會定期（預設值為 1 秒）以群播▼方式傳送 VRRP 封包。當備援路由器三次（預設值為 3 秒）沒有收到 VRRP 封包時，判斷主路由器發生故障，就會把一個備援路由器切換成預設路由器。

乙太網路是使用 MAC 位址轉發封包，所以當主路由器切換成備援路由器時，必須直接沿用 MAC 位址。如果要做到這一點，VRRP 不能使用在路由器 NIC 裡的 MAC 位址，而要使用 VRRP 專用的虛擬路由器 MAC 位址▼。路由器變動時，將沿用這個虛擬的 MAC 位址。此時，備援路由器會傳送 GARP 封包，把封包引導到自己這裡▼。

為了繼承預設路由器的 IP 位址與 MAC 位址，在每個路由器的 NIC 設定與預設路由器不同的 IP 位址，並在預設路由器設定虛擬 IP 位址。繼承虛擬 IP 位址與虛擬路由器的 MAC 位址，當發生故障時，可以在不改變預設路由器的情況下，切換成備援路由器。

▼ 5.8.2　IP 群播相關技術

群播主要是使用 UDP 來進行，無法使用 TCP。由於沒有連結，所以能對不特定的對象傳送封包。因此利用群播進行通訊時，確認接收者是否存在變得很重要。因為接收者不存在，卻對該網路持續傳送群播封包，會白白浪費流量。

IPv4 是使用 IGMP▼，而 IPv6 是利用 ICMPv6▼其中一個功能 MLD▼來通知接收者存不存在。其結構如圖 5-26 所示。

IGMP（MLD）主要有兩種功能。

1. 向路由器傳達想接收群播（通知想接收的群播位址）。

2. 通知交換集線器想接收的群播位址。

透過功能 1，路由器會知道有主機想要接收群播。知道這一點的路由器，會將這個訊息傳給其他路由器，以接收群播封包。群播封包的傳送路徑是使用 PIM-SM、PIM-DM、DVMRP、DOSPF 等群播用路由協定來決定▼。

▼一般交換集線器是學習傳送端的 MAC 位址，由於群播位址只有接收端才會使用，所以不用學習。

▼目標 MAC 位址變成群播位址，以圖 3-5（P94）為例，第 1 位元變成 1。

▼ IGMP（MLD）封包是由 IP（IPv6）封包來傳送，而非資料連結層的封包。執行 IGMP（MLD）Snooping 的交換集線器，不僅要分析資料連結層，也要分析網路層的 IP（IPv6）封包，還得分析 IGMP（MLD）封包。因為可以窺見超過自己功能的封包，因而使用 Snooping（偷偷探聽）這個名稱。

圖 5-26
利用 IGMP（MLD）
進行群播

第 2 個功能又稱作 IGMP（MLD）Snooping。一般交換集線器只會學習單播位址▼。群播不會過濾群播訊框▼，只會和廣播一樣，將訊框拷貝到全部的連接埠。可是這樣會造成網路的負擔變沉重，尤其使用群播方式播放高畫質影片時，問題更嚴重。

如果要解決這個問題，就要使用功能 2 的 IGMP（MLD）Snooping。支援 IGMP（MLD）Snooping 的交換集線器，可以過濾群播訊框，降低網路的負載。

IGMP（MLD）Snooping 可以窺見▼通過交換集線器的 IGMP（MLD）封包。從該 IGMP（MLD）封包的資料中，瞭解要對哪個連接埠傳送哪個位址的群播訊框，群播訊框不會傳送到沒有關係的連接埠。這樣可以進一步降低沒有進行群播通訊的連接埠負擔。

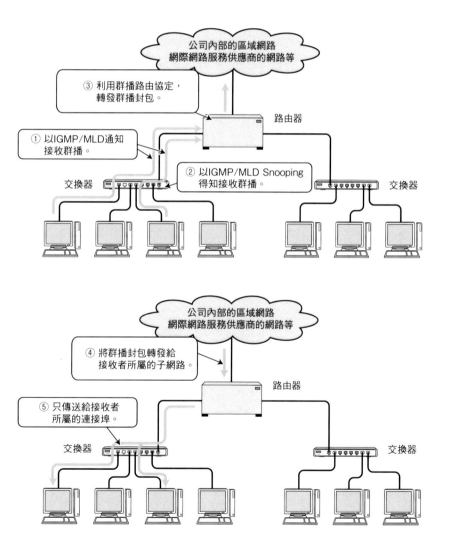

▼ 5.8.3　IP 任播

IP 任播提供的是像打電話給 110（警察）或 119（消防隊）的功能。當我們打電話到 110 或 119 時，接聽到的電話不只一個。發生事故或火警時，打電話給 110 或 119，會轉接到當地轄區的警察局或消防隊。由於縣市等各個地區都各自設置了 110 及 119 的電話，就整個國家來看，數量龐大。

將這種架構套用在網際網路上，就是 IP 任播。

IP 任播是在提供相同服務的伺服器中，設定同一個 IP 位址，就能與離自己最近的伺服器通訊▼，例如在台灣，就是與台灣的伺服器，在美國就是與美國的伺服器通訊。IPv4 與 IPv6 都可以使用。

在運用 IP 任播的服務之中，最有名的就是 DNS 的根域名伺服器▼。DNS 的根域名伺服器因為過去的協定限制▼，所以 IP 位址的種類只有 13 種。如果以分散負載與疑難排解為考量，全世界只有 13 個根域名伺服器實在太少了。因此，使用 IP 任播，讓世界各國可以使用更多的 DNS 根域名伺服器。傳送請求封包給 DNS 根域名伺服器時，也會傳送 IP 封包給適合各個地區的伺服器，然後再由該伺服器回傳回應。

IP 任播非常方便，卻也有一些限制。例如，無法保證第 1 個封包與第 2 個封包會送達相同主機。假如以非連接導向式通訊的 UDP 交換 1 個封包，進行「請求」與「回應」時，就沒有問題，但是想使用連接導向式的 TCP 進行通訊，或以 UDP 運用一連串的封包通訊時，就必須做很多調整。收到 IP 任播的伺服器會以單播回傳回應。因此只有第一個封包使用任播，最後的通訊使用單播。

▼要選擇哪一台伺服器，將根據路由協定的種類與設定方法而定。關於路由協定的詳細說明，請參考第 7 章。

▼請參考 P190。

▼傳送 DNS 封包的 UDP 資料長度被限制在 512 位元組以內。

圖 5-27
IP 任播

▼ 8.8.8.8 是 Google 提供的公共 DNS 伺服器 IP 位址。

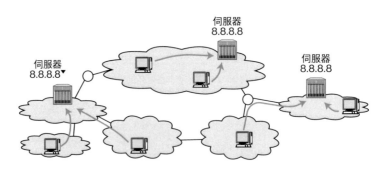

伺服器
8.8.8.8

伺服器
8.8.8.8▼

伺服器
8.8.8.8

IP 任播是在多台伺服器設定相同 IP 位址，
使用者端可以接受到最近伺服器提供的服務。

5.8.4　控制通訊品質

何謂通訊品質？

近年來，IP 協定的實用性受到認同，而被運用在各種不同通訊上。IP 協定原本是以「盡最大努力型（Best Effor）」的服務來設計、開發，並非「提供通訊品質保證的結構」。盡最大努力型的通訊，如果發生通訊線路壅塞的情況，通訊效能就會變得很差。就像高速公路，一旦有大量車輛想行駛在高速公路上，就會塞車，使得到達目的地的時間延後。盡最大努力型的網路也會發生類似的問題。

通訊線路壅塞，又稱作收斂。發生網路收斂時，路由器、集線器（交換集線器）的佇列（Buffer）▼增加，因而出現丟棄封包、造成通訊效能大幅降低的情況。當我們想瀏覽網頁時，即使點擊連結網址，也可能無法顯示畫面。進行聲音通訊或影像通訊時，會出現聲音中斷或影像中止的現象。

▼ queue，等待排隊。

近年來，由於影片、聲音等要求即時性的通訊服務普及，對於 IP 通訊的服務品質（QoS：Quality of Service）保證技術也受到前所未有的重視。

控制通訊品質的結構

提到控制品質的結構，就像是高速公路上設置的優先服務禮讓通道。針對想要保證通訊品質的封包，由路由器來特別處理，在可以保證的範圍內，優先傳送。

在通訊品質的項目中，包括頻寬、延遲、延遲抖動等內容。利用路由器內的佇列（緩衝區，Buffer），優先處理想要保證通訊品質的封包，在不得已的情況下，可能會丟棄優先順序較後面的封包，以維持通訊品質。

▼ RSVP
Resource Reservation
Protocol

針對控制通訊品質而提出的技術中，包括使用 RSVP▼、提供端對端詳細優先控制的 IntServ，以及提供相對概略優先控制的 DiffServ。

IntServ

▼綜合服務。

IntServ▼是針對特定應用之間的通訊，提供通訊品質控制的技術。特定應用是指，來源 IP 位址、目的地 IP 位址、傳送端連接埠編號、接收端連接埠編號、協定編號等五種內容完全一致▼。

▼傳送端連接埠編號、接收端連接埠編號會成為 TCP 或 UDP 的表頭資料。詳細說明請參考第 6 章。

IntServ 考慮的不是隨時進行通訊，而是只在必要時，進行必要的通訊。因此，IntServ 只在有需要時，對路徑上的路由器進行品質控制設定，這就稱作「流量設定」。可以達到流量控制的協定，就是 RSVP。在 RSVP 中，從接收封包的接收端向傳送端傳送控制封包，對於存在於兩者之間的各個路由器，進行控制品質的設定▼。根據這些設定，路由器會對傳送的封包進行不同處理。

▼具體來說，包括頻寬、延遲時間、延遲時間抖動（Jitter）、封包損失率等。

但是，RSVP 的結構很複雜，很難安裝、運用在大規模的網路中。此外，當流量設定超出網路資源時，將無法準備後續的資源，非常不方便。因而期望能開發出較有彈性的實用方法，使得 DiffServ 就此產生。

圖 5-28
RSVP 的流量設定

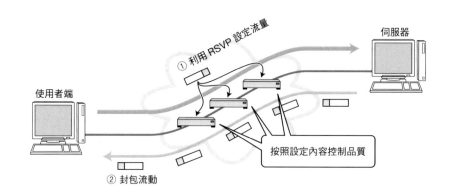

DiffServ

在 IntServ 中，可以依照應用的連線來詳細控制通訊品質。相對來說，DiffServ▼的目標是，在特定的網路內，大致控制通訊品質。例如，只在特定的網際網路服務供應商中，進行顧客排名，對封包進行優先控制。

▼區分服務。

DiffServ 的運用方式如圖 5-29 所示。利用 DiffServ 進行通訊品質控制的網路稱作 DiffServ 網域。在 DiffServ 網域的路由器，會把進入 DiffServ 網域的 IP 封包表頭中之 DSCP 欄位▼換掉。針對要進行優先控制的顧客封包設定優先值，對於優先順序較低的顧客封包，設定非優先值。DiffServ 網域內部的路由器會檢視 IP 表頭的 DSCP 欄位，優先處理優先順序較高的封包。當網路壅塞時，比較容易丟棄優先順序較低的封包▼。

▼ DSCP 欄位替換掉 IP 表頭的 TOS 欄位，詳細說明請參考 4.7 節。

▼例如用來進行讓 IP 電話的封包比 Web 封包優先的設定或處理。

在 IntServ 中，每次通訊時都得進行流量設定，路由器也要依照各個流量來控制品質，所以結構很複雜，無法發揮實用性。相對來說，DiffServ 是按照與供應商簽訂的合約，大致進行品質控制，因而成為處理容易且實用的結構。

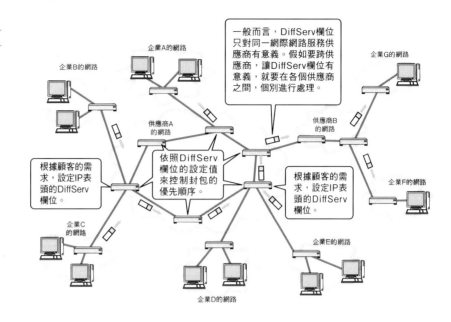

圖 5-29
DiffServ

5.8.5　明示網路壅塞通知

網路發生壅塞時，傳送資料封包的主機就必須減少傳送量。位於 IP 上層的 TCP，雖然可以控制網路壅塞，但是是否發生壅塞，要靠有沒有喪失封包來判斷▼。這種方法無法在封包喪失前，減少封包的傳送量。

為了解決這個問題，因而增加了使用 IP 封包明示網路壅塞通知的功能，這就是 ECN▼。具體的說明如圖 5-30 所示。

ECN 為了執行壅塞通知功能，而更換 IP 表頭的 TOS 欄位、定義 ECN 欄位，在 TCP 表頭的預約位元中，增加 CWR 旗標▼與 ECE 旗標▼。

通知網路壅塞時，必須將壅塞訊息傳送給負責傳送該封包的主機▼。雖然想通知網路壅塞，但是已經壅塞的網路，將無法再傳送新封包。此外，即使通知了網路壅塞，卻沒有使用控制壅塞的協定▼，也是毫無意義。

因此，ECN 會在封包的 IP 表頭中記錄路由器是否壅塞，利用回傳封包的 TCP 表頭通知是否發生壅塞。偵測是否壅塞，是由網路層來負責，而通知壅塞則是由傳輸層來處理，由這兩層共同合作，達到這個功能。

▼關於 TCP 的壅塞控制請參考第 6 章的說明。

▼ Explicit Congestion Notification。

▼ Congestion Window Reduced。

▼ ECN-Echo

▼ 早期的 ICMP 規格把 ICMP 來源抑制訊息定義成通知壅塞，減少傳送封包的功能。但是網路壅塞時，傳送封包反而會增加封包的數量，而且容易發生利用假的 ICMP 來源抑制訊息進行攻擊等問題，因此很少使用，之後可能會廢除。

▼如使用 UDP 的通路等。

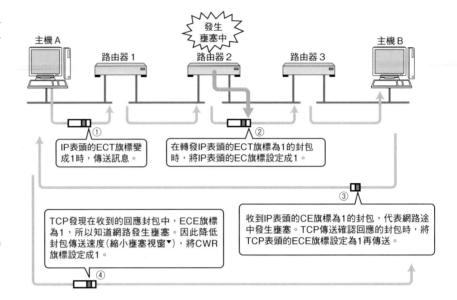

▼關於壅塞視窗的說明請參
考 6.4.9 節。

圖 **5-30**
通知壅塞

5.8.6　Mobile IP

■ 何謂 Mobile IP？

IP 位址是由「網路位址」與「主機位址」所構成。「網路位址」是用來表示整個網路上的子網路位置，當然在不同場所的值也會不一樣。

請想一下隨身攜帶智慧型手機、筆記型電腦等情況。在一般的用法中，每次連接不同子網路時，就得利用 DHCP 或手動分配不同 IP 位址。當 IP 位址改變後，會發生什麼事呢？

利用移動主機進行通訊時，連接的子網路改變後，將無法使用 TCP 繼續通訊。TCP 是連接導向式通訊，所以前提是，從開始通訊到結束，兩邊的 IP 位址都不會改變。

使用 UDP 也無法繼續通訊。但是，UDP 是非連接導向式通訊，所以開發可以支援 IP 位址變化的應用程式，或許可以解決這個問題▼。可是，要讓所有應用程式都能對應 IP 位址的變化也非常不容易。

▼ 6.5.1 節說明的 QUIC 可
以做到這一點。即使是 TCP
也會切斷 TCP 連接，但是
開發因應 IP 位址變化的應
用程式，重新建立 TCP 連
接並非完全不可能。

▼ Mobile IP
行動 IP。

此時，出現的就是 Mobile IP▼。Mobile IP 是當主機連接的子網路改變，IP 位址也不會變化的技術。透過 Mobile IP，不用更改目前使用中的應用程式，即使在 IP 位址改變的環境下，仍可以持續通訊。

■ IP 隧道與 Mobile IP

Mobile IP 的結構如圖 5-31 所示。

圖 5-31
Mobile IP

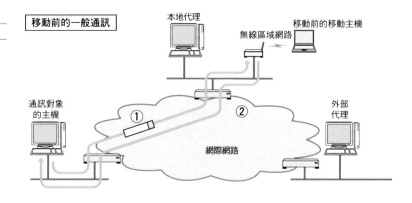

移動前的一般通訊

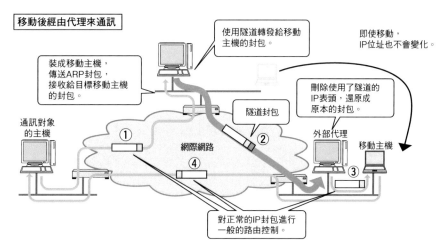

移動後經由代理來通訊

- 移動主機（MH：Mobile Host）

  即使移動，IP 位址也不會改變的主機。沒有移動時，連接的網路稱作本地網路（Home Network），此時使用的 IP 位址稱作本地位址（Home Address）。本地位址就像戶籍，即使移動也不會改變。移動之後，也會設定成該子網路的 IP 位址，這種位址稱作轉交位址（CoA，care-of address）。轉交位址就像居留證，會隨著每次移動而變化。

- 本地代理（HA：Home Agent）

  位於本地網路，監控移動主機在哪裡，負責向移動目的地轉發封包。就像登記戶籍的戶政事務所。

- 外部代理（FA：Foreign Agent）

  用來支援在移動目的地的移動主機，在所有移動主機可能連接的地方都需要。

如圖 5-31 所示，Mobile IP 的移動主機在移動前會進行一般通訊。移動之後，會向外部代理通知本地代理的位址，請它轉發封包。

從應用層檢視移動主機，就像是隨時都使用本地位址在進行通訊。可是，實際上 Mobile IP 是使用轉交地址來轉發封包。

■ Mobile IPv6

Mobile IP 有以下幾個問題：

- 在沒有外部代理的網路，移動後就無法通訊。

- IP 封包通過三角形路徑，效率很差。

- 為了提高安全性，有愈來愈多的機構採取以下設定。從機構內傳送到外部的封包，如果傳送端的 IP 位址並非機構內使用的 IP 位址，就會丟棄。從移動主機傳送到通訊對象的 IP 封包，其 IP 位址變成本地位址，與該機構的 IP 位址不一樣（圖 5-31 ④的 IP 封包），所以可能會被目的地的路由器丟棄▼。

因此，在 Mobile IPv6 中，定義了解決這個問題的規格：

- 外部代理的功能由安裝了 Mobile IPv6 的移動主機自行負責。

- 利用路由最佳化，可以不經由本地代理，直接通訊▼。

- 在 IPv6 表頭的來源 IP 位址中，加上轉交位址，避免防火牆丟棄封包▼。

為了使用這些功能，除了移動主機，連通訊對象的主機也必須支援 Mobile IPv6 的必備功能。

▼ 為了避免這種情形，Mobile IP 會採取在移動主機向通訊對象傳送 IP 封包時，也會經由本地代理的傳送方法。這稱作雙向隧道，但是通訊效率比三角形路徑更差。

▼ 使用 IPv6 擴充表頭的「Mobility Header（協定編號 135）」。

▼ 使用 IPv6 擴充表頭的「目標選項（協定編號 60）」中的本地位址選項。

第6章

TCP 與 UDP

本章將說明傳輸層的 TCP（Transmission Control Protocol）與 UDP（User Datagram Protocol）協定。

傳輸層位於 OSI 參考模型的正中央，是第 3 層以下、第 5 層以上提供服務時的中間人。IP 不具可靠性，而是由 TCP 提供，因此第 5 層以上的通訊處理可以放心交給下層。

7 應用層 （Application Layer）	〈應用層〉 TELNET, SSH, HTTP, SMTP, POP, SSL/TLS, FTP, MIME, HTML, SNMP, MIB, SIP, …
6 表現層 （Presentation Layer）	
5 交談層 （Session Layer）	
4 傳輸層 （Transport Layer）	〈傳輸層〉 TCP, UDP, UDP-Lite, SCTP, DCCP
3 網路層 （Network Layer）	〈網路層〉 ARP, IPv4, IPv6, ICMP, IPsec
2 資料連結層 （Data-Link Layer）	乙太網路、無線網路、PPP、… （雙絞線、無線、光纖、…）
1 實體層 （Physical Layer）	

6.1 傳輸層的功用

TCP/IP 有 TCP 與 UDP 這兩個代表性的傳輸協定。TCP 能提供可靠性通訊，而 UDP 適合用於由應用程式進行廣播通訊▼或嚴密控制。換句話說，要依照通訊特性來選擇傳輸協定。

◤ 6.1.1　何謂傳輸層？

如同第 4 章說明過，在 IP 表頭中，定義了協定欄位。在協定欄位中，用編號顯示了網路層（IP）的上層要按照哪個傳輸協定來傳送資料。從這個編號可以識別 IP 傳送的資料是屬於 TCP 還是 UDP。

同樣地，在傳輸層的 TCP 或 UDP 都定義了編號，用來識別自己傳送的資料該傳給哪個應用程式，這就是連接埠編號。

若以包裹來比喻，就像郵差（IP）依照收件地址（目標 IP 位址），將包裹（IP 資料包）寄送到目的地（電腦）。送到目的地之後，家裡的人（傳輸協定）檢視收件者名稱，判斷包裹是給誰的（應用程式）。

圖 6-1
電腦中有很多應用程式正在執行

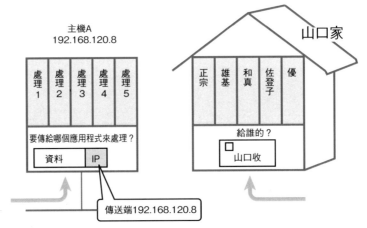

由於電腦內部正在執行多個程式，必須識別要傳給哪個程式。

請見圖 6-1，如果收到的包裹上，只有寫住址與姓氏時，該怎麼辦？這種包裹無法判斷要寄給家族中的誰。若將沒有寫上名字的包裹寄到公司或學校，將會更麻煩。所以包裹上至少要寫清楚姓名，而不光只有地址▼。

利用 TCP/IP 進行通訊也需要姓名，亦即指定通訊的「應用程式」。傳輸層的功用是負責設定姓名（應用程式）。要發揮這項功用，需要用到連接埠編號▼這個識別碼。利用連接埠編號，識別在傳輸層上層的應用層是由哪個應用程式來負責處理▼。

▼ 6.1.2　通訊處理

我們以包裹為例，再詳細說明傳輸協定的運作。

前面提到的「應用程式」負責執行 TCP/IP 的應用協定處理。因此，TCP/IP 識別的「姓名」，就是應用協定。

TCP/IP 的應用協定大部分都以使用者端 / 伺服器端的形式來制定。使用者端▼代表客戶，而伺服器端▼是指提供客戶服務的提供者。請見圖 6-2，使用者端向伺服器端提出服務請求，伺服器端負責處理來自使用者端的請求，並提供服務。此外，提供服務的電腦要先啟動伺服器應用程式，等待使用者端的應用程式提出請求。否則，即便使用者端提出請求，也無法接收並處理。

圖 6-2
HTTP 的連接請求

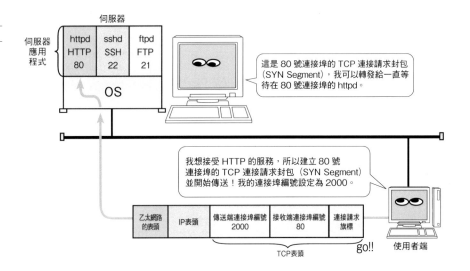

這些伺服器應用程式在 UNIX 稱作「守護行程（Daemon）」▼。例如，HTTP 的伺服器應用程式稱為 httpd（HTTP 守護行程），ssh 的伺服器稱作 sshd（SSH 守護行程）。此外，在 UNIX 環境中，並非個別執行守護行程，而是使用可以等待代表來自使用者端的請求，稱作 inetd▼（網際網路守護行程）的超級守護行程。這個超級守護行程是接收服務請求後，產生分身（fork），再轉換（exec）成 sshd 等守護行程。

這個請求是對哪台伺服器（守護行程）提出的，只要查詢收到封包中的目標連接埠編號，就知道了。收到 TCP 連接請求封包時，連接埠編號如果是 22，就是與 sshd 建立連線，若是 80 號，則是與 httpd 建立連線。之後，該守護行程就負責處理後續的通訊工作。

傳輸協定 TCP、UDP 利用連接埠編號，判斷接收資料的對象是誰。如圖 6-2 所示，接收來自傳輸協定的資料是 HTTP、SSH、FTP 等傳輸協定。

▼ 6.1.3　兩種傳輸協定 TCP 與 UDP

在 TCP/IP 中，負責傳輸層功能的代表性協定是「TCP」與「UDP」。

■ TCP（Transmission Control Protocol）

TCP 屬於連接導向式通訊，是具有可靠性的串流型協定。所謂的串流，是指不間斷的數據結構，就像從水龍頭中流出來的水一樣。使用 TCP 傳送訊息時，可以確保傳送的順序，但是仍會將不間斷的資料結構送達接收端的應用程式▼。

▼例如，傳送端的應用程式使用了一個連接，傳送 10 個大小為 100 位元的訊息，接收端的應用程式可能會收到一個沒有分割、連成 1000 位元的資料。因此，在使用 TCP 的應用程式中，有些會將顯示訊息長度、分割數量的資料，加入傳送的應用程式訊息中。

TCP 為了提供可靠性，會進行「順序控制」及「重送控制」。此外，TCP 還具備了「流量控制」、「壅塞控制」、有效提高網路使用效率的結構等多項功能。

■ UDP（User Datagram Protocol）

UDP 是不提供可靠性的資料包型協定，詳細處理由上層的應用程式負責。UDP 在傳送訊息時，可以確保資料的大小▼，卻無法保證封包一定會送達，所以必須視狀況，由應用程式進行重送處理。

▼例如，傳送端的應用程式分別傳送了 100 位元的訊息，接收端會按照 100 位元的大小來接收訊息。在 UDP 中，應用程式能將設定「長度」的訊息，傳送給接收端的應用程式，所以在傳送端的應用程式訊息中，不需要加入訊息的長度、分割數量等資料。但是，由於 UDP 沒有可靠性，倘若傳送的訊息在過程中遭失，就無法送到接收端的應用程式。

▼ 6.1.4　TCP 與 UDP 的分別

可能有人認為「TCP 具有可靠性，所以 TCP 協定一定優於 UDP。」其實這完全是誤會，TCP 與 UDP 根本無法比較優劣。我們究竟該如何分別使用 TCP 與 UDP 呢？以下將概略做個說明。

在傳輸層需要進行可靠性傳輸時，可以使用 TCP。TCP 是連接導向式通訊，擁有順序控制、重送控制的協定結構，所以能向應用程式提供具有可靠性的通訊。

然而，UDP 是用於重視快速性、即時性的通訊或廣播通訊。這裡我們以通話用的 IP 電話為例來說明。使用 TCP 時，資料若半途遺失，會進行重送處理，所以當聲音播放不穩定時，就可能無法通話。相對來說，UDP 不會進行重送處理，因而不會出現聲音大幅延遲的情況。即使有部分封包遺失，也只會暫時影響到部分聲音▼。群播及廣播通訊也是使用 UDP，而不是 TCP。群播適合多人看同一個節目的電視播放。此外，RIP（請參考 7.4 節）及 DHCP（請參考 5.5 節）等進行廣播的協定，一樣是使用 UDP。可是 TCP 更常用於透過網路的隨選視訊或播放影片等單向通訊。和 IP 電話、視訊會議等雙向通訊不同，隨選視訊及影片播放即使延遲數秒～數十秒再播放也不會造成問題。使用 TCP 的原因是因為它具有壅塞控制及重送功能▼。網際網路經常發生壅塞，因此必須根據網路的狀態來進行控制。由於 UDP 沒有壅塞控制功能，很難透過網際網路來進行高品質通訊。

因此，請配合目的，分別使用 TCP 與 UDP。

▼即時傳送影片或聲音時，就算有部分封包遺失，也只會暫時影響部分影像或聲音，就實用上而言，通常不會造成問題。此外，若有必要，可以採取人工方式進行重送控制，如自行重聽等，以彌補遺失的 IP 封包。

▼關於壅塞控制請參考 6.4.9 節。

■ **Socket**

應用程式使用 TCP 或 UDP 時，通常會利用作業系統準備的 Library。這種 Library 一般稱作 API（Application Programming Interface）。

使用 TCP 或 UDP 進行通訊時，會廣泛使用到稱作 Socket 的 API。原本 Socket 是由 BSD UNIX 開發的，但是後來移植到 Windows 的 Winsock、嵌入式設備用的作業系統上。

應用程式使用 Socket，設定通訊對象的 IP 位址及連接埠編號，再提出資料傳送或接收的請求，這樣作業系統會利用 TCP/IP 進行通訊。

圖 6-3
Socket

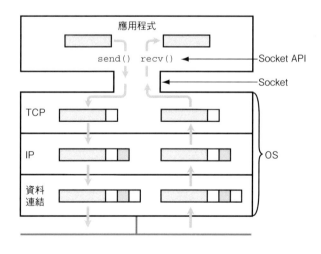

此外，Socket 的目的是提供 OS 擁有的 TCP/IP 功能，所以不提供交談層、表現層、應用層的既有功能。對程式設計者而言，要一邊注意直接使用 TCP 或 UDP，一邊寫程式是一種負擔。為了減輕這種負擔，有些程式語言或開發環境會提供具備上層功能的函式庫或中介軟體，讓程式變得比較輕鬆。藉此減少程式設計師的負荷，提高工作效率。這些函式庫與中介軟體也是使用 Socket 製作的。

6.2　連接埠編號

▼ 6.2.1　何謂連接埠編號？

資料連結或 IP 之中，都含有位址，包括 MAC 位址及 IP 位址。MAC 位址是用來識別連接到同一資料連結中的電腦，而 IP 位址是用來識別連接到 TCP/IP 網路上的主機或路由器。傳輸協定中，也有類似位址的部分，就是連接埠編號。連接埠編號是用來識別同一台電腦中，進行通訊的應用程式。換句話說，可以把連接埠編號當成應用程式的位址。

▼ 6.2.2　利用連接埠編號識別應用程式

電腦上可以執行多個應用程式。例如，接受 WWW 服務的 Web 瀏覽器、收送電子郵件的電子郵件軟體、遠端登入用的 ssh 使用者端等，各式各樣的應用程式都可以在同一台電腦上同時執行。傳輸協定的功用是利用連接埠編號，識別進行通訊的應用程式，再將資料傳送給正確的應用程式。

圖 6-4
利用連接埠編號識別
應用程式

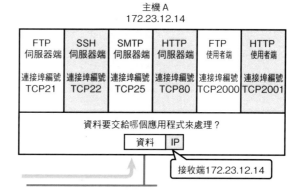

6.2.3 利用 IP 位址、連接埠編號、協定編號識別通訊

識別通訊不單只靠接收端的連接埠編號。

圖 6-5 的①與②是在兩台電腦之間進行通訊，而且接收端的連接埠編號同樣都是 80。開啟兩個瀏覽器畫面，在相同伺服器上同時瀏覽不同網頁時，就會進行這種通訊。此時，必須確實進行識別。我們可以利用傳送端的連接埠編號，識別出這是不同的通訊。

圖 6-5
識別多個請求

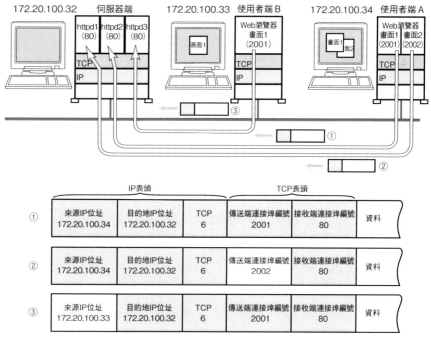

利用來源IP位址、目的地IP位址、協定編號、傳送端連接埠編號、
接收端連接埠編號等5個數字來識別通訊。

③與①的接收端連接埠編號與傳送端連接埠編號一模一樣，可是傳送端的 IP 位址不同。此外，雖然這張圖中沒有顯示，但是也可能出現 IP 位址、連接埠編號都一樣，只有 TCP 或 UDP 的協定編號不同的情況，這也要當作不同通訊來處理。

透過 TCP/IP 或 UDP/IP 進行通訊時，必須根據「目的地 IP 位址」、「來源 IP 位址」、「接收端連接埠編號」、「傳送端連接埠編號」，還有「協定編號」等 5 個數字來識別通訊▼。只要其中有一個數字不同，就會當成是不同通訊來處理。

▼ 在 UNIX 或 Windows 可以利用命令提示字元或終端機輸入「netstat」或「netstat-n」來顯示使用中的連接埠編號。

▼ 6.2.4 決定連接埠編號的方法

實際進行通訊時，必須在通訊之前，先決定連接埠編號。決定連接埠編號的方法有兩種。

■ 標準規定的編號

第一種是靜態方法，依照各個應用程式，決定要固定使用哪個連接埠編號。不過，並不是任何號碼都可以使用，這是按照使用目的來決定每個編號▼。

▼並非「絕對只能使用於這個目的」，有時在進階網路運用上，也可能會刻意用在不同用途。

在 HTTP、DNS、DHCP 等廣泛使用的應用協定中，有固定使用的連接埠編號，這些是公認連接埠編號（Well-known Port Number）。這些公認連接埠編號分配了 0 ～ 1023 號。假如將這些編號使用於其他用途，可能會彼此相衝，最好盡量避免這麼做。

此外，除了公認連接埠編號，還有其他正式註冊的連接埠編號，號碼是 1024 ～ 49151。但是，這些編號用在其他用途也不會有問題。表 6-1（P235）與表 6-2（P237）列出了 TCP 與 UDP 的代表性公認連接埠編號。

從以下網址可以取得公認連接埠編號及註冊連接埠編號的最新消息。

　　http://www.iana.org/assignments/port-numbers

這些連接埠編號大部分都是用於伺服器端的連接埠編號。

■ 動態分配法

第二種是動態分配法。由提供服務端（伺服器端）來決定連接埠編號，但是不需要先決定接收服務端（使用指端）的連接埠編號。

此時，使用者端的應用程式不會決定自己的連接埠編號，會交給作業系統來處理。作業系統負責分配連接埠編號，控制各個應用程式都擁有不

同值。例如，每次需要連接埠編號時，連接埠編號的數字就加 1。這樣作業系統就能動態管理連接埠編號。

利用這種動態連接埠分配法，即使相同的使用者端應用程式建立了多個 TCP 連接，5 個用來識別通訊的數字也不會變成一樣。

動態分配連接埠編號是使用從 49152 ～ 65535 的整數▼。

▼在舊系統中，有些會依序使用 1024 以上閒置的連接埠編號。

6.2.5 連接埠編號與協定

連接埠編號是按照使用的傳輸協定而定。因此，不同的傳輸協定可以使用相同的連接埠編號。例如，TCP 與 UDP 可以將相同連接埠用於不同目的。這是因為連接埠編號的處理是由各個傳輸協定來進行。

資料到達 IP 層之後，會檢查 IP 表頭中的協定編號，再轉發給各個協定的模組。如果是 TCP，就由 TCP 模組來處理連接埠編號；若是 UDP，則交給 UDP 模組來負責。即使連接埠編號一樣，也因為傳輸協定會各自獨立處理，而能使用相同編號。

此外，公認連接埠編號與傳輸協定沒有關係，同樣的編號可以分配給相同的應用程式。例如，53 號連接埠用於 DNS▼的 TCP 與 UDP。此外，80 號是分配給 HTTP 使用。Web 剛開始出現時，HTTP 通訊一定要使用 TCP，不使用 UDP 的 80 號連接埠。可是當 6.5.1 節說明的 QUIC 出現之後，在 HTTP/3 就能使用 UDP 的 80 號連接埠。現在只能使用 TCP，但是擴充協定之後，不論是否支援 UDP，TCP 或 UDP 都可以直接使用相同的連接埠編號。

▼這是從網域名稱查詢 IP 位址時，使用的協定。請參考 5.2 節的說明。

表 6-1
TCP 的代表性公認連接埠編號

連接埠編號	服務名稱	內容
1	tcpmux	TCP Port Service Multiplexer
7	echo	Echo
9	discard	Discard
11	systat	Active Users
13	daytime	Daytime
17	qotd	Quote of the Day
19	chargen	Character Generator
20	ftp-data	File Transfer [Default Data]
21	ftp	File Transfer [Control]
22	ssh	SSH Remote Login Protocol
23	telnet	Telnet
25	smtp	Simple Mail Transfer Protocol
43	nicname	Who Is
53	domain	Domain Name Server
70	gopher	Gopher

表 6-1
TCP 的代表性公認連
接埠編號

連接埠編號	服務名稱	內容
79	finger	Finger
80	http（www, www-http）	World Wide Web HTTP
95	supdup	SUP DUP
101	hostname	NIC Host Name Server
102	iso-tsap	ISO-TSAP
110	pop3	Post Office Protocol-Version 3
111	sunrpc	SUN Remote Procedure Call
113	auth（ident）	Authentication Service
117	uucp-path	UUCP Path Service
119	nntp	Network News Transfer Protocol
123	ntp	Network Time Protocol
139	netbios-ssn	NETBIOS Session Service（SAMBA）
143	imap	Internel Message Access Protocol v2,v4
163	cmip-man	CMIP/TCP Manager
164	cmip-agent	CMIP/TCP Agent
179	bgp	Border Gateway Protocol
194	irc	Internet Relay Chat Protocol
220	imap3	Interactive Mail Access Protocol v3
389	ldap	Lightweight Directory Access Protocol
434	mobileip-agent	Mobile IP Agent
443	https	http protocol over TLS/SSL
502	mbap	Modbus Application Protocol
515	printer	Printer spooler（lpr）
587	submission	Message Submission
636	ldaps	ldap protocol over TLS/SSL
989	ftps-data	ftp protocol, data, over TLS/SSL
990	ftps	ftp protocol, control, over TLS/SSL
993	imaps	imap4 protocol over TLS/SSL
995	pop3s	pop3 protocol over TLS/SSL
3610	echonet	ECHONET
5059	sds	SIP Directory Services
5060	sip	SIP
5061	sips	SIP-TLS
19999	dnp-sec	Distributed Network Protocol
20000	dnp	DNP
47808	bacnet	Building Automation and Control Networks（BACnet）

表 6-2
UDP 的代表性公認連接埠編號

連接埠編號	服務名稱	內容
7	echo	Echo
9	discard	Discard
11	systat	Active Users
13	daytime	Daytime
19	chargen	Character Generator
49	tacacs	Login Host Protocol（TACACS）
53	domain	Domain Name Server
67	bootps	Bootstrap Protocol Server（DHCP）
68	bootpc	Bootstrap Protocol Client（DHCP）
69	tftp	Trivial File Transfer Protocol
80	http	World Wide Web HTTP（QUIC）
111	sunrpc	SUN Remote Procedure Call
123	ntp	Network Time Protocol
137	netbios-ns	NETBIOS Name Service（SAMBA）
138	netbios-dgm	NETBIOS Datagram Service（SAMBA）
161	snmp	SNMP
162	snmptrap	SNMP TRAP
177	xdmcp	X Display Manager Control Protocol
201	at-rtmp	AppleTalk Routing Maintenance
202	at-nbp	AppleTalk Name Binding
204	at-echo	AppleTalk Echo
206	at-zis	AppleTalk Zone Information
213	ipx	IPX
434	mobileip-agent	Mobile IP Agent
443	https	http protocol over TLS/SSL（QUIC）
520	router	RIP
546	dhcpv6-client	DHCPv6 Client
547	dhcpv6-server	DHCPv6 Server
1628	lontalk-norm	LonTalk normal
1629	lontalk-urgnt	LonTalk urgent
3610	echonet	ECHONET
5059	sds	SIP Directory Services
5060	sip	SIP
5061	sips	SIP-TLS
19999	dnp-sec	Distributed Network Protocol
20000	dnp	DNP
47808	bacnet	Building Automation and Control Networks（BACnet）

6.3　UDP（User Datagram Protocol）

▶ 6.3.1　UDP 的目的與特色

UDP 是 User Datagram Protocol 的縮寫。

UDP 不提供複雜的控制，只提供使用 IP 的非連接導向式通訊服務。此外，UDP 會在應用程式請求傳送資料的時機，直接把資料傳送到網路上。

即使在網路壅塞的情況下，UDP 仍不會採取控制傳送量，避免網路壅塞的方式。就算封包遺失，也不會進行重送控制，也沒有調整封包送達順序的功能。如果需要進行這些控制，就得由使用 UDP 的應用程式來執行▼。UDP 雖然會一五一十聽進所有使用者說的內容，但是使用者必須思考周延並且考量到上層協定來開發應用程式。因此，可以說 UDP 是「按照開發應用程式的使用者要求，所制定的協定。」

▼在網際網路中，沒有控制所有網路的結構，因此想透過網際網路傳送大量封包時，各個節點追求的是不會對其他使用者造成困擾。因此，需要可以避免網路壅塞的功能（壅塞控制通常不是自己需要）。假如不想進行壅塞控制，就需要使用 TCP。

UDP 是非連接導向式通訊服務，可以隨時傳送資料。UDP 協定本身的處理也很簡單，所以運作速度很快，適合以下用途。

* 總封包數量較少的通訊（DNS、SNMP 等）

▼尤其是電話或視訊會議等雙向溝通的情況。

* 影片及聲音等多媒體通訊（需要即時性的通訊▼）

* 在區域網路等特定網路中，以特定的應用程式通訊

* 需要統一傳送的通訊（廣播、群播）

■　使用者與程式設計師

這裡的「使用者」並非一般指的「網路使用者」。此外，提到電腦的使用者，通常是指負責開發應用程式的人。因此，UDP（User Datagram Protocol）的「使用者（User）」，現在指的是程式設計師。換句話說，UDP 是按照程式設計師的想法，進行程式開發的資料包協定▼。

▼相對來說，TCP 具備各式各樣的控制機制，未必能按照程式設計師的想法來進行通訊。

6.4 TCP（Transmission Control Protocol）

6.4.1 TCP 的目的與特色

UDP 不進行複雜的控制，而是提供非連接導向式通訊服務。換句話說，這是由應用層負責控制，使用最低限度功能的傳輸協定。

相對來說，TCP 的英文是 Transmission Control Protocol，顧名思義，我們可以把它想成是「控制」進行「傳送、傳輸、通訊」的「協定」。

TCP 是為了在網際網路上，提供具可靠性的通訊而發展出來的。網際網路是由不特定的多數人使用，會發生各式各樣的問題。因此 TCP 與 UDP 最大的差別在於，TCP 擁有許多傳送資料時的控制功能。包括在網路中遺失封包時，會進行重送控制，還有對封包進行順序控制等，這些 UDP 都無法做到。此外，TCP 含有連接導向控制，可以在確認對方是否存在時，才傳送資料，能減少通訊浪費▼，還可以調整封包的傳送量，避免讓網路變得壅塞。

▼ UDP 沒有連接導向控制，即使對方根本不存在或者中途消失，仍會傳送封包（回傳 ICMP 錯誤訊息時，可能無法傳送）。

由於 TCP 具備了這些功能，在 IP 連接導向通訊網路上，可以達到高可靠性的通訊，因此 TCP 適合以下通訊方式。

- 需要可靠性的通訊（資料遺失會造成困擾）

- 透過網際網路轉發大量資料時（轉發檔案等）

- 隨選視訊、網路直播等播放（串流▼）不需要即時性的影片、聲音（音樂）

▼ 串流
串流是一邊下載影片或聲音的資料，一邊播放的機制，網路直播常用這種方法。TCP 遺失封包時，必須執行重送處理，因此資料送達之前，會產生數秒～數十秒的延遲。為了防範這種問題，先把數秒～數十秒的資料儲存在緩衝區再播放。如此一來，即使遺失封包，也不會停止影片播放，能繼續播放影片及聲音。就算少數封包遺失，也能順利播放高品質影片。

- 不設定要使用的線路，期待任何一種方式都可以發揮效能時（寬頻段／窄頻段、高可靠性／低可靠性、MTU 的差別等）

■ **連接**

連接是指,在各種設備、線路或網路中,進行通訊的兩個應用程式,為了傳送資料,而使用的專用虛擬通訊路徑,又稱作虛擬線路(Virtual Circuit)。

建立連接後,進行通訊的應用程式,只會使用這條虛擬線路傳送及接收資料,因而能確保資料傳輸。應用程式可以不用考量在盡最大努力型的 IP 網路上所發生的各種麻煩現象,仍能傳送資料。TCP 負責管理該連接的建立、結束、維持等工作。

圖 6-6
連接

建立連接、進行通訊時,應用程式只針對管道的出入口收送資料,就能與對方通訊。

▍**6.4.2 藉由封包序號與確認回應來提供可靠性**

在 TCP 中,當傳送的資料到達接收端主機時,接收端主機會通知傳送端主機收到資料了,這就稱作確認回應(ACK▼)。

▼ ACK(Positive Acknowledgement)
具有肯定確認回應之意。

一般來說,兩個人在交談時,會在談話停頓處回應對方。假如對方沒有回應,說話者會重複相同內容,以確實將內容告知對方。因為,要從對方的反應來判斷,對方是否瞭解說話的內容,或對方是否確實聽到。確認回應相當於交談中的回話。當內容傳遞出去,獲得「嗯、嗯」的回應時,稱作肯定確認回應(ACK)。假如對方回答「咦?」,代表對方聽不懂或沒聽到,這稱作否定確認回應(NACK▼)。

▼ NACK(Negative Acknowledgement)

圖 6-7
正常時的資料傳送

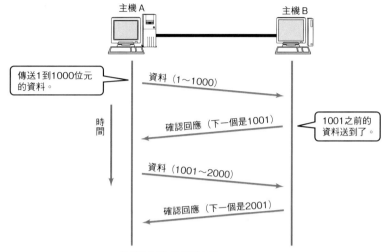

傳送1到1000位元的資料。

主機 A

主機 B

時間

資料（1～1000）

確認回應（下一個是1001）

1001之前的資料送到了。

資料（1001～2000）

確認回應（下一個是2001）

資料從主機A傳送到主機B，
而主機B會對主機A傳送確認回應。

TCP 可以利用肯定確認回應（ACK）來提供資料送達的可靠性。傳送資料的主機在送出資料後，就會等待確認回應。如果收到確認回應，表示資料已經送達對象主機。假如沒有收到確認回應，代表資料可能遺失了。

▼經過一段時間之後，想要進行特定處理時，通常會使用作業系統的「計時器（Timer）」功能。超過一定時間稱作「逾時（Timeout）」。在 TCP 設定重送計時器，一旦逾時，就會重送。詳細說明請參考6.4.3 節。

如圖 6-8 所示，假如一段時間內▼，沒有收到確認回應，就會判斷資料遺失，而重新傳送資料。此時，即使資料中途遺失，也能利用重送方式，把資料送給對方，完成具有可靠性的通訊。

圖 6-8
資料封包遺失的情況

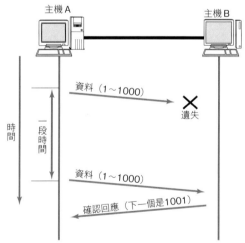

主機 A

主機 B

時間

一段時間

資料（1～1000）

×
遺失

資料（1～1000）

確認回應（下一個是1001）

主機A傳送的資料因為網路壅塞而遺失，
沒有送達主機B。
主機A等待主機B的確認回應，但是一段時間後，
若仍然沒有收到，就會重新傳送資料。

沒有收到確認回應，不純粹只有資料遺失的情況而已，資料送來了，可是確認回應封包卻在中途遺失，這種情況也不會收到確認回應。此時，雖然收到資料，卻仍得再傳一次（圖 6-9）。

圖 6-9
確認回應遺失的情況

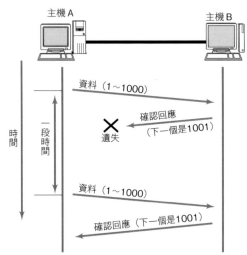

主機 A　　　　　　　　　　主機 B

資料（1～1000）

確認回應
（下一個是1001）

遺失

資料（1～1000）

確認回應（下一個是1001）

時間

一段時間

主機B傳送的確認回應封包因為網路壅塞而遺失，
沒有到達主機A。
主機A等待主機B的確認回應，經過一段時間後，
仍然沒有收到，因此重新傳送。主機B收到了第2次資料，
一樣回傳了確認回應。
由於主機B已經接收了資料（1～1000），
所以後來的資料就被丟棄。

此外，也可能出現因為某個理由，使得確認回應封包延遲送達，資料封包重送之後，才收到確認回應封包的情況。傳送端主機可以不在意原因，只進行重送，可是接收端卻不能如此，因為會重複收到相同的資料。如果要對上層的應用程式提供資料通訊的可靠性，就必須丟棄重複收到的資料，而且還需要有能識別收到的資料，進行判斷的結構。

▼封包序號的預設值並非從 0 開始，而是在建立連接時，以隨機亂數決定，之後每一個位元組加 1。

確認回應處理、重送控制、重複控制等，全都是透過封包序號來進行。封包序號是在傳送資料的每個位元組，加上連續性編號▼。接收端主機會針對收到的資料封包，查詢記錄在 TCP 表頭的封包序號與資料長度，接著將自己應該接收的號碼，當作確認回應回傳回去。利用封包序號與確認回應編號，可以進行 TCP 的可靠傳輸。

■ 本書繪製封包序號與確認回應的方法

圖 6-10 正確呈現了 TCP 的封包序號與確認回應編號。「封包序號 1～1000」是否包含了 1000？本書假設包含 1000。但是 TCP 的規範並不包含 1000，如果要包含 1000，會顯示為「封包編號 1～1001」。此時，不包含 1001 的資料。可是這樣感覺很難理解。TCP 的規範為什麼是這樣？因為封包編號是數線上的「點」，沒有大小之分。換句話說，寫成 1001 時，代表第 1000 個資料與第 1001 個資料的界線。因此在 TCP 的規範中，不含資料的確認回應封包是使用封包編號 1001～1001 來呈現▼。此時，沒有包含封包編號 1001 的資料。本書以容易理解為優先，所以使用了與 TCP 規範略微不同的表現方法。

▼不含資料的確認回應封包，本書會將其封包編號會顯示為 1001～1000。

圖 6-10
傳送資料與封包序號、確認回應序號的關係

▼這是指封包序號（及確認回應編號）是以位元組來區分。

・傳送的資料（嚴格來說，資料以位元為單位，所以這張圖是以位元為單位來描述封包編號）

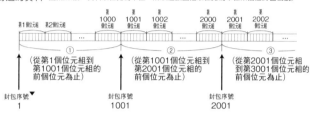

▼ TCP 的資料長度不包含在 TCP 表頭中。事實上，如果要得知 TCP 的資料長度，將 IP 表頭的封包長度減去 IP 表頭長度、TCP 表頭長度（TCP 相消），即可計算出來。

・符合 TCP/IP 的規範的表現方法　　　　・本書的畫法

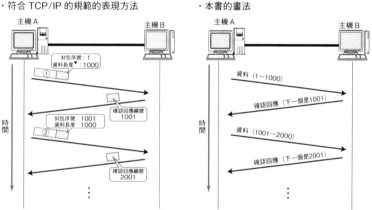

▼關於 MSS 的說明，請參考 6.4.5 節。

＊本書的 1～1000 是表示包含了第 1 位元組到第 1000 位元組的資料。

＊從這張圖開始，為了方便理解，本書大部分的圖都是以封包序號 1 為起點，MSS 為 1000▼。

▼ 6.4.3　決定重送逾時

不重送，等待確認回應送達的時間，稱作重送逾時。經過這段時間後，確認封包沒有到達，就再次重傳資料。究竟等待確認回應的時間，多久才適合呢？

最理想的狀態是，找出最小時間，確定「這段時間之後，不會回傳確認回應。」但是這個時間長短會隨著封包經過的網路環境而改變。在高速 LAN 環境中，時間較短、距離較長的通訊，時間會比 LAN 還長。就算使用相同的網路，也會因為壅塞程度而讓時間長短產生變化。

▼ Round Trip Time，也稱作 RTT，這是指封包往返的時間。

TCP 不管在哪種使用環境，都可以達到高效能通訊，還能動態因應網路的壅塞變化，所以每次傳送封包時，都會計算往返時間▼與偏差▼。然後比往返時間與偏差時間的合計略大一點的值，就成為重送逾時的時間。

▼往返時間產生的偏差或分散值，又稱抖動。

重送逾時的時間除了往返時間，還考慮到偏差時間是有原因的。因為網路環境的不同，可能發生如圖 6-11 往返時間大幅抖動的情形。這種情況會發生在封包透過其他路徑送達時。TCP/IP 在這種環境中，也可以盡量控制，避免無謂的重送動作而浪費網路資源。

圖 6-11
計算往返時間與重送逾時的時間推移

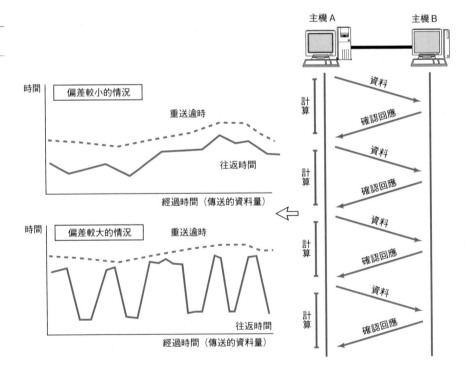

BSD 類的 UNIX 及 Windows 等，是以 0.5 秒為單位來進行逾時控制，所以逾時的值是 0.5 秒的整數倍▼。但是，因為不曉得最初的封包往返時間，所以預設值設定為 6 秒左右。

▼ 偏差的最小值也是 0.5 秒，所以最小重送時間是 1 秒。

即時重送也沒有獲得確認回應時，將再次傳送。但是，等待確認回應的時間會以 2 倍、4 倍的指數函數增加。

此外，資料不會無限重送。反覆重送一定次數，仍然沒有收到確認回應時，就會判斷網路或對象主機發生異常，而強制切斷連接，並且通知應用程式，通訊異常結束。

6.4.4　連接管理

圖 6-12
建立與切斷 TCP 連接

▼ SYN 是英文 synchronize 的縮寫，意思是「同步」，可以讓伺服器與使用者的封包編號與確認回應編號一致，詳細說明請參考 P265。

▼ FIN 與英文的 FIN 一樣，代表結束的意思，詳細說明請參考 P265。

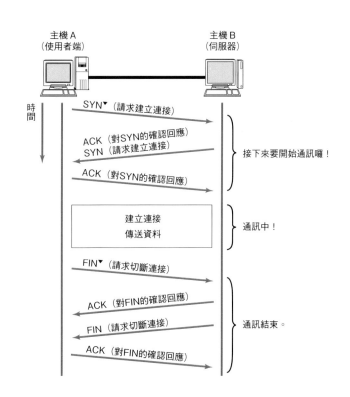

如圖 6-12 所示，TCP 提供的是連接導向式通訊，連接導向是先建立資料通訊，做好與通訊對象開始通訊的準備後，再進行通訊，結束資料通訊後，發出訊號，完成通訊。

UDP 是連接導向式通訊，不確認是否能與對象通訊，就開始利用 UDP 封包傳送資料。相對來說，TCP 是在資料通訊前，傳送只有 TCP 表頭，請求建立連接的封包（SYN 封包），等待確認回應▼。假如對方回傳確認回應，代表可以進行資料通訊，但是如果沒有收到確認回應，就無法開始進行資料通訊。此外，通訊結束時，會執行切斷連接處理（FIN 封包）。

▼ 在 TCP 中，最初傳送請求建立連接封包的一方，稱作使用者端，而接收封包的一方，稱作伺服器端。

▼稱作控制旗標（Control Flag），請參考 6.7 節。

▼建立 TCP 連接時，會收送 3 個封包，這個部分稱作「三向交握（Three-way Handshake）」。

TCP 是利用 TCP 表頭控制用欄位▼來管理連接。此外，建立與切斷連接，至少要收送 7 個以上的封包▼。

6.4.5　TCP 是以區段為單位來傳送資料

在建立 TCP 連接時，會決定進行通訊的資料單位。這個部分稱作最大區段長度（MSS, Maximum Segment Size），理想的最大區段長度是 IP 不會進行分割處理的最大資料長度。

TCP 傳送大量資料時，會依照 MSS 值來分割資料。此外，重送處理基本上也是以 MSS 為單位。

▼為了加上 MSS 選項，TCP 表頭不是 20 位元組，而是只以 4 位元組的整數倍來增加（如圖中是 4）。

▼提出建立連線請求時，如果省略了其中一方的 MSS 選項，可以選擇 IP 封包長度不超過 576 位元組的大小來當作 MSS（假如 IP 表頭為 20，TCP 表頭為 20，MSS 就是 536）。

MSS 是在進行三向交握時，由傳送端與接收端的主機來決定。兩邊的主機在傳送建立連接請求時，會在 TCP 表頭加上 MSS 選項，通知適合自己介面的 MSS▼。比較兩者的值大小，較小的值就會當作 MSS 來使用▼。

▼只在請求建立連接時，通知對方 MSS。在沒有伴隨請求建立連接的確認回應中，不會加上 MSS 選項。

圖 6-13
連接乙太網路的主機與連接 FDD 的主機彼此通訊的情況

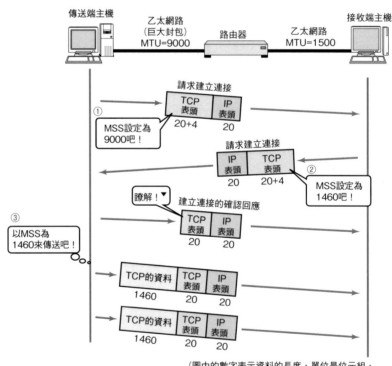

（圖中的數字表示資料的長度，單位是位元組，並省略了部分確認回應。）

①② 利用連接建立請求封包（SYN封包），通知介面要求的MSS值。
③ 從兩者的值之中，選擇較小的值當作MSS來傳送封包。

◤ 6.4.6 以視窗控制提升速度

圖 6-14 是 TCP 的每個區段進行確認回應時的處理案例。在這個通訊中，有一個很大的問題，就是封包的往返時間（Round Trip Time）拉長時，通訊效能就會變差。

圖 6-14
對各個封包進行確認回應

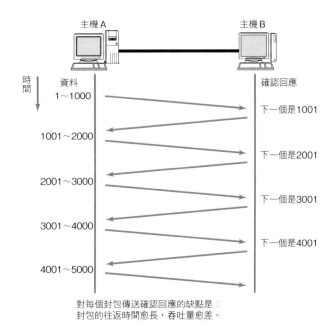

對每個封包傳送確認回應的缺點是：
封包的往返時間愈長，吞吐量愈差。

因此，在 TCP 加入視窗的概念，即使封包的往返時間變長，也能控制讓效能不會降低。如圖 6-15 所示，不是以區段為單位，而是根據更大的單位來回傳確認回應時，就能大幅縮短轉發時間。這是因為傳送端主機不等待傳送區段的確認回應，改以傳送多個區段的方式來縮短時間。

圖 6-15
用滑動視窗方式同時處理

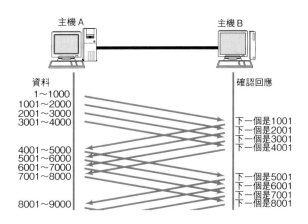

· 視窗是4000位元組時，可以傳送比確認回應值還大的4000序號。
  與按照各個確認回應傳送資料區段相比，即使往返時間拉長，
  吞吐量也能變大。

不用等待確認回應，就可以繼續傳送資料的容量，稱作視窗大小。以圖 6-15 為例，視窗大小等於 4 個區段。

▼緩衝區（Buffer）
這裡是指暫時儲存收送封包的場所。通常位於電腦的記憶體中。

這是利用大型收送信緩衝區▼，達到多個區段能同時確認回應的功能。

如圖 6-16 所示，只能看見部分傳送資料的窗口，稱作視窗。從這個窗口看到的資料部分，即使沒有收到確認回應，也可以傳送資料。此外，從這個窗口看到的部分，因為沒有收到確認回應，在區段消失時，就無法重新傳送。因此，傳送端主機在收到確認回應之前，必須先將資料儲存在快取中。

圖 6-16
滑動視窗方式

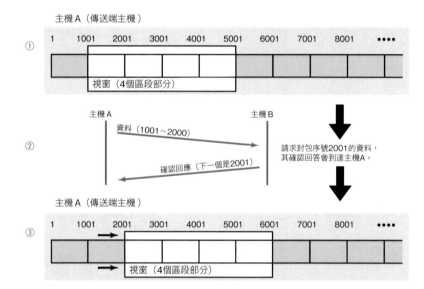

在①的狀態，收到請求為2001的確認回應，就不需要重送2001之前的資料，
所以丟棄該部分的資料，讓視窗滑動，形成③的狀態
（1個區段是1000位元組，視窗為4個區段的情況）。

視窗以外看不見的部分，包括必須傳送的部分及已經確認傳送給對方的部分。資料傳送後，收到確認回應，就不需要重送，因而從緩衝區中刪除。

收到確認回應時，視窗滑動到確認回應的編號位置。這樣可以依序同時傳送多個區段，提高通訊效能，這個部分稱作滑動視窗控制。

◤ **6.4.7 視窗控制與重送控制**

進行視窗控制時，要是區段遺失該怎麼辦？

首先，思考一下當遺失確認回應的情況吧！因為資料已經送達，原本不需要重送，可是在沒有進行視窗控制的情況下，只能重傳。

進行視窗控制之後，如圖 6-17 所示，即使遺失部分確認回應，也不需要重送。

圖 6-17
即使缺少部分確認回應也沒關係

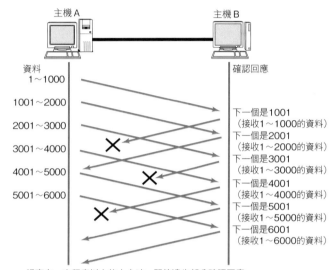

視窗有一定程度以上的大小時，即使遺失部分確認回應，也不會進行重送處理，而是利用下一個確認回應封包來進行確認回應。

如果遺失傳送區段時，將會如何？如圖 6-18 所示，接收端主機收到下一個封包序號以外的資料時，會對目前接收到的資料回傳確認回應▼。

▼但是，即使接收端主機收到的序號不連續，仍不會丟棄收到的資料，而是會儲存起來。

請仔細觀察圖 6-18，傳送資料遺失後，會連續傳送和 1001 號相同的確認回應。這個確認回應是不是就像在吶喊著

> 「我想收到的是從 1001 號開始的資料，不是別的。」

在視窗較大時，遺失資料之後，就會連續回傳相同編號的確認回應。傳送端主機連續 3 次收到相同的確認回應時▼，就會重送該確認回應指示的資料。由於這種方法比利用逾時來控制重送更快速，所以稱作高速重送控制。

▼連續 3 次而非 2 次是因為，區段的順序更換 2 次仍不會重送。

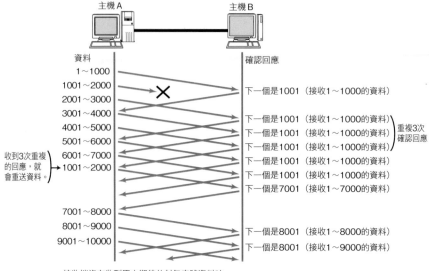

接收端沒有收到原本期待的封包序號資料時，
將會傳回到目前為止收到資料的確認回應。
傳送端收到和之前一樣的確認回應，而且是連續3次時，
判斷資料區段遺失，進行重送處理。這種方式的重送速度比逾時重送更快。

▼ **6.4.8　流量控制**

傳送端根據自己的狀態來傳送資料封包，可是接收端收到與自己不相干的資料封包，而花費時間進行其他處理時，可能會因為負載過大而無法接收資料。假如接收端錯過了應該接收的資料，傳送端就得再次重傳，因而造成流量浪費。

TCP 為了防範這種情形，傳送端會根據接收端的接收能力來控制封包的傳送量，這就是所謂的流量控制。具體來說，接收端主機會通知傳送端主機可以接收的資料大小，而傳送端依此傳送不超過該大小的資料，這個部分稱作視窗大小。6.4.6 節說明過的視窗大小，就是由接收端主機來決定。

在 TCP 的表頭中，含有通知視窗大小的欄位。接收端主機把可以接收的緩衝區大小，輸入視窗大小的欄位中。欄位的值愈大，愈能進行高吞吐量（高效率）的通訊。

可是，接收端的緩衝區快滿時，就會設定成較小的視窗大小值，再通知傳送端主機，進行傳送量控制。換句話說，傳送端主機是配合接收端主機的指示來進行傳送量控制，這就是在 TCP 的流量控制。

圖 6-19 是利用視窗大小來進行流量控制的範例。

圖 6-19
流量控制

▼如果是本書的表記法，會包含 1 位元組的資料。詳細說明請參考 P243 的專欄。

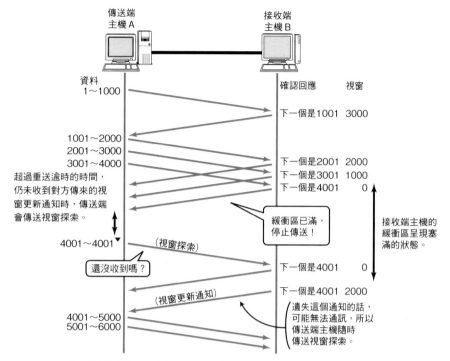

傳送端主機利用接收端主機通知接收資料大小的視窗，進行流量控制，藉此防止傳送端主機一次傳送了超出接收端主機無法容納的大量資料。

在圖 6-19 中，接收從 3001 號開始的區段時，接收端的緩衝區已滿，因此暫時停止資料轉發。之後，傳送視窗更新通知封包，重新開始通訊。倘若該視窗通知封包半途遺失，可能就無法重新通訊。為了避免發生這種情況，傳送端主機會隨時傳送稱作視窗探索，只有一個位元組資料的區段，以取得最新的視窗大小資料。

6.4.9　壅塞控制（解決網路壅塞）

利用 TCP 的視窗控制，即使沒有按照每個區段回傳確認回應，仍可以連續傳送大量封包。可是，開始通訊時，突然傳送大量封包可能會產生別的問題。

一般而言，電腦網路都是共用的。可是網路可能已經因為別的通訊而出現壅塞情況。對已經壅塞的網路突然傳送大量資料時，可能會讓網路癱瘓，進而引發嚴重問題。網路呈現癱瘓狀態稱作「壅塞」。網際網路經常會發生壅塞，假如壅塞狀態一直持續下去，就無法通訊。

TCP 為了防範這種問題，開始通訊時，會按照稱作緩啟動的演算法，進行資料的流量控制。因此 TCP 開始通訊時，會如圖 6-20 所示，傳送封包。

圖 6-20
緩啟動

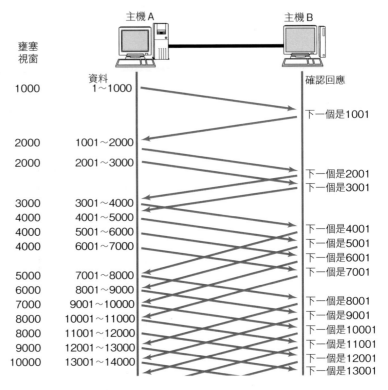

最初傳送端的視窗（壅塞視窗）設定成1。
每接收到一個確認回應封包，視窗增加一個區段
（上圖是沒有延遲確認回應的情況，與實際情況不同）。

▼ 建立連接之後，若從
1MSS 開始進行緩啟動，經
由衛星通訊等方式，到提高
吞吐量為止，需要花費一些
時間。因此，允許緩啟動的
預設值可以從大於 1MSS 的
值開始。具體來說，MSS
的值為 1095 位元組以下，
最大為 4MSS；在 2190 位
元組以下，最大為 4380 位
元組；超過 2190 位元組，
最大可以從 2MSS 開始。
如果是乙太網路，標準的
MSS 大小為 1460 位元組，
所以緩啟動可從 4380 位元
組（3MSS）開始。

▼傳送連續性的封包稱作爆
量（burst）。緩啟動是減少
爆量流量的一種方法。

首先，傳送端為了調節流量，而定義「壅塞視窗」。開始緩啟動時，壅塞
視窗的大小設定成一個區段（1MSS）▼，傳送資料封包，接著每次收到
確認回應時，增加一個區段（1MSS），使得壅塞視窗變大。傳送端傳送
資料封包時，將壅塞視窗與接收端主機通知的視窗大小做比較，依照較
小的值來傳送資料封包。

因逾時而重送時，壅塞視窗變成 1，接著修正緩啟動。利用這種結構，減
少開始通訊時傳送連續封包▼的流量，防止發生壅塞。

可是，每次封包往返時，壅塞視窗會按照 1、2、4 等指數函數變大，仍
可能因為流量激增而造成網路壅塞的狀態。因此，採用緩啟動閾值，以
避免發生這種問題。壅塞視窗一旦超過緩啟動閾值，每次收到確認回應
時，就只能按照以下的大小來放大壅塞視窗。

$$\frac{1 \text{ 個區段的位元組數}}{\text{壅塞視窗（位元組）}} \times 1 \text{ 個區段的位元組數}$$

圖 6-21
TCP 的視窗變化

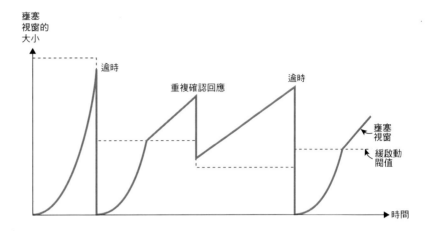

確認回應的數量會隨著壅塞視窗變大而增加，但是每次收到一個確認回應，放大率會縮小，甚至變成小於一個區段的位元組，因此壅塞視窗的大小會呈直線性增加。

▼變成和視窗最大值一樣。　　開始 TCP 通訊時，不會設定緩啟動閾值▼，只在因為逾時而發生重送時，才會設定成該壅塞視窗的一半大小。

利用重複確認回應進行高速重送控制時，與逾時進行重送控制的處理有些不同。因為至少要傳送 3 個區段給接收端主機，所以當發生逾時的時候，網路壅塞程度比較低。

▼嚴格來說，是變成「實際　　利用重複確認回應進行高速重送控制時，緩啟動閾值的大小是當時視窗傳送完畢，沒有收到確認回　大小的一半▼。該視窗大小是將計算出來的緩啟動閾值，加上 3 個區段大應的資料量」的一半。　　小的結果。

利用這種控制方式，TCP 的壅塞視窗會出現如 6.21 的變化。視窗大小會直接影響傳送資料時的吞吐量大小，一般而言，視窗愈大，愈能進行高吞吐量的通訊。

當開始 TCP 通訊後，雖然會逐漸提高吞吐量，但是一旦網路壅塞時，吞吐量會大幅降低，然後再逐漸提高。TCP 吞吐量的特性就像是在逐漸奪取網路頻寬。

◤ 6.4.10 提高網路使用效率的結構

■ Nagle 演算法

在 TCP 中，使用了稱作 Nagle 的演算法來提高網路的使用效率▼。即使傳送端有應該傳送的資料，但資料不多時，就會進行延遲傳送處理。如果能在等待時，累積要傳送的資料，用一個封包傳送較多資料，就可以提高網路的使用效率。

具體而言，在符合以下其中一個狀態時，TCP 會傳送資料區段。假如兩個條件都不符合，將等待一段時間之後，再傳送資料。

- 所有傳送完畢的資料都收到確認回應時

- 可以傳送最大區段長度（MSS）的資料時

利用這種演算法，能提高網路的使用效率，但是有時會產生一定程度的延遲時間。因此，在遠端桌面▼或機器控制等使用 TCP 時，會將 Nagle 演算法設定為無效。在傳送之前，已經決定資料，如轉發檔案時，無法關閉 Nagle 演算法。一旦關閉，網路的使用效率就會降低，導致通訊效能變差。「按下按鈕」、「轉動把手」等因事件產生少量封包，資料發生的時間有時間差時，可以關閉 Nagle 演算法。

■ 延遲確認回應

接收了資料的主機，如果立刻傳送確認回應，極有可能回傳較小的視窗大小值。因為剛接收的資料已經占滿了緩衝區。

傳送端主機收到小的視窗值，若按照該大小來傳送資料，就會讓網路的使用效率變差▼。因此，後來提出在接收資料之後，不立刻回傳確認回應，而往後延遲的方法。

- 直到接收 2× 最大區段長度的資料後，才傳送確認回應（部分 OS 不管資料大小，只要收到 2 個封包，就回傳確認回應）。

- 如果是其他情況，確認回應最大延遲 0.5 秒▼
  （大部分的 OS 是 0.2 秒▼）。

不需要針對每個資料區段都回傳一個確認回應。TCP 採取滑動視窗控制
方式，即使確認回應較少也沒關係。TCP 轉發檔案時，大部分都是兩個
區段傳回一個確認回應。

圖 6-22
延遲確認回應

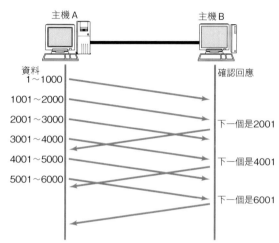

主機 A　　　　　　　　　　主機 B

資料　　　　　　　　　　　確認回應
1～1000
1001～2000
2001～3000　　　　　　　下一個是2001
3001～4000
4001～5000　　　　　　　下一個是4001
5001～6000
　　　　　　　　　　　　　下一個是6001

每次收到2個區段的資料時，就傳送1個確認回應。
但是，要等待0.2秒之後，沒有收到下一個資料，
才會傳送確認回應。

■ 捎帶確認

有些應用協定在對方收到訊息並處理之後，會傳送回執。例如，電子郵
件協定的 SMTP、POP、傳輸檔案的 FTP 連接控制等。這些應用協定
是如圖 6-23 所示，利用 1 個 TCP 連接，彼此交換訊息。WWW 使用的
HTTP 從版本 1.1 開始就是如此。遠端登入輸入字串的回應▼，也可以說
是對傳送訊息的回執。

▼回應
遠端登入時，用鍵盤輸入的
文字，先傳送到伺服器，之
後該文字會顯示在從伺服器
回傳給使用者的畫面上。

▼鄉下農家要將豬隻拿到市
集上販賣時，會順便在豬的
背上放置蔬菜，一起變賣。
捎帶確認就含有順便運送的
意思。

進行這種通訊時，TCP 可以用 1 個封包傳回確認回應與回執，這就稱作
「捎帶確認（Piggyback）▼」。利用捎帶確認，能減少收送封包的數量。

此外，接收資料封包後，不會馬上回傳確認回應及捎帶確認。應用程式
處理接收的資料，在建立回覆資料之後到收到傳送請求之前，必須等待
傳送確認回應。也就是要進行延遲確認回應處理，否則無法達成捎帶確
認。延遲確認回應是提高網路的使用效率，並且降低電腦處理負載的有
效方法。

圖 6-23
捎帶確認

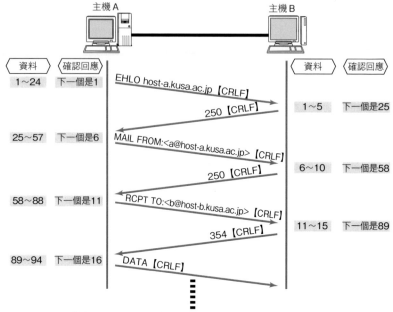

捎帶確認是以1個TCP封包來進行資料傳送與確認回應。
這樣可以提高網路的使用效率，減輕電腦的處理負擔。
應用程式在處理資料，傳送回覆的資料之前，必須延遲確認回應，
否則無法產生捎帶確認。

6.4.11 使用 TCP 的應用程式

前面曾介紹過，TCP 負責執行各種控制，而且還有這裡沒有說明的複雜控制▼。TCP 利用這些控制功能，提供高速化的通訊速度與可靠性。

但是，有時可能因為這些控制，反而引發問題。因此，開發應用程式時，必須思考，要交給 TCP 全權處理，還是由應用程式進行詳細控制。

假如由應用程式進行詳細控制比較適合，可以選擇 UDP 協定。資料的轉發量比較多時，需要可靠性，則盡量不考慮過於複雜的部分，可以選擇 TCP▼。TCP 與 UDP 各有優缺點，開發應用程式時，系統設計者一定要經過深思熟慮後，再選擇適合的協定。

▼例如有個確認通訊對象是否存在的 Keep-Alive 功能。這個功能會刻意傳送將封包編號的值減 1，資料為 0 位元組的區段。強迫對方傳送確認回應。預設狀態為關閉或每 2 個小時傳送一次，但是在控制系統中，也能以不到 1 秒的極短間隔來使用 Keep-Alive。

▼透過網際網路進行大型資料轉發時，必須進行壅塞控制。由於 TCP 具有壅塞控制功能，所以應用程式不需要考量壅塞控制。使用 UDP 時，應用程式就得顧慮壅塞控制。

6.5 其他傳輸協定

長期以來，網際網路中都是以 TCP 與 UDP 兩個傳輸協定為主。可是，除了 TCP 與 UDP 以外，還有其他傳輸協定，有些正展開實驗。最近，部分傳輸協定已經從實驗階段進入實用階段。

以下要介紹最近提出且今後可能會廣泛使用的傳輸協定。

▼ 6.5.1　QUIC（Quick UDP Internet Connections）

QUIC 是 Google 提出的傳輸協定，正在由 IETF 標準化，這是為了 Web 通訊而開發的協定，現在 TCP 進行的應用通訊未來可能被 QUIC 取代。

目前的 Web 通訊大多是在 TCP 上使用 HTTP 進行。TCP 能在網際網路這種複雜網路▼發揮良好的作用，而 QUIC 是從根本改善這個功能，並提升效果。例如 TCP 本身沒有加密功能▼，如果需要加密，就得交由上層或下層處理，但是 QUIC 本身就能進行加密通訊。

▼ 這種複雜網路是連接運用方針、功能、效能不同的線路所建構出來的。用途不限於 Web，還包括電子郵件、遊戲、視訊會議等。現在被來自世界各地，抱持著不同目的及想法的人使用。

▼ 雖然已經提出在 TCP 加上加密功能的建議，但是目前仍未標準化。

QUIC 會使用 UDP。既然用了傳輸協定 UDP，要說「QUIC 是傳輸協定」應該很難讓人認同，但是請把它想成「UDP+QUIC」可以發揮一個傳輸協定的作用。UDP 為非連接導向式通訊且沒有可靠性，不過利用連接埠編號，就能辨識應用程式或利用檢查碼檢查資料是否破損。

- 認證、加密

    QUIC 本身提供認證與加密，比 TCP 更嚴謹。

- 低延遲的連接管理

    在 TCP 使用加密後的 HTTP 時，需要 TCP 的連接管理（請參考 6.4.4）以及 TLS 交握（請參考 6.4.2），而 QUIC 能同時進行，並以低延遲方式建立連線。

- 多重化

    TCP 是處理一個連接與一個串流，而 QUIC 是在一個連接同時處理多個串流。因此能有效運用 UDP 的連接埠編號，減少 NAT（請參考 5.6 節）的負擔。

- 重送處理

    估算比 TCP 更詳細的往返時間（請參考 6.4.3），進行高準確度的重送處理。

- 串流的重送控制與連接的流程控制

  由於 TCP 是一個連接處理一個串流，一旦出現封包遺失的狀況，就會停止通訊。然而 QUIC 是一個連接控制多個串流，即使其中一個串流發生了封包遺失的狀況，其他串流仍能繼續通訊，整體進行流量控制。

- 連接遷移

  當 IP 位址改變時，仍能維持連接狀態（包含行動裝置移動到其他 NAT 區段的情況）。

■ QUIC 為什麼使用 UDP ？

或許你會認為，假如 QUIC 的目標是成為一個新的傳輸協定，那麼使用 UDP 也太奇怪了，不需要使用 UDP 吧！後面說明的 SCTP 及 DCCP 是獨立的傳輸協定，不使用 TCP，也不使用 UDP。

可是建立一個全新的傳輸協定是有風險的。可能發生無法運用，或鮮少人使用而很難普及等問題。

QUIC 是以在網際網路的 Web 上使用為前提的協定，而不是只在特定的組織內使用。網際網路的環境十分複雜，必須實際使用網際網路，一邊實驗，一邊擴充。

由於現在的網際網路使用了 NAT 及防火牆，即便建立了新的協定，也無法立刻使用▼。倘若中繼封包的設備只在網路層運作，就能隨意建立新的傳輸協定。可是 NAT 或防火牆除了網路層之外，也與傳輸層的表頭有關係。

如果是使用了 UDP 的傳輸協定，NAT 與防火牆就能支援，可以立刻在網際網路上實驗、研發。因此 QUIC 希望使用 UDP，建立出在 Web 上使用的理想傳輸協定▼。

▼「NAT 不支援，大家就不能用，大家不能用，NAT 就不支援。」形成這種「先有雞，還是先有蛋」的問題。

▼這並不代表使用了 UDP 之後，即使有 NAT 或防火牆，也一定能執行。使用 UDP 的優點是，可以立刻展開實驗。尤其現在這個年代大家很習慣從網際網路下載、使用應用程式。如果在應用程式嵌入可以在 UDP 上執行的新傳輸協定，不知不覺之間，使用的人就會愈來愈多，大幅增加使用者的人數。一旦使用者增加，因 NAT 或防火牆導致通訊有問題時，各家廠商一定會即刻處理，避免自家機器的使用者流失。

▼將原本用電話網連接網路所使用的協定（SS7）運用在 TCP/IP 時，不方便使用 TCP，所以才開發了 SCTP 協定。今後還能使用於各種用途。

� **6.5.2** SCTP
　　　（Stream Control Transmission Protocol）

SCTP▼和 TCP 一樣，都是一種針對資料到達與否，提供相關可靠性檢查的傳輸協定。主要的特色如下。

- 以訊息為單位來收送資料

  TCP 的傳送端應用程式所決定的訊息大小，不會告訴接收端的應用程式，但是在 SCTP 中，接收端的應用程式能得知傳送端應用程式決定的訊息大小。

- 支援多重主目錄

  在含有多個 NIC 的主機中，即使能使用的 NIC 出現變化，仍可以繼續通訊▼。

- 多重串流通訊

  可以用一個連接來達成以 TCP 建立多個連接時的通訊效果▼。

- 可以定義訊息的存活時間

  超過存活時間的訊息不會重新傳送。

SCTP 適合用在通訊的應用程式之間，傳送大量小型訊息時的情況。SCTP 將應用程式的訊息稱作「資料塊（Chunk）▼」，整合多個資料塊，成為一個封包。

此外，SCTP 支援多重主目錄（Multihoming），特色是可以設定多個 IP 位址。多重主目錄是指，一個主機擁有多個網路介面，就像筆記型電腦同時連接乙太網路與無線區域網路的情況。

同時使用乙太網路與無線區域網路時，各個 NIC 會加上不同 IP 位址。如果是 TCP，使用乙太網路開始通訊之後，切換成無線區域網路時，就會切斷連接，因為 TCP 從 SYN 到 FIN，必須維持相同的 IP 位址。

SCTP 可以管理多個 IP 位址來進行通訊，即使在無線區域網路或乙太網路之間做切換，仍可以維持通訊。因此，SCTP 能提高擁有多個 NIC 主機的通訊可靠性▼。

◤ 6.5.3　DCCP
（Datagram Congestion Control Protocol）

DCCP 是以輔助 UDP 為目的而推出的協定。UDP 沒有控制網路壅塞的功能，因此應用程式使用 UDP，對網際網路傳送大量封包時，就會發生問題。透過網際網路通訊時，若使用 UDP，就需要進行壅塞控制。由於應用程式的開發者很難做到這個功能，因而提出了 DCCP。

DCCP 有以下特色。

- 和 UDP 一樣，沒有與資料到達有關的可靠性。

- 屬於連接導向式通訊，會進行建立與切斷連接處理，而且具有可靠性。

- 可以配合網路的情況進行壅塞控制。利用 DCCP（RFC4340）的應用程式特性，可以選擇「類似 TCP 的壅塞控制」或「TCP 友善式傳輸層協定壅塞控制（TCP-Friendly Rate Control）▼」（RFC4341）其中一種。

- 為了進行壅塞控制，接收封包端會回傳確認回應（ACK）。使用確認回應，可以進行重送。

6.5.4　UDP-Lite
（Lightweight User Datagram Protocol）

UDP-Lite 是擴充 UDP 功能的傳輸協定。在 UDP 通訊中，一旦檢查碼錯誤，就會丟棄整個封包。可是，目前也有些應用程式在遇到封包內有錯誤時，不丟棄整個封包，能執行更適當的處理▼。

▼ 例 如，使 用 H.263+、H.264、MPEG-4 等影像及聲音資料格式的應用程式。

只要在 UDP 中，關閉檢查碼的功能，即使部分資料發生錯誤，也不會丟棄封包。不過，這樣做可能讓 UDP 表頭中的連接埠編號收到損壞的封包，或讓 IP 表頭中的 IP 位址接收到損壞的封包▼，所以不建議關閉 UDP 封包的檢查碼功能。為了解決這個問題，定義了改良 UDP 的 UDP-Lite 協定。

▼在通訊的識別中，也會使用 IP 位址，所以 UDP 的檢查碼也可以檢查 IP 位址是否正確，詳細說明請參考 6.6 節。

UDP-Lite 提供的功能和 UDP 幾乎一模一樣，但是應用程式可以決定計算檢查碼的範圍。該範圍包括計算含有封包與偽表頭的整個檢查碼，或只計算表頭與偽表頭的檢查碼，還有從表頭、偽表頭及資料開頭到中途的檢查碼▼。如此一來，可以利用檢查碼檢查不能發生錯誤的部分，若是別的部分發生錯誤，將忽略該錯誤，不丟棄封包，直接把發生錯誤的資料傳送給應用程式。

▼在代表 UDP 表頭的「封包長度」部分中，記載著從表頭開始到幾位元組為止要用來計算檢查碼。如果是 0，整個封包都要計算檢查碼；若是 8，則只針對表頭與偽表頭計算檢查碼。

6.6　UDP 表頭的格式

圖 6-24 顯示了 UDP 表頭的格式，除去資料部分，其他就是 UDP 的表頭。表頭是由傳送端連接埠編號、接收端連接埠編號、封包長度、檢查碼構成。

圖 6-24
UDP 資料包格式

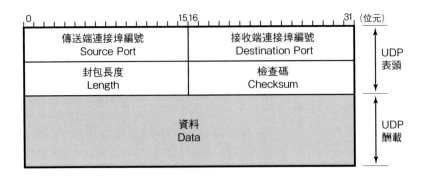

■ 傳送端連接埠編號（Source Port）

這是長度為 16 位元的欄位，顯示的是傳送端的連接埠編號。傳送端連接埠編號為可選項目，不一定會設定。假如沒有設定，這裡的值會變成「0」，可以用在不需要回應的通訊上▼。

▼例如，可以使用在針對某台主機、應用程式或群組，單向傳送更新資料，不需要確認或回應的情況。

■ 接收端連接埠編號（Destination Port）

這是長度為 16 位元的欄位，顯示的是接收端的連接埠編號。

■ 封包長度（Length）

▼ 在 UDP-Lite（請參考 6.5.4 節）中，這個欄位是 Checksum Coverage，顯示到哪裡為止是計算檢查碼的部分。

這裡儲存的是 UDP 表頭的長度與資料長度的總和▼，單位為位元組。

■ 檢查碼（Checksum）

▼一補數
一般電腦的整數運算使用的是二補數。如果使用一補數來計算檢查碼，即使位數增加，也會恢復成 1 位數，能避免資料遺失，而且 0 的表現方式有兩種，能用兩種意思來代表 0，所以有兩個優點。

檢查碼是用來提供 UDP 表頭與資料可靠性的部分。計算檢查碼時，如圖 6-25 所示，在 UDP 資料包前面，會加上 UDP 偽表頭。為了讓全長成為 16 位元的倍數，會在資料的最後加上「0」。此時，UDP 表頭的檢查碼欄位變成「0」。另外，以 16 位元為單位，計算一補數▼的總和，再將計算出總和的一補數，填入檢查碼欄位中。

圖 6-25
利用 UDP 偽表頭計算檢查碼

▼來源 IP 位址與目的地 IP 位址如果是 IPv4 位址，分別為 32 位元，若是 IPv6，則會變成 128 位元。

▼填充
為了讓位置一致，而補上 0。

```
0        7 8      15 16                31 （位元）
┌──────────────────────────────────────┐
│            來源IP位址▼                 │
├──────────────────────────────────────┤
│           目的地IP位址▼                │
├──────────┬──────────┬──────────────────┤
│填充▼(填充物)│協定編號  │                  │
│   0      │   17     │   UDP封包長度      │
└──────────┴──────────┴──────────────────┘
```

接收端主機收到 UDP 資料包之後，從 IP 表頭取得 IP 位址，建立 UDP 偽表頭，再計算檢查碼。在檢查碼的欄位中，由於加入了檢查碼以外剩餘部分總和的補數值，所以加上含有檢查碼的所有資料結果為「16 位元全部都是 1▼」，才是正確的值。

▼一補數的值是 0（負數 0），二進位是 1111111111111111，十六進位是 FFFF，十進位是 65535。

UDP 也可以不使用檢查碼。若不使用檢查碼，就在檢查碼的欄位中加入 0。由於不用計算檢查碼，使得協定處理的開支（Overhead）▼縮小，而提高了資料的傳輸速度。可是，一旦 UDP 表頭的連接埠編號、IP 表頭的 IP 位址損壞，就可能對其他通訊造成不良影響。基於這個理由，建議在現在的網際網路中，最好使用檢查碼。

▼開支（Overhead）
這是指，除了處理實際的資料之外，為了通訊而進行資料控制等處理時，必須消耗的部分。

> #### ■ 利用檢查碼計算 UDP 偽表頭的理由
>
> 為什麼計算檢查碼時，也要計算 UDP 偽表頭？這一點與 6.2 節說明的內容有關。
>
> 如果要識別進行 TCP/IP 通訊的應用程式，需要用到「來源 IP 位址」、「目的地 IP 位址」、「傳送端連接埠編號」、「接收端連接埠編號」、「協定」等 5 種資料。可是，在 UDP 表頭中，只包含了 5 項中的「傳送端連接埠編號」與「接收端連接埠編號」等 2 種，其餘 3 種資料是儲存在 IP 表頭中。
>
> 假如其他 3 種資料損壞了，會發生什麼事呢？可能發生資料傳送給別的應用程式，而不是應該接收資料的應用程式。
>
> 為了防範這種情形，一定要確認通訊所需的 5 種識別項目都完全正確。因此，計算檢查碼時，才會需要使用偽表頭。
>
> 此外，IPv6 的 IP 表頭不含檢查碼。TCP 或 UDP 利用偽表頭來檢查這 5 個數字，即使 IP 表頭不具可靠性，仍可以進行可靠的通訊。

6.7　TCP 表頭的格式

圖 6-26 是 TCP 表頭的格式。TCP 表頭比 UDP 表頭還複雜。

圖 6-26
TCP 區段格式

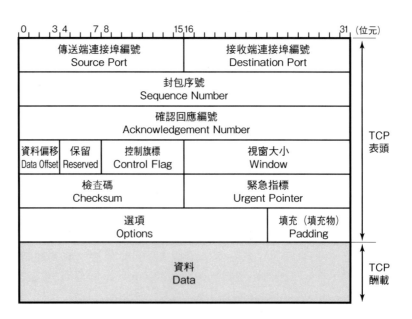

TCP 沒有表示封包長度與資料長度的欄位。TCP 只提供來自 IP 層的 TCP 封包長度，再從該長度得知資料長度。

■ 傳送端連接埠編號（Source Port）

這是長度為 16 位元的欄位，顯示的是傳送端的連接埠編號。

■ 接收端連接埠編號（Destination Port）

這是長度為 16 位元的欄位，顯示的是接收端的連接埠編號。

■ 封包序號（Sequence Number）

這是長度為 32 位元的欄位，顯示的是封包序號。封包序號代表傳送資料的位置，每次傳送資料時，就加上傳送資料的位元組數。

此外，封包序號不是從 0 或 1 開始，而是在建立連接時，由隨機亂數決定預設值，再以 SYN 封包傳送到接收端主機。傳送後的位元數加在預設值上，藉此顯示資料的位置。另外，建立連接時的 SYN 封包，與切斷連接時的 FIN 封包，即使沒有資料，也會當作 1 個位元組來增加封包序號，進行處理。

■ 確認回應編號（Acknowledgement Number）

這是長度為 32 位元的欄位，顯示的是確認回應編號。確認回應編號是下次要接收到的資料封包序號。因此，實際上這是指，接收的資料是到確認回應編號減 1 的封包序號為止。傳送端根據回傳的確認回應編號，判斷前面的資料都正常通訊。

■ 資料偏移（Data Offset）

這是指 TCP 傳送的資料是從 TCP 表頭開頭的何處開始，也可以當成是 TCP 表頭的長度。這個欄位的長度為 4 位元，單位是 4 位元組（＝ 32 位元）。不包含選項時，如圖 6-26 所示，TCP 表頭長度是 20 位元組，所以填入「5」。相對來說，如果看到這裡的數字是「5」，代表到 20 位元組為止屬於 TCP 表頭，之後才是傳送的資料。

■ 保留（Reserved）

這是準備將來擴充用的欄位，長度為 4 位元。必須先設定為「0」，但是就算接收到沒有變成 0 的封包，也不可以丟棄。

■ 控制旗標（Control Flag）

這個欄位的長度是 8 位元，各位元的名稱自左起依序為 CWR、ECE、URG、ACK、PSH、RST、SYN、FIN，稱作控制旗標（Control Flag）或控制位元。當各個位元設定為 1 時，具有以下意義。

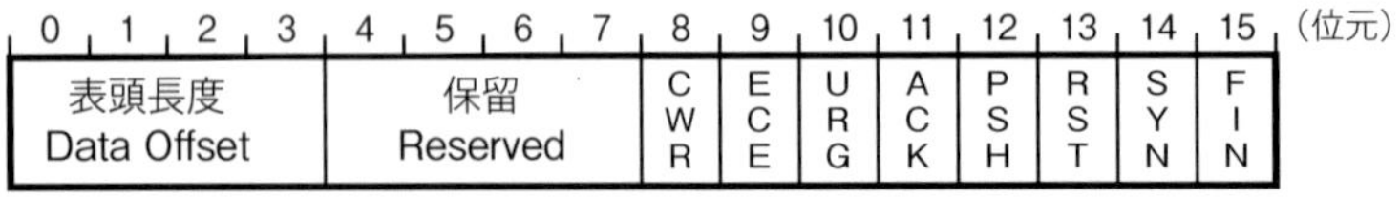

圖 6-27
控制旗標

0　1　2　3	4　5　6　7	8	9	10	11	12	13	14	15	（位元）
表頭長度 Data Offset	保留 Reserved	C W R	E C E	U R G	A C K	P S H	R S T	S Y N	F I N	

- **CWR（Congestion Window Reduced）**

▼關於 CWR 旗標的設定，請參考 5.8.5 節。

CWR 旗標▼與 ECE 旗標都是使用於 IP 表頭 ECN 欄位的旗標。ECE 旗標收到一個封包，並通知對方已經縮小壅塞視窗。

- **ECE（ECN-Echo）**

▼關於 ECE 旗標的設定，請參考 5.8.5 節。

ECE 旗標▼是指 ECN-Echo 的旗標，告訴通訊對象，從對方到這裡的網路出現壅塞現象。收到的封包在 IP 表頭中的 ECN 位元如果是 1，TCP 表頭的 ECE 旗標會設定成 1。

- **URG（Urgent Flag）**

當這個位元為「1」時，代表含有必須緊急處理的資料。需要緊急處理的資料，後面將用緊急指標來顯示。

- **ACK（Acknowledgement Flag）**

這個位元如果是「1」，代表確認回應編號的欄位有效。除了建立連接時最初的 SYN 區段，其他都要設定為「1」。

- **PSH（Push Flag）**

這個位元如果是「1」，接收到的資料必須馬上傳遞給上層的應用程式。假如是「0」，則允許收到的資料不用馬上傳給應用程式，可以暫存在緩衝區。

- **RST（Reset Flag）**

這個位元如果為「1」，將強制切斷連接。偵測出異常狀況時，就會傳送 RST。例如，對沒有使用的 TCP 連接埠編號提出連接請求，也無法通訊。此時，就會回傳 RST 設定為「1」的封包。另外，當應用程式當掉或斷電等原因使得電腦重新啟動時，就無法繼續 TCP 通訊。因為連接資料全部都會恢復成預設值。遇到這種情況，若通訊對象傳送封包時，就會回傳 RST 設定為「1」的封包，強制中斷通訊。

- SYN（Synchronize Flag）

  用來建立連接。這裡設定為「1」的時候，代表想要建立連接，同時利用儲存在封包序號的欄位，進行封包序號預設值設定▼。

- FIN（Fin Flag）

  這裡設定為「1」的時候，代表之後沒有要傳送的資料，希望切斷連接。如果通訊結束，想切斷連接時，通訊雙方的主機之間，會交換 FIN 設定為「1」的 TCP 區段。接著分別對 FIN 回傳確認回應，這樣就會切斷連接。不過，即使收到通訊對象傳來 FIN 設定為「1」的區段，也不用立刻回傳 FIN。可以等到需要傳送的資料全部清除之後，再回傳 FIN 即可。

■ 視窗大小（Window）

這個欄位的位元長度為 16 位元，主要用來通知從同樣包含在 TCP 表頭中的確認回應編號所顯示的位置開始，能接收的資料大小（位元組數）。傳送的資料量不能超過這個值。但是，如果通知的視窗大小為 0 時，允許傳送為了瞭解視窗最新資料的「視窗探索」。此時，資料必須為 1 位元組。

■ 檢查碼（Checksum）

圖 6-28
計算檢查碼的 TCP 偽表頭

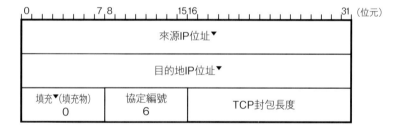

▼ 來源 IP 位址與目的地 IP 位址如果是 IPv4 位址，分別為 32 位元，若是 IPv6，則會變成 128 位元。

▼填充
為了讓位置一致，而補上 0。

TCP 的檢查碼和 UDP 幾乎一樣，但是 TCP 無法關閉檢查碼。

TCP 和 UDP 一樣，都是使用 TCP 偽表頭來計算檢查碼，偽表頭如圖 6-28 所示。全長為 16 位元的倍數，在資料最後補上「0」當作填充（補滿）。此時，TCP 表頭的檢查碼欄位設定為「0」。接著以 16 位元為單位，計算一補數的總和，再把計算出總和的一補數填入檢查碼欄位中。

接收端是收到 TCP 區段之後，從 IP 表頭取得 IP 位址，建立 TCP 偽表頭，計算檢查碼。在檢查碼的欄位中，填入的是去除檢查碼後，其餘部分的總和補數值，所以加上含有檢查碼的所有資料，結果若是「16 位元全部都是 1▼」，即可判斷這個值是正確的。

▼ 一補數的值是 0（負數 0），二進位是 1111111111111111，十六進位是 FFFF，十進位是 65535。

> **■ TCP 與 UDP 的檢查碼有何用途？**
>
> 利用資料連結的 FCS，可以偵測出因噪音而引起通訊途中的位元錯誤問題。既然如此，為什麼在 TCP 與 UDP 中含有檢查碼呢？
>
> 相較於偵測出因噪音造成的錯誤，檢查碼是用來確保資料不受途中路由器的記憶體故障或應用程式漏洞等影響，而遭到損壞。
>
> 曾經使用 C 語言寫過程式的人，相信都有因為指標操作錯誤而破壞資料的經驗。連路由器的程式設計中，也會出現含有漏洞或程式當掉的情況。在網際網路中，一定會經過多個路由器來傳送封包，萬一途中某個路由器壞掉，通過該路由器的封包、表頭、資料都可能受到破壞。此時，只要有了 TCP 或 UDP 檢查碼，就可以檢查表頭與資料是否損壞。

■ 緊急指標（Urgent Pointer）

這個欄位的長度是 16 位元，控制旗標的 URG 是「1」時，代表有效。這裡顯示的數值將當作緊急資料儲存位置指標來處理。正確來說，資料區域的開頭到這個緊急指標顯示的數值為止（位元組長度）就是緊急資料。

該如何處理緊急資料，是由應用程式決定。一般來說，通常用在暫時中斷通訊，中斷處理的情況。例如，在 Web 瀏覽器點擊中止按鈕，或在 TELNET 輸入 CTRL ＋ C 等。此外，緊急指標也可以當成是資料串流分割處的標誌。

■ 選項（Options）

選項是用來提高 TCP 通訊的效能。受到資料偏移欄位（表頭長度欄位）的限制，選項最大為 40 位元組。

此外，選項欄位的長度將調整成 32 位元的整數倍。代表性的 TCP 選項如表 6-3 所示，裡面挑選了幾個重要的部分來說明。

表 6-3
代表性的 TCP 選項

類型	長度	定義	RFC
0	-	End of Option List	RFC793
1	-	No-Operation	RFC793
2	4	Maximum Segment Size	RFC793
3	3	WSOPT-Window Scale	RFC1323
4	2	SACK Permitted	RFC2018
5	N	SACK	RFC2018
8	10	TSOPT - Time Stamp Option	RFC1323
27	8	Quick-Start Response	RFC4782
28	4	User Timeout Option	RFC5482
29	-	TCP Authentication Option（TCP-AO）	RFC5925
30	N	Multipath TCP（MPTCP）	RFC6824
34	variable	TCP Fast Open Cookie	RFC7413
253	N	RFC3692-style Experiment 1	RFC4727
254	N	RFC3692-style Experiment 2	RFC4727

類型 2 的 MSS 選項是用來決定建立連接時的最大區段長度，幾乎所有 OS 都有用到這個選項。

▼吞吐量
這是指系統可以發揮的最大處理能力。如果用在網路上，通常是代表該裝置或網路可以達成的最大通訊速度，單位為 bps（bits per second）。

類型 3 的視窗擴大選項是用來改善 TCP 吞吐量▼。TCP 的視窗長度只有 16 位元，因此在 TCP 中，封包往返之間（RTT，Round Trip Time）只能傳送 64k 位元組的資料▼。利用這個選項，視窗的最大值可以擴充到 1G 位元組。如此一來，即使往返時間較長的網路，也能達到較高的吞吐量。

▼例如，往返時間是 0.1 秒，資料連結的頻寬不論多大，最大只能達到 5Mbps 的吞吐量。

類型 8 的時戳選項是用來管理高速通訊時的封包序號。利用高速網路傳送數 G 以上的資料時，可能在數秒之內，就把 32 位元的封包序號用完。當路徑不穩定或網路卡住時，可能會發生比較晚才收到封包序號較前面的資料。新舊封包序號的資料混在一起時，就無法提供可靠性。利用這個選項，能避免發生這種情況，因為它可以區別新舊封包序號。

▼這是指途中部分封包遺失，變成不完整的狀態。

類型 4 與 5 是用在選擇確認回應（SACK：Selective ACKnowledgement）上。TCP 的確認回應只有一個數字，區段以「殘缺狀態▼」到達的話，將會讓網路效能顯著降低。利用這個選項，最大可以允許 4 個「殘缺狀態」的確認回應，避免無謂的重送處理或快速進行重送處理，以提高吞吐量。

■ 視窗大小與吞吐量

利用 TCP 進行通訊的最大吞吐量是由視窗大小與往返時間而定。最大吞吐量是 T_{max}，視窗大小為 W，往返時間是 RTT，可以利用以下算式計算最大吞吐量。

$$T_{max} = \frac{W}{RTT}$$

例如，視窗大小為 65535 位元組，往返時間是 0.1 秒，計算出來的最大吞吐量 T_{max} 如下。

$$T_{max} = \frac{65535\,(\text{位元組})}{0.1\,(\text{秒})} = \frac{65535 \times 8\,(\text{位元})}{0.1\,(\text{秒})}$$

$$= 5242800\,(\text{bps}) \fallingdotseq 5.2\,(\text{Mbps})$$

這是表示一個 TCP 連接可以傳送的最大吞吐量。同時建立兩個以上的連接，傳送資料時，利用這個算式能顯示各個連接的最大吞吐量。換句話說，相較於以一個 TCP 連接傳送檔案，用多個 TCP 連接傳送資料，可以獲得較高的吞吐量。Web 瀏覽器等，可以同時建立 4 個 TCP 連接來進行通訊，因此能提高吞吐量。

第7章

路由協定
（路徑控制協定）

網際網路的世界是由區域網路與廣域網路交織而成。可是，不論網路的結構
多複雜，都得經由適當的路徑，將封包傳遞到目標主機。路由控制就是負責
決定該走哪條路徑。本章要學習路由控制與相關的路由協定。

7 應用層 （Application Layer）	〈應用層〉 TELNET, SSH, HTTP, SMTP, POP, SSL/TLS, FTP, MIME, HTML, SNMP, MIB, SIP, …
6 表現層 （Presentation Layer）	
5 交談層 （Session Layer）	
4 傳輸層 （Transport Layer）	〈傳輸層〉 TCP, UDP, UDP-Lite, SCTP, DCCP
3 網路層 （Network Layer）	〈網路層〉 ARP, IPv4, IPv6, ICMP, IPsec
2 資料連結層 （Data-Link Layer）	乙太網路、無線網路、PPP、… （雙絞線、無線、光纖、…）
1 實體層 （Physical Layer）	

7.1 何謂路由控制？

▼ 7.1.1　IP 位址與路由控制

網際網路是以路由器連接各個網路而形成的。為了將封包傳送到正確的接收端主機，路由器必須往正確的方向傳送封包。負責將封包轉發到「正確方向」的處理，就稱作路由控制。

路由器是參考路由表（Routing Table）來傳送封包。比較接收封包的目的地 IP 位址與路由表，決定下次要傳送資料的路由器。因此，路由表一定要記錄正確的資料，假如出現錯誤，就可能無法將封包送達目標主機。

▼ 7.1.2　靜態路由與動態路由

▼ Static Routing

▼ Dynamic Routing

究竟是誰、又如何建立並管理路由表呢？路由控制的方法有兩種，包括靜態路由▼（Static Routing）與動態路由▼（Dynamic Routing）。

靜態路由是在路由器或主機設定固定的路由資料，相對來說，動態路由是執行路由協定，自動設定路由資料。這兩種方法各有優缺點。

靜態路由的設定一般都是由人來手動執行。假如有 100 個 IP 網路，就必須在各個路由器中，輸入將近 100 個路由資料。當新增一個網路時，還得將新增的網路資料設定在全部的路由器中，對於管理者來說，實在是很大的負擔。當網路發生問題時，基本上無法自動繞過故障位置。因此出現異常狀況時，管理者要手動更改設定。

圖 7-1
靜態路由與動態路由

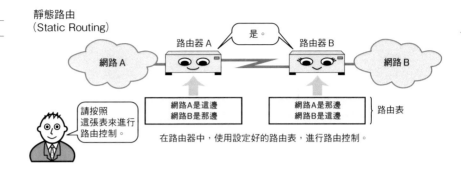

靜態路由
（Static Routing）

是。

路由器 A　　　　　　路由器 B

網路 A　　　　　　　　　　　　網路 B

請按照
這張表來進行
路由控制。

網路A是這邊
網路B是那邊

網路A是那邊
網路B是這邊
｝路由表

在路由器中，使用設定好的路由表，進行路由控制。

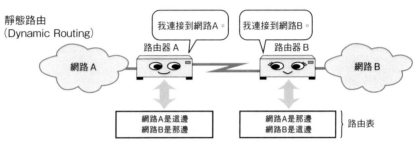

靜態路由
（Dynamic Routing）

我連接到網路A。　　我連接到網路B。

路由器 A　　　　　　路由器 B

網路 A　　　　　　　　　　　　網路 B

網路A是這邊
網路B是那邊

網路A是那邊
網路B是這邊
｝路由表

在路由器之間，進行路由資料交換，
路由器本身建立路由表，進行路由控制。

使用動態路由時，管理者必須設定路由協定。設定的複雜程度將隨著路由協定的種類而改變。例如，RIP 幾乎不需要設定，若要利用 OSPF 進行詳細控制，設定工作就很繁瑣。

追加一個新的網路時，只要在該網路的路由器上，設定動態路由，就不用像靜態路由一樣，手動更改所有路由器設定。路由器數量較多時，動態路由的管理工作量就比較少。

當網路發生問題時，如果有迂迴路由，就可以更改設定，讓封包自動通過迂迴路由。為了透過路由控制交換必要的資料，在動態路由中，會定期與相鄰的路由器交換訊息。不過交換訊息會對網路帶來一定程度的負擔。

另外，靜態路由與動態路由並非只能使用其中一種，也可以搭配使用。

▌ 7.1.3　動態路由的基礎

動態路由在相鄰的路由器之間，會彼此交換自己瞭解的網路連接資料，如圖 7-2 所示。這些資料會以接力方式傳送到網路的各個角落，這樣就能完成路由表，正確傳送 IP 封包▼。

▼圖 7-2 的方法只在「沒有迴圈時」才能正常進行。例如，連接路由器 C 與路由器 D，就無法正常運作。

圖 7-2
利用路由協定交換路由資料

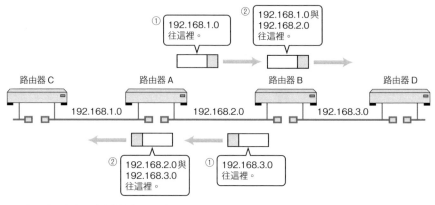

※箭頭（──→）代表路由資料流動的方向

7.2　控制路由範圍

隨著 IP 網路的發展，要統一管理整個網路變得不可能。因此，提出利用控制路由範圍，分別使用 IGP（Interior Gateway Protocol）與 EGP（Exterior Gateway Protocol）▼兩種路由協定的方法。

▼另外還有名為 EGP 的特定路由協定，請注意別與它搞錯了。

▌ 7.2.1　連接網際網路的各種組織機構

網際網路連接著世界上的各個組織機構。說的極端一點，網際網路能串連起語言不同、宗教也不同的組織。這些想法與方針不同的組織彼此相連，可以進行通訊的世界，就稱作網際網路。沒有被管理者與管理者，而是各個組織以對等關係相連。

▌ 7.2.2　自治系統與路由協定

企業內部的網路管理方針，是由該組織內部自行決定後實施。不同企業或組織，對於網路管理及運作的思考方法也不同。為了提升企業或組織的營業額及生產力，當然希望引進適當的設備，建構適當的網路，形成適當的運作體制。不需要理會公司外人要求公開內部網路架構的請求，

也不用依照別人的指示來設定細節。這個道理和我們日常生活一樣，關於家中的決定，不需要向別人公開，也不用遵照別人的指示。

決定與路由控制有關的原則，再依照該原則運用的範圍，稱作自治系統（AS，Autonomous System）或路由控制網域（Routing Domain）。這是利用相同決定與想法（規則），管理路由控制的單位。自治系統的具體範例包括地區網路、大型 ISP（網際網路服務供應商）等。在地區網路與 ISP 的內部，由建構、管理、運用網路的管理者及經營者，建立與路由控制有關的方針，並且按照該方針，進行路由控制設定。

與地區網路或網際網路服務供應商連接的組織，必須按照該管理者的指示，設定路由控制。假如沒有遵守，將會對其他組織造成困擾，使得任何組織都無法通訊。

圖 7-3
EGP 與 IGP

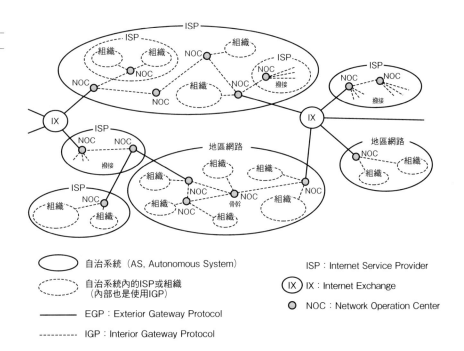

自治系統（路由網域）內部使用的動態路由是網域內的路由協定，亦即 IGP。而自治系統之間的路由控制，使用的是網域間的路由協定，亦即 EGP。

▼ 7.2.3　EGP 與 IGP

如前面說明過，路由協定分成 EGP（Exterior Gateway Protocol）與 IGP（Interior Gateway Protocol）兩大類。

IP 位址分成網路部分與主機部分，分別具有不同功能，而 EGP 與 IGP 的關係類似 IP 位址的網路部分及主機部分。利用 IP 位址的網路部分，可以進行網路之間的路由控制，主機部分是用來識別連結內的主機。我們可以利用 EGP 來進行地區網路或 ISP 之間的路由控制，而 IGP 可以識別該地區網路或 ISP 內部的主機。

因此，路由協定是分成兩大層級來分別運用。假如沒有 EGP，就無法與全球的組織機構通訊，缺少了 IGP，組織內部就無法通訊。

IGP 可以使用 RIP（Routing Information Protocol）、RIP2、OSPF（Open Shortest Path First）等協定，而 EGP 使用的是 BGP（Border Gateway Protocol）。

7.3　路由演算法

路由演算法中，包含了各式各樣的方法，最具代表性的方法有兩種。一種是距離向量型（Distance-Vector），另外一種是連結狀態型（Link-State）。

▼ 7.3.1　距離向量型（Distance-Vector）

▼ Metric
這是在路由控制中，用來評估距離或成本等傳輸條件的指標。在距離向量型中，通過的路由器數量等於 Metric 值。

圖 7-4
距離向量型

距離向量型演算法是依照距離（Metric ▼）與方向，決定目標網路或主機位址的方法。

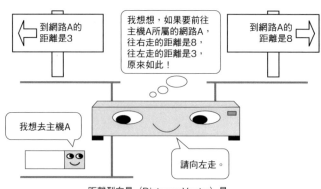

距離型向量（Distance-Vector）是利用距離與方向來決定前往目標網路的路徑。

路由器彼此會交換前往目標網路的方向與距離等資料。利用方向與距離等資料建立路由表，這是處理上比較簡單的方法，但是因為只能得知距離與方向等資料，一旦網路的結構變複雜，需要花費一些時間，才能讓路由控制資料穩定下來▼，而且路徑上也可能比較容易形成迴圈。

▼稱作路由收斂。

7.3.2 連結狀態型（Link-State）

連結狀態型是路由器瞭解整個網路的連接狀態，建立路由表的方法。這種方法必須讓各路由器擁有相同資料，才能進行正確的路由控制。

在距離向量型演算法中，各個路由器擁有的資料都不相同，因為各網路之間的距離（Metric）會隨著路由器的數量而異。因此，它的缺點是很難確認各路由器的資料是否正確。

連結狀態型演算法是所有的路由器都要擁有相同資料，因為網路結構對任何一個路由器來說，都是一樣的。因此，只要有了與其他路由器一樣的路由控制資料，就能獲得正確資訊。若能讓各路由器的路由控制資料與其他路由器快速同步▼，即可讓路由控制穩定下來。所以，這種演算法的優點是，即使網路變複雜，各路由器都能擁有正確的路由控制資料，進行穩定的路由控制。

▼同步
分散式系統的用語，代表讓所有系統之間的值都變成一樣。

不過這種演算法的代價是，從網路拓撲獲得路由表的運算過程十分複雜。尤其是網路龐大且結構複雜的情況，若要管理與處理拓撲資料，需要強大的 CPU 效能及大量的記憶體資源▼。

▼因此，在 OSPF 中，努力將網路分割成區塊，以減少路由控制的資料。

圖 7-5
連結狀態型

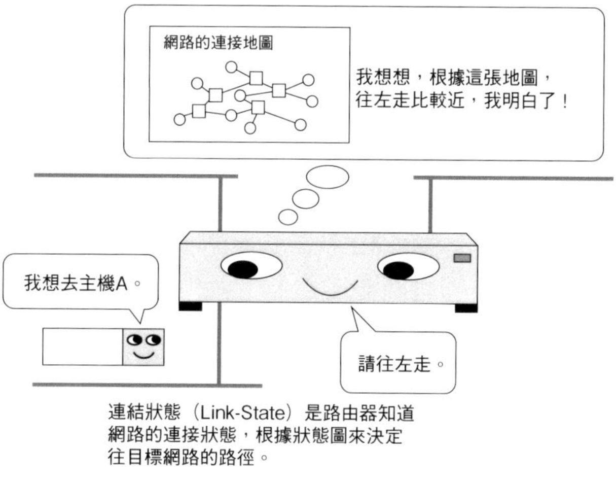

連結狀態（Link-State）是路由器知道網路的連接狀態，根據狀態圖來決定往目標網路的路徑。

▼ 7.3.3　主要的路由協定

路由協定有各式各樣的種類，表 7-1 列出了幾個主要的路由協定。

▼ 這裡的 EGP 並非是 IGP
與 EGP 中的 EGP，而是指
名為 EGP 的特定協定。

表 7-1 中的 EGP▼不支援 CIDR，所以現在的網際網路已經不使用它當作對外連接用的協定。在後面的小節中，將說明 RIP、RIP2、OSPF、BGP 的基礎知識。

表 7-1
各路由協定的特性

路由協定	下層協定	方式	適用範圍	偵測迴圈
RIP	UDP	距離向量	組織內	×
RIP2	UDP	距離向量	組織內	×
OSPF	IP	連結狀態	組織內	○
EGP	IP	距離向量	對外連接	×
BGP	TCP	路由向量	對外連接	○

7.4　RIP（Routing Information Protocol）

▼ routed
這是讓安裝在 UNIX 機器中
的 RIP 流程可以執行的守護
行程。

RIP 屬於距離向量型路由協定，廣泛使用於區域網路。由於在 BSD UNIX 標準中，提供可使用 RIP 的 routed▼，因而迅速普及。

之後從運用 RIP 獲得的各種經驗為基礎，推出了經過改良的 RIP2 協定。現在在路由協定使用 RIP 時，主要使用的是 RIP2。後面會再說明 RIP2。

▼ 7.4.1　廣播路由控制資料

RIP 會定期在網路上廣播路由控制資料。路由控制資料的傳送間隔是以每 30 秒為週期，假如沒有收到路由控制資料，會判斷連接中斷。但是，沒收到路由控制資料也可能是因為封包遺失，所以會等待 5 次。假如第 6 次（180 秒）仍然沒有收到資料，就會判斷連接中斷。

圖 7-6
RIP 概要

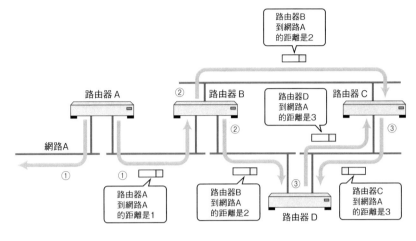

① 廣播自己知道的路由控制資料（每30秒1次）。
② 把知道的資料，在距離加上1之後，再廣播。
③ 依序逐步傳輸資料。

▼ 7.4.2 利用距離向量決定路徑

RIP 是利用距離向量來決定路徑。距離（Metric）的單位是「跳數」。跳數是指通過的路由器數量。RIP 會盡量減少通過的路由器數量，把資料送達目的地 IP 位址。如圖 7-7 所示，利用距離向量型演算法建立距離向量資料庫，篩選出距離較小的路徑，製作成路由表。

圖 7-7
利用距離向量建立路由表

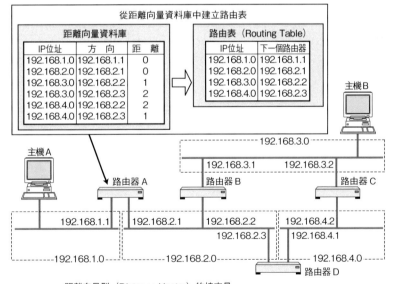

距離向量型（Distance-Vector）的協定是
利用網路的距離與方向建立路由表。
相同網路若有兩個路徑，會選擇距離較小的一方▼。

▼距離相同時，不同品牌的路由器，處理方式也會不一樣。可能是隨意選擇其中一方，或保留兩者交替傳送封包等。

▼ 7.4.3　利用子網路遮罩的 RIP 處理

雖然 RIP 不會交換子網路遮罩的資料，卻能用在子網路遮罩的網路中。不過，使用時，必須注意以下幾點。

- 以等級分類介面中的 IP 位址計算出網路位址，再以等級分類路由控制資料傳來的位址，計算出網路位址，如果兩者的網路位址相同，即可確定介面中的網路位址長度是一樣的。

- 如果不一樣，就以等級分類 IP 位址後計算出的網路位址長度來處理。

例如，路由器的介面中，含有 192.168.1.33/27 的 IP 位址。這是 C 級位址，所以用等級判斷出來的網路位址是 192.168.1.0/24。若是與 192.168.1.0/24 對應的位址，全部的網路位址長度以 27 位元來處理。如果是其他位址，就以等級判斷各個 IP 位址後的網路長度來處理。

因此，以 RIP 進行路由控制的範圍內，使用等級判斷出異常網路位址或出現網路位址長度不同的網路時，就要特別注意▼。

▼用子網路遮罩延長以等級顯示網路部分的位元長度時，延長後的部分，若位元全都是 0，就稱作 0 子網路，如果全部都是 1，則稱作 1 子網路。請注意！0 子網路與 1 子網路都不能使用 RIP（可以用於 RIP2、OSPF、靜態路由）。

圖 7-8
RIP 與子網路遮罩

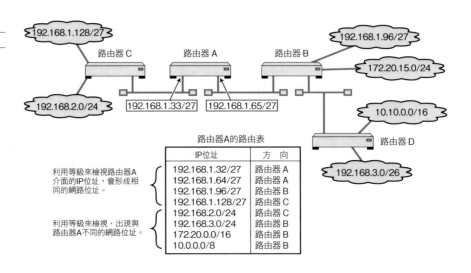

▼ 7.4.4 以 RIP 更改路由時的處理

RIP 的基本動作如下。

- 定期廣播自己知道的路由控制資料。

- 判斷網路中斷時，將不會傳送該資料，而且其他的路由器可以知道網路中斷。

可是單憑這樣會出現幾個問題。

以圖 7-9 為例，路由器 A 把網路 A 的連接資料傳送給路由器 B，路由器 B 把自己知道的資料加 1，分別傳給路由器 A 與路由器 C。假設現在與網路 A 的連接中斷。

圖 7-9
無限計數問題

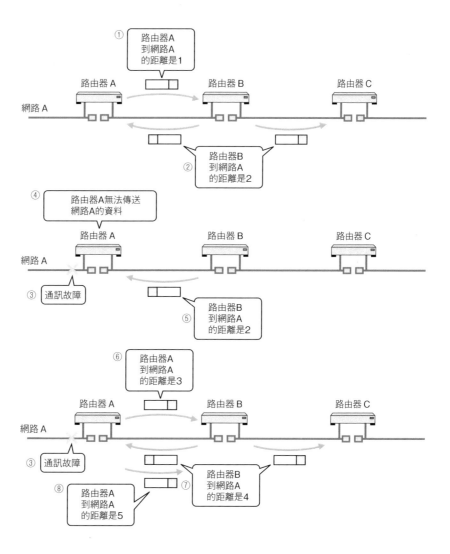

路由器 A 得知與網路 A 的連接中止，網路 A 的資料無法流向路由器 B，但是路由器 B 擁有舊資料，所以繼續傳送給路由器 A。如此一來，路由器 A 根據路由器 B 取得的資料，誤以為經由路由器 B 可以到達網路 A，因而更新路由控制資料。

這種反向取得過去傳出去的資料，彼此相互傳送的問題，就稱作無限計數（Counting to Infinity）。有兩種方法可以解決這個問題。

▼「距離 16」的資料會保留 120 秒，在這個時間內會傳送，超過之後，就會刪除，無法傳送。這裡的時間是用「垃圾收集計時器（Garbage Collection Timer）」來管理。

- 超過距離 16 就無法通訊▼。利用這種方式，即使發生無限計數，也可以縮短時間。

- 限制原本會通知路由資料的介面，不再傳送路由資料，這稱作水平分割（Split Horizon）。

圖 7-10
水平分割

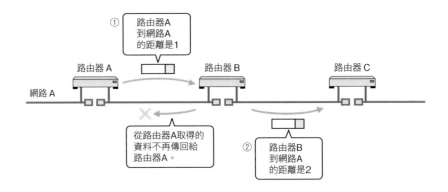

可是，部分網路運用這種方法也無法解決問題，如圖 7-11 這種含有迴圈的網路。

因為有迴圈，使得反向路線變成迂迴路徑，造成路由資料不斷循環。假如迴圈內部發生無法通訊的地方，就可以設定能正常通過的迂迴路徑，但是如圖 7-11 所示，與網路 A 之間發生通訊故障時，將無法傳送正確資料。尤其是形成多重迴圈時，需要一段時間才能得到正確的路由資料。

為了盡量解決這個問題，提出了毒性逆轉（Poisoned Reverse）與觸發更新（Triggered Update）等兩種方法。

圖 7-11
含有迴圈的網路

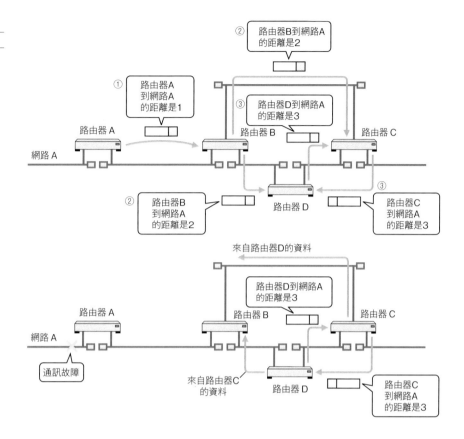

毒性逆轉是在切斷路徑時，傳送代表無法通訊、距離為 16 的訊息，而非不傳送資料。觸發更新是當資料變更時，連 30 秒都不等，立刻傳送訊息的方法。利用這些方法，當路徑消失時，仍可以快速傳送消息，提早收斂路由資料。

圖 7-12
毒性逆轉與觸發更新

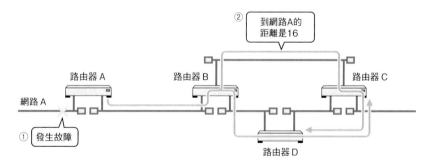

觸發更新的作用是，能比每30秒傳送一次的路由控制資料更快傳送訊息，可以避免傳送錯誤的路由控制資料。

可是，就算使用這裡說明的方法，遇到有多重迴圈、結構複雜的網路時，仍需要花一些時間才能讓路徑資料變穩定。如果要解決這些問題，就得掌握網路結構，根據哪些路由器中止連接等資料，利用 OSPF 來進行路由控制。

▼ 7.4.5　RIP2

▼ 在 IPv6 的路由協定中
含有 RIPng（RFC2080）。

RIP2 是 RIP 的第二版，是根據使用 RIP 獲得的經驗，經過改良後的協定。基本的概念與 RIP 第一版相同，但是增加了以下功能▼。

■ 使用群播

RIP 在交換路由控制資料時，使用的是廣播封包，但是 RIP2 使用的是群播。這樣可以減少流量，也縮小了對其他無關主機的影響。

■ 支援子網路遮罩

RIP 無法傳遞子網路遮罩的資料，必須特別留意，但是 RIP2 已經能於路由控制資料中，嵌入子網路遮罩的資料，因而能在由可變長度子網路構成的網路進行路由控制。

■ 路由網域

允許在一個網路上使用邏輯獨立的多個 RIP。

■ 外部路由標籤

用於透過 RIP，把從 BGP 取得的路由控制資料通知 AS 內部時。

■ 認證碼

使用密碼，只有封包擁有可辨識的密碼時，才會被接收。密碼不同的 RIP 封包會被忽略。

7.5　OSPF（Open Shortest Path First）

▼ 目前 OSPF 的版本包括 OSPFv2（RFC2328、STD54） 及 支 援 IPv6 的 OSPFv3（RFC5340）。

▼ Intermediate System to Intermediate System Intra-Domain routing information exchange protocol

OSPF▼是參考 OSI 的 IS-IS▼協定而制定的連結狀態型路由協定。採用連結狀態型路由協定，即使遇到含有迴圈的網路，也可以進行穩定的路由控制。

此外，OSPF 支援子網路遮罩。利用 OSPF，讓和 RIP2 一樣由可變長度子網路構成的網路能進行路由控制。為了減少流量，還導入區域概念。區域是指網路的邏輯性領域，將網路分成不同區域，可以減少不必要的路由協定進行傳輸。

OSPF 是可以依照 IP 表頭的服務類型（TOS）建立多張路由表的協定。但是，即便是支援 OSPF 的路由器，也可能出現不支援這項功能的情況。

▼ **7.5.1** OSPF 是連結狀態型路由協定

OSPF 是連結狀態型的協定。路由器之間交換網路的連結狀態，建立網路拓撲。再根據拓撲資要，製作路由表。

圖 7-13
利用連結狀態決定路徑

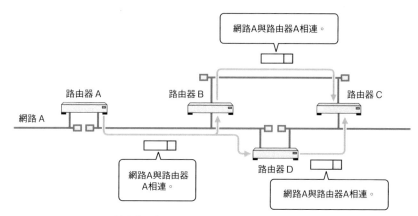

以接力方式傳送哪個網路連接到哪台路由器的資料。

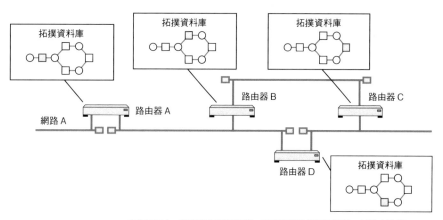

在OSPF中，徹底掌握網路拓撲，利用拓撲計算最短路徑，以決定路徑。

▼實際上，可以在連接該資料連結（子網路）的介面加上成本。只有傳送端會考量到成本，接收端不用。

在 RIP 中，以通過路由器數量最少的方向來設定路徑。相對來說，OSPF 可以對各連結▼加上權重，選擇權重最小的路徑。OSPF 把權重稱作成本。換句話說，在 OSPF 中，使用當作 Metric 的成本，以最小成本合計值來進行路由控制。如圖 7-14 的網路，RIP 是以通過路由數量最少的方向來傳送封包，而 OSPF 以最小成本合計值來做決定。

圖 7-14
網路的權重與路由
選擇

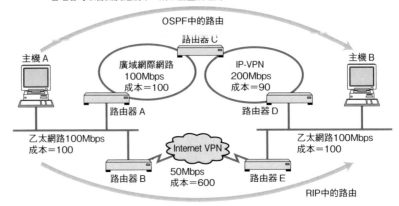

OSPF以最小成本合計值來選擇路徑傳送封包。
管理者可以自由決定成本，所以能靈活運用。

RIP是選擇通過路由器數量較少的路徑來傳送封包。

▶ 7.5.2　OSPF 的基礎知識

在 OSPF 中，把連接相同連結的路由器稱作相鄰路由器（Neighboring Router）。路由器以一對一連接網路▼時，相鄰路由器之間會彼此交換路由資料，可是乙太網路或 FDDI 等多個路由器連接到相同連結的情況，所有相鄰路由器之間，不會交換路由資料，而是挑出指定路由器（Designated Router），以該路由器為主，交換路由控制資料▼。

RIP 只有一種封包種類。利用路由資料控制，確認是否連接網路，同時將其他的網路資料傳送出去。這是一個很大的缺點。網路的數量愈多，每次交換的路由控制資料封包數量就愈多。此外，即使網路很穩定、沒有變化，也必須經常定期反覆傳送相同的路由資料。使得網路頻寬都浪費了。

在 OSPF 中，依照各個功能準備了 5 種封包。

▼專線等路由器都使用 PPP
連接的網路。

▼相鄰路由器之間，存在著
交換路由資料的關係，稱作
鄰接（Adjacency）

表 7-2
OSPF 封包的種類

類型	封包名稱	功能
1	HELLO	確認相鄰路由器，決定指名路由器
2	資料庫的描述	概略說明資料庫
3	請求連結狀態	請求下載資料庫
4	更新連結狀態	更新資料庫
5	連結狀態的確認回應	更新狀態的確認回應

利用 HELLO 封包確認是否連接。由於各路由器的路由控制資料一致
（同步），所以利用資料庫描述封包（Database Description Packet）交換
路由控制資料的摘要內容與版本編號。假如版本較舊，就利用連結狀態
請求封包（Link State Request Packet）來請求路由控制資料。以連結狀
態更新封包（Link State Update Packet）傳送路由控制資料，再以連結
狀態確認回應封包（Link State ACK Packet）通知已經接收到路由控制
資料。

利用這種分散功能的方式，讓 OSPF 可以減少流量，同時快速更新路由。

▼ 7.5.3　OSPF 的執行概要

在 OSPF 中，確認連接的協定稱作 HELLO 協定。

以區域網路為例，一般每 10 秒會傳送 1 次 HELLO 封包。假如沒有收
到這種 HELLO 封包，就會判斷連接中止。等待 3 次之後，到了第 4 次
（40 秒），依舊沒有收到封包時，確定連接中斷▼。之後，中止、恢復連
接，使得連接狀態出現變化時，就會傳送連結狀態更新封包（Link State
Update Packet），通知其他路由器，網路的變化狀態。

以連結狀態更新封包傳送的資料大致有兩種，包括網路 LSA▼與路由器
LSA▼。

網路 LSA 是製作以網路為主的資料，顯示該網路中，連接了哪個路由
器。路由器 LSA 是製作以路由器為主的資料，顯示該路由器連接到哪個
網路。

利用 OSPF 傳送這兩種資料▼時，各個路由器會建立表示網路結構的連結
狀態資料庫（Link State Database）。根據這個資料庫，建立路由表。建
立路由表時，會使用 Dijkstra 演算法▼，求出最短路徑。

利用這種方法建立的路由表，不會像距離向量型演算法那樣模糊不清，
可以把發生路由迴圈等問題的可能性降至最低。但是，網路的規模愈
大，計算最短路徑的處理就愈複雜，需要的 CPU 效能及記憶體也愈多。

▼ HELLO 封包的傳送間隔
或判斷切斷連接的時間，可
以由管理者自由調整（決
定）。但是，連接到相同連
結的設備，只能設定成相同
數值。

▼ Network Link State
Advertisement

▼ Router Link State
Advertisement

▼除此之外，還有
Summary-LSA、AS External
LAS。

▼ Dijkstra 演算法
這是由提倡結構化程式設
計而聞名的 Edsger Wybe
Dijkstra 提出，計算出最短
路徑的演算法。

圖 7-15
在 OSPF 利用連結狀態建立路由控制表

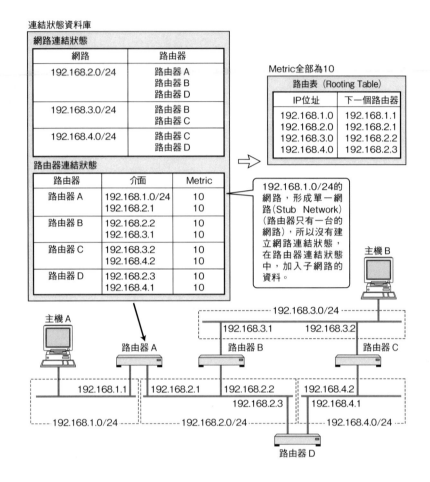

連結狀態資料庫

網路連結狀態

網路	路由器
192.168.2.0/24	路由器 A 路由器 B 路由器 D
192.168.3.0/24	路由器 B 路由器 C
192.168.4.0/24	路由器 C 路由器 D

路由器連結狀態

路由器	介面	Metric
路由器 A	192.168.1.0/24 192.168.2.1	10 10
路由器 B	192.168.2.2 192.168.3.1	10 10
路由器 C	192.168.3.2 192.168.4.2	10 10
路由器 D	192.168.2.3 192.168.4.1	10 10

Metric全部為10

路由表 （Rooting Table）

IP位址	下一個路由器
192.168.1.0	192.168.1.1
192.168.2.0	192.168.2.1
192.168.3.0	192.168.2.2
192.168.4.0	192.168.2.3

192.168.1.0/24的網路，形成單一網路(Stub Network)（路由器只有一台的網路），所以沒有建立網路連結狀態，在路由器連結狀態中，加入子網路的資料。

主機 A　　路由器 A　　路由器 B　　路由器 C　　主機 B

192.168.3.0/24
192.168.3.1　　192.168.3.2
192.168.1.1　192.168.2.1　192.168.2.2　192.168.4.2
192.168.2.3　192.168.4.1
192.168.1.0/24　　192.168.2.0/24　　192.168.4.0/24
路由器 D

7.5.4　利用區域層級化進行細節管理

連結狀態型的路由協定，當網路變大時，代表連結狀態的拓撲資料庫也會擴大，使得計算路由資料變得負擔沉重。OSPF 為了減輕這種計算負擔，引進了區域的概念。

區域是指，把各個網路或主機整合起來，形成一個群組，在各 AS（自治系統）內，允許多個區域存在，但是一定要有一個骨幹區域▼，而且各區域一定要與骨幹區域連接▼。

連接區域與骨幹區域的路由器，稱作區域邊界路由器。此外，區域內的路由器稱作內部路由器；只連接骨幹區域的路由器，稱作骨幹路由器；而連接外部的路由器，稱作 AS 邊界路由器。

▼骨幹區域
骨幹區域的區域 ID 為 0，邏輯上只有一個，但是物理上也有分成兩個的情況。

▼網路的物理結構和這裡的說明不同時，必須利用 OSPF 的虛擬連結功能，設定虛擬的骨幹或區域。

圖 **7-16**
AS 與區域

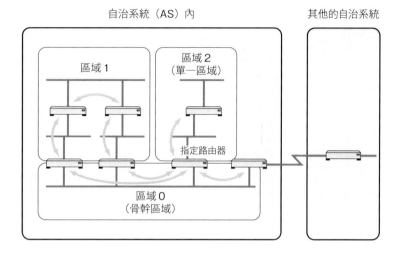

圖 **7-17**
OSPF 的路由器種類

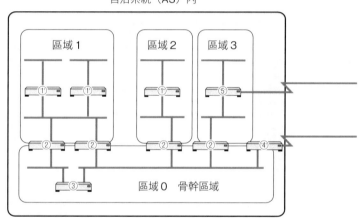

① 內部路由器
② 區域邊界路由器
③ 骨幹路由器
④ AS邊界路由器兼骨幹路由器
⑤ AS邊界路由器兼內部路由器

各區域內的路由器都擁有該區域內的拓撲資料庫。可是，區域外的路徑只知道與區域邊界路由器的距離。區域邊界路由器只會傳送距離資料，不會把區域內的連結狀態直接傳送給其他路由器。因此，具有縮小區域內路由器拓撲資料庫的功能。

換句話說，路由器只瞭解區域內部的連結狀態，並且只要根據這些資料，計算出路由表即可。這樣的結構可以減少路由控制資料，減輕處理負擔。

圖 **7-18**
區域內的路由控制與
區域之間的路由控制

自治系統（AS）內

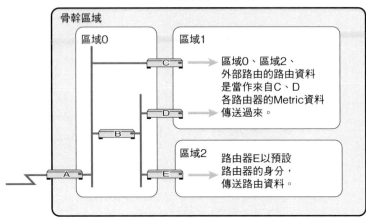

假如只有一個成為區域出口的區域邊界路由器，就稱作單一區域（圖
7-18 的區域 2）。單一區域內，不用傳送區域外的路由資料，因為只要讓
區域邊界路由器（這個範例是指路由器 E）成為預設路由器來傳送路由
資料即可。如此一來，就不需要其他區域對各個網路的距離資料，而能
減少路由資料。

要用 OSPF 建構穩定的網路，物理性的網路設計很重要，可是區域設計
也同樣不能忽視。區域設計不佳，就無法徹底發揮 OSPF 的優點。

7.6　BGP（Border Gateway Protocol）

▼為了支援由 RFC4271 定
義的 BGP-4 及 IPv6 等多重
協定，而使用擴充後的 MP-
BGP（RFC4760）。

▼最近企業與公有雲之間進
行私人連線時，有時會利用
BGP 交換路由資料。

（例）與 Microsoft Azure、
Office 365 的 私 人 連 線
（Express Route）、 與
Amazon Web Services 的私
人連線（Direct Connect）

BGP▼是連接不同組織時使用的協定，屬於一種 EGP。具體而言，BGP
是用於各 ISP 之間的連接部分▼。利用 BGP 與 RIP 及 OSPF 妥善進行路
由控制，就能控制整個網際網路的路由。

▼ 7.6.1　BGP 與 AS 編號

在 RIP 及 OSPF 中，會利用 IP 的網路位址來進行路由控制。BGP 必須以
覆蓋整個網際網路的方式進行路由控制。

BGP 的最終路由表也是以網路位址和下一個要傳送的路由器組合來顯
示。但是，BGP 會根據通過的 AS 數量來進行路由控制。

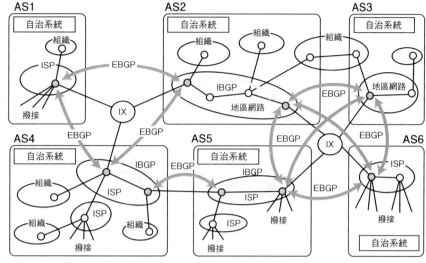

圖 7-19
BGP 以 AS 編號管理
網路資料

○ BGP揚聲器（利用BGP交換路由控制資料的路由器）

○ 使用RIP、OSPF、靜態路由的路由器

(IX) Internet Exchange（ISP或地區網路彼此對等連接的節點）

EBGP：External BGP（在AS之間利用BGP交換路由控制資料）
IBGP： Internal BGP（在AS內部利用BGP交換路由控制資料）

把 ISP 或地區網路等整合組織的網路團體當作一個自治系統（AS：Autonomous System），然後依照各個自治系統，分配 16 位元的 AS 編號▼。BGP 就是使用 AS 編號來進行路由控制。

▼日本是由 JPNIC 管理 AS 編號。

此外，從以下網址可以取得由 JPNIC 管理的 AS 編號清單。

    http://www.nic.ad.jp/ja/ip/as-numbers.txt

分配到 AS 編號的組織，就像是一個獨立的國家。

AS 的代表可以決定 AS 內部的網路營運、管理等事項。連接其他 AS 時，就像進行外交交涉，簽訂契約再連接▼。假如該 AS 沒有與其他 AS 簽訂契約，可能讓整個網際網路無法通訊。

▼稱作網路互連（peering）。

▼稱作轉接（Transit）。

▼如果進行中繼，會提高網路的負擔，增加成本。因此，一般需要支付費用。

例如，圖 7-19 所示，如果要讓 AS1 與 AS3 彼此通訊，AS2 或 AS4 及 AS5 兩者必須中繼 AS1 與 AS3 之間的通訊封包▼。是否進行中繼，由線路的擁有者 AS2、AS4、AS5 自行決定▼。如果不中繼，AS1 與 AS3 之間就要用專線連接。

這裡說明的 BGP 協定是假設 AS1 與 AS3 都會被轉發的情況。

▼ 7.6.2　BGP 是路徑向量型協定

利用 BGP 交換路由控制資料的路由器，稱作 BGP 揚聲器。BGP 揚聲器為了在 AS 之間交換 BGP 資料，將會建立與交換資料的 AS 對等的 BGP 連接。此外，和圖 7-20 的 AS2、AS4、AS5 一樣，在同一 AS 內有多個 BGP 揚聲器時，AS 內部也會為了交換 BGP 資料而建立 BGP 連接▼。

在 BGP 中，對目標網路位址傳送封包時，會製作到達該位址所通過的 AS 編號清單。這個部分稱作 AS 路徑清單（AS Path List）。如果有多條路徑可以前往相同位址，一般會選擇 AS 路徑清單中最短的路徑。

選擇路徑時，使用的是 Metric，在 RIP 中，代表的是路由器的數量，而在 OSPF 中，表示各個子網路的成本。在 BGP 中，Metric 的單位是 AS。RIP 及 OSPF 是以達到高效率的轉發為目標，而以跳數或網路頻寬為考量。但是 BGP 是基於各 AS 之間的連接契約來傳送封包。基本上，會選擇經過 AS 數量較少的路徑，但是按照與連接對象的契約內容，也可以進行更詳細的路由選擇。

AS 路徑清單不僅能得知方向與距離，也清楚途中所有通過的 AS 編號，因此不屬於距離向量型協定。而且，BGP 只用一次元顯示網路結構，也不屬於連結狀態型協定。BGP 這種以通過路徑清單來進行路由控制的協定，稱作路徑向量型（Path Vector）協定。RIP 這種距離向量型協定，無法偵測出路由迴圈，所以會發生無限計數的問題▼。如果是路徑向量型協定，就能偵測出路由迴圈，不會引起無限計數問題，路徑比較穩定。此外，BGP 還有不限形狀，能利用策略來進行路由控制的優點▼。

▼利用路由反射手法可以減少 BGP 連接（peer）數。同一 AS 內的 BGP 揚聲器變多，連接點就會增加，加重路由器的負擔。成為路由反射器的 BGP 揚聲器會把取得的通知轉發給其他 BGP 揚聲器。每個 BGP 揚聲器只要與路由反射器通訊，建立路由反射器之後，就能減少 AS 內的 peer 數量。

▼另外還有需要花費一段時間，才能讓路徑穩定，以及跳數最大值是 15，無法因應過大的網路等問題。

▼利用策略進行路由控制
傳送封包時，挑選或指定通過的 AS，稱作策略路由（Policy Routing）。

圖 7-20
建立路由表時，也會使用 AS 路徑清單

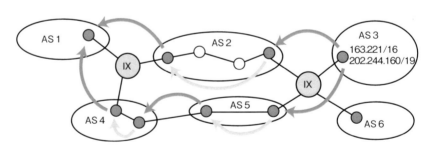

在相鄰AS傳來的AS路徑清單中，加上自己的AS編號，再傳給隔壁的AS。

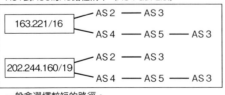

一般會選擇較短的路徑。

> ### ■ 路由控制是在網際網路中廣泛龐大的分散式系統
>
> 分散式系統是指，由多個系統合作（協調），進行特定處理的系統。
>
> 基本上，網際網路的路由控制必須讓網際網路中的所有路由器都擁有正確資料。能讓所有路由器資料都正確的協定，就是路由協定。路由協定如果沒有分工合作，就無法在網際網路上進行正確的路由控制。
>
> 換句話說，路由協定是擴及整個網際網路，讓網際網路正常運作的巨大分散式系統。

7.7　MPLS（Multi Protocol Label Switching）

現在，傳送 IP 封包時，不僅用到路由技術，也用到標籤交換技術。路由技術是根據 IP 位址最長一致性為原則來傳送封包，但是標籤交換技術是分別在 IP 封包設定「標籤」值，再根據標籤來寄送。最具有代表性的標籤交換技術，就是 MPLS。

圖 7-21
MPLS 網路

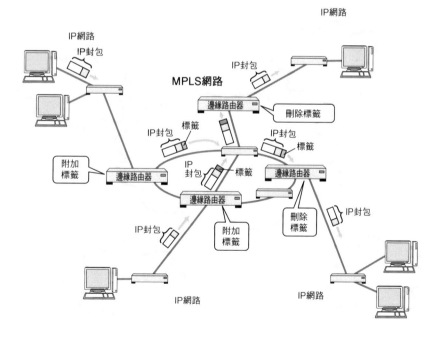

MPLS 的標籤和 MAC 不一樣，沒有直接對應到硬體。因此，MPLS 不具備和乙太網路或 ATM 等資料連結協定一樣的功用，可以把它當作是在下層與 IP 層之間發揮功能的協定。

由於一般的路由器無法處理按照標籤來轉發的資料，所以 MPLS 並不是運用在整個網際網路的技術。如圖 7-22 所示，與 IP 網路的轉發處理方法也不一樣。

圖 7-22
IP 與 MPLS 的基本轉發動作

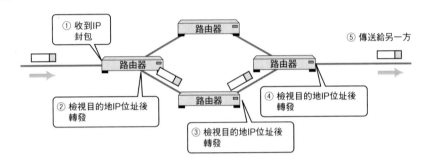

IP路由的基本轉發動作

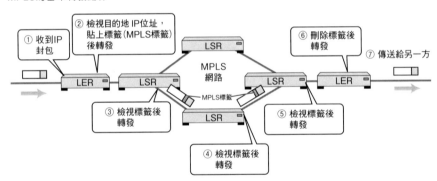

MPLS的基本轉發動作

▷ 7.7.1　MPLS 網路執行的動作

在 MPLS 網路中，支援 MPLS 功能的路由器稱作 LSR（Label Switching Router）。與外部網路連接的邊緣 LSR 稱作 LER（Label Edge Router）。LER 會對封包加上或刪除 MPLS 標籤。

在封包加上標籤的方法非常簡單。如果資料連結原本就擁有相當於標籤的部分，就會直接與標籤做比對。如果沒有相當於標籤部分的資料連結（代表性的例子就是乙太網路），會增加新的墊片表頭（Shim Header），在墊片表頭當中，含有標籤▼。

▼墊片表頭是 IP 表頭與資料連結表頭之間，插入如「門擋（shim）」的部分。

圖 7-23 是在乙太網路上的 IP 網路，經由 MPLS 網路轉發到其他 IP 網路的處理。封包進入 MPLS 網路時，會加上包含 IP 表頭前的 20 位元標籤值，共 32 位元的墊片表頭[▼]。在 MPLS 網路內，將根據墊片表頭內的標籤來轉發。墊片表頭在離開 MPLS 網路時，就會被刪除。此外，加上標籤的轉發動作稱作 Push，更換標籤的轉發動作稱作 Swap，取下標籤的轉發動作稱作 Pop。

▼有時也會增加多個墊片表頭。

圖 7-23
利用 Push、Swap 與 Pop 轉送

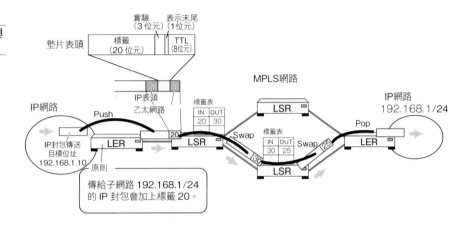

▼ 稱 作 FEC（Forwarding Equivalence Class）。

在 MPLS 中，目標位址與封包[▼]都要通過由標籤決定的同一條路徑。這條路徑稱作 LSP（Label Switch Path）。LSP 包括一對一連接的點對點 LSP，以及合併多個相同目標位址的 LSP 等兩種。

如果要擴充 LSP，各 LSR 可以對相鄰的 LSR 分配 MPLS 標籤資料，或在路由協定中，加上標籤資料來進行交換。LSP 是單向路徑，若要雙向通訊，需要兩個 LSP。

圖 7-24
根據 MPLS 標籤資料分配而設定的 LSP

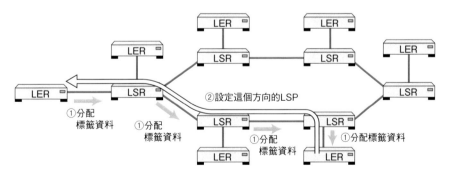

在相鄰的LSR之間交換標籤資料的方法中，包括使用LDP（標籤分配協定）的方法與加在路由協定上的方法（Piggyback）。這張圖是各LSR建立獨立的標籤表，並將該表傳至上層的LSR再分配的案例。

7.7.2 MPLS 的優點

MPLS 的優點有兩個，第一是轉發處理的高速化。一般路由器在轉發 IP 封包時，必須比較目的地 IP 位址與記載在路由表中的可變長度網路位址，搜尋最長一致路徑。相對來說，MPLS 使用的是固定長度的標籤，處理比較單純，可以利用硬體化來達到高速化轉發處理▼。此外，網際網路的骨幹路由器中，必須記憶並處理龐大路由表。相對來說，MPLS 只要設定需要的標籤數量，處理的資料量比較少。此外，不論 IPv4 或 IPv6，還是其他協定，都可以進行高速處理。

▼一般路由器也朝著硬體化前進。

第二個優點是，可以利用標籤擴充虛擬路徑，在上面使用 IP 封包來通訊。因此，即使是稱作盡最大努力型服務▼的 IP 網路，利用 MPLS，也能提供通訊品質控制、頻寬保證、VPN 等。

▼盡最大努力型服務
請參考 P146 的專欄說明。

第8章

應用協定

平常我們習慣使用的網路應用程式，實際上是以什麼樣的結構來運作呢？本章要介紹 TCP/IP 主要使用的應用協定。這個部分相當於 OSI 參考模型第 5 層以上的協定。

7 應用層 （Application Layer）	〈應用層〉 TELNET, SSH, HTTP, SMTP, POP, SSL/TLS, FTP, MIME, HTML, SNMP, MIB, SIP, …
6 表現層 （Presentation Layer）	
5 交談層 （Session Layer）	
4 傳輸層 （Transport Layer）	〈傳輸層〉 TCP, UDP, UDP-Lite, SCTP, DCCP
3 網路層 （Network Layer）	〈網路層〉 ARP, IPv4, IPv6, ICMP, IPsec
2 資料連結層 （Data-Link Layer）	乙太網路、無線網路、PPP、… （雙絞線、無線、光纖、…）
1 實體層 （Physical Layer）	

8.1 應用協定概要

到目前為止，說明過的 IP 協定、TCP 協定、UDP 協定屬於進行通訊時的基礎部分，相當於 OSI 參考模型的下層。

這章要介紹的應用協定，相當於 OSI 參考模型的第 5 層、第 6 層、第 7 層，屬於上層的協定。

圖 8-1
OSI 參考模型與 TCP/
IP 的應用層

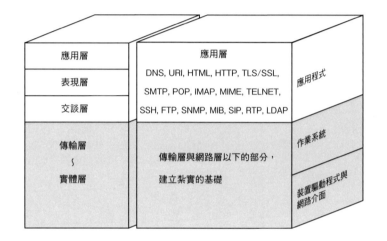

■ 何謂應用協定？

使用網路的應用程式包含 Web 瀏覽器、電子郵件、遠端登入、檔案轉發、網路管理等。還有安裝在智慧型手機內，可以使用 Facebook、Twitter、Instagram、LINE、YouTube 等服務的專用 app 也會使用網路。各個應用程式都需要專屬的通訊處理，而應用協定負責的，就是執行應用程式專屬通訊處理。

TCP 或 IP 等下層協定設計成不論應用程式的種類都可以使用，是通用性極高的協定。相對來說，應用協定是用來達成實用性應用程式而制定的協定。

例如，使用於遠端登入的 TELNET 協定，有既定的文字指令與回應，可以用來執行各式各樣的應用程式。

■ 應用協定與協定的層級化

網路應用是由各種使用者及軟體製造商所建構而成的。如果要達到網路應用的功能，在應用程式之間彼此通訊時，需要有可以遵循的規則，也

▼應用程式之間彼此交換的
資料稱作訊息。應用協定規
定了訊息的格式及使用該訊
息的控制步驟。

就是應用協定▼。應用程式的設計者或開發者會根據必須達到的功能及使用目的，選擇要使用一般性的應用協定，或定義專屬的應用協定。

應用程式可以直接使用傳輸層以下的基礎部分。因此，應用程式的開發者可以專注於選擇要使用的應用協定及開發程式，完全不用擔心該如何將封包傳送到對方電腦中。可以達到這點也是拜網路協定層級化所賜。

■ 相當於 OSI 參考模型第 5 層、第 6 層、第 7 層的協定

TCP/IP 的應用層包含了 OSI 參考模型第 5 層、第 6 層、第 7 層的所有功能。管理通訊連接等交談層的功能、轉換資料格式的表現層功能，與對象主機交換封包的應用層功能，全都是由應用程式來負責。

從下一節開始，將說明具有代表性的應用協定。

8.2 / 遠端登入（TELNET 與 SSH）

圖 8-2
遠端登入

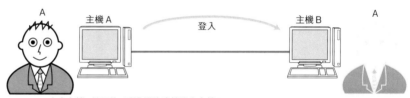

坐在主機A前面的A透過網路遠端登入主機B，
就像坐在主機B前面一樣，可以自由使用主機B。

▼ TSS（Time Sharing
System）
請參考第 1 章。

遠端登入可以說是利用第 1 章說明過 TSS▼環境，在電腦網路中運用主機與終端裝置關係的成果。在 TSS 中，中央有處理效能極高的電腦存在，而沒有處理能力的多台終端裝置，利用終端專用的通訊線路連接到該電腦上。

把這種關係套用在自己使用的電腦與用網路連接的電腦上，就是遠端登入。登入通用電腦或 UNIX 工作站等電腦，能使用該電腦中的應用程式或設定系統環境。遠端登入可以使用的協定包括 TELNET 協定與

▼ Secure SHell。

SSH▼協定。

▼ 8.2.1　TELNET

TELNET 使用了一條 TCP 連接，透過這條通訊路徑，把指令以字串形式傳送到對方的電腦，在對方的電腦上執行。感覺就像是自己的鍵盤與螢幕連接到對方電腦內部執行動作的殼層▼。

TELNET 服務基本上可以分成兩種，包括網路虛擬終端功能與協商選項功能。

▼殼層（Shell）
這是像貝殼一樣包住 OS，讓使用者可以輕易使用 OS 提供功能的使用者介面。分析鍵盤或滑鼠輸入的使用者指令，讓 OS 執行。UNIX 的 sh、csh、bash、Windows 的 Explorer、masOS 的 Finder 等都屬於殼層之一。

圖 8-3
利用 TELNET 輸入、執行指令的結果

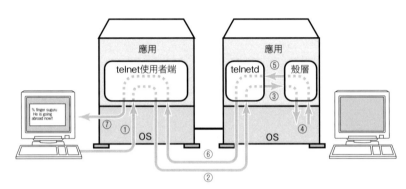

① 使用鍵盤輸入字串。
② 進行行模式、透明模式等模式處理，傳送①字串給telnetd。
③ 對殼層傳送字串指令（嚴格來說，是經由OS）。
④ 分析來自殼層的指令，執行程式，取得結果。
⑤ 取得殼層指令的輸出結果（嚴格來說是經由OS）。
⑥ 進行行模式、透明模式等處理，傳送給TELNET使用者端。
⑦ 按照NVT設定輸出顯示在畫面上。

TELNET 也常用來登入路由器或高功能交換器等網路設備，對這些設備進行設定▼。如果要用 TELNET 登入電腦或路由器等設備，必須先將自己的登入使用者名稱與密碼儲存在該設備中。

▼路由器或交換器因為沒有鍵盤及螢幕，進行設定時，必須利用序列連接線連接電腦，或利用 TELNET、HTTP、SNMP 等方法，經由網路來連接。

■ 選項

在 TELNET 中，除了使用者輸入的文字之外，還提供選項協商的功能。例如，進行 NVT（Network Virtual Terminal）的畫面控制資料，就是利用這個選項功能來傳送。此外，TELNET 含有行模式與透明模式等兩種模式，如圖 8-4 所示。這些設定是在 TELNET 使用者端與 TELNET 伺服器端之間，利用選項功能來完成。

圖 8-4
行模式與透明模式

每次輸入換行鍵，就整合成一整行資料來傳送。

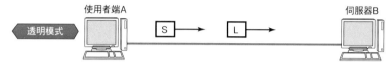

使用者端A把每個輸入的字母傳送給伺服器B。

▼最近的 OS 基於安全性考量，而不把 telnet 指令當作預設值，必須另行安裝。

▼利用 Windows 命令提示字元執行 telnet 指令時，如果按照本文的步驟，不會顯示連接後輸入的文字。因此，不設定主機名稱及連接埠，執行「telnet」指令之後，接著輸入「open 主機名稱連接埠編號」，再與伺服器連接即可。此外，Windows Vista 之後的版本必須另外安裝 telnet 使用者端，或安裝可以在命令提示字元使用的 telnet 指令，還可以使用 Tera Tern 等 telnet/ ssh 使用者端軟體。

▼如果是 GUI 類型的使用者端，可以利用設定選單來更改連接埠編號。

▦　TELNET 使用者端

使用 TELNET 協定，進行遠端登入時，使用者端的應用程式稱作 TELNET 使用者端，通常程式名稱就是 telnet，可以利用指令行來執行▼。

TELNET 使用者端一般是連接目標主機的 TCP23 號連接埠，與等待中的 telnetd 連接，還可以連接其他不同編號的 TCP 連接埠，執行在該連接埠等待中的應用程式。一般的 telnet 指令▼可以依照下列方式設定要連接的連接埠編號▼。

　　telnet　**主機名稱**　TCP **連接埠編號**

假設 TCP 連接埠編號是 21 號，可以連接 FTP（8.3 節），如果是 25 號，連接的是 SMTP（8.4.4 節），若是 80 號，就是 HTTP（8.5 節），110 號是 POP3（8.4.5 節）等伺服器。因為各個伺服器都開啟該編號的連接埠，等待連接。

因此，以下兩種指令是相等的。

　　ftp　**主機名稱**

　　telnet　**主機名稱**　21

FTP、SMTP、HTTP、PO3 等協定的指令或回應都是字串，所以利用 TELNET 使用者端連接之後，可以透過鍵盤直接輸入各個協定的指令。因此，在開發 TCP/IP 的應用程式時，會利用 TELNET 使用者端來除錯。

8.2.2 SSH

SSH 是加密後的遠端登入系統。在 TELNET 中，登入時的密碼不會加密，就會傳送出去，因此有通訊被竊聽或非法入侵的危險性。使用 SSH，通訊內容會經過加密處理，即使被竊聽，也無法破解密碼或輸入的指令、指令的處理結果。

此外，SSH 也包含許多方便的功能。

- 可以利用更強大的認證功能。
- 可以轉發檔案▼。
- 可以使用連接埠轉發功能▼。

▼ UNIX 使用的是 scp 或 sftp 指令。

▼可以跳過 X Window System 的畫面來顯示。

連接埠轉發是指，將傳送到特定連接埠的訊息，轉發到特定 IP 位址、連接埠編號的結構。經由 SSH 連接的部分會被加密，可以確保安全性，進行靈活有彈性的通訊▼。

▼可以執行 VPN（Virtual Private Network）。

圖 8-5
SSH 的連接埠轉發

使用連接埠轉發時，SSH使用者端應用程式、SSH伺服器端應用程式都會當作閘道使用。下圖是連接使用者端的TCP連接埠10000後，設定成連接POP3伺服器連接埠110的情況。

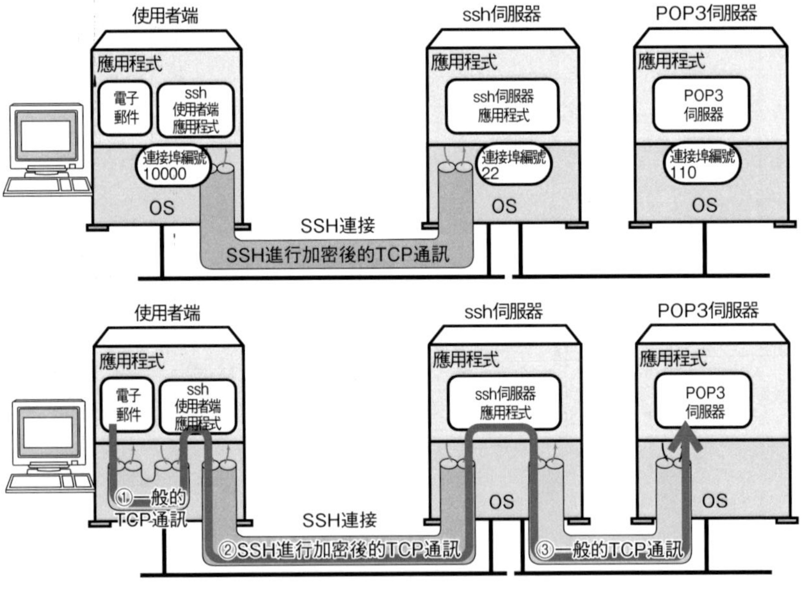

電子郵件軟體使用「①一般的TCP通訊」連接ssh使用者端應用程式。
SSH使用者端應用程式透過「②SSH進行加密後的TCP通訊」，
將訊息轉發給SSH伺服器端應用程式。
SSH伺服器端應用程式使用「③一般的TCP通訊」，連接POP3伺服器端應用程式。

像這樣，利用建立的3種TCP連接來進行通訊。

SSH 有 2 個版本，包括版本 1 與版本 2，版本 1 有漏洞，建議使用版本 2。

SSH 的認證除了密碼認證之外，還可以使用公鑰認證、一次性密碼認證。公鑰認證必須先產生公鑰與私鑰，然後把公鑰傳給連線對象。由於不用在網路上傳遞密碼，所以比密碼認證安全。

8.3 檔案傳輸（FTP）

圖 8-6
FTP

連接網路的電腦可以彼此收送檔案。

▼ FTP
File Transfer Protocol

FTP▼是不同電腦之間，彼此進行檔案傳輸時，使用的協定。8.2 節提到，進入對方電腦的動作稱作「登入」，不過 FTP 也是登入對方電腦後再進行操作。

在網際網路上，準備了任何人都可以登入的 FTP 伺服器，也就是 anonymous ftp 伺服器。連接到這些伺服器時，只要在登入名稱輸入 anonymous 或 ftp，就可以連接▼。

▼就習慣上來說，密碼通常是輸入電子郵件的位址。

FTP 的結構概要

FTP 是以何種結構來達成檔案傳輸呢？FTP 使用了兩條 TCP 連接，一條當作控制用，另一條負責資料（檔案）傳輸用。

控制用的 TCP 連接是用在 FTP 的控制部分。例如確認登入用的使用者名稱及密碼，設定傳輸的檔案名稱及傳輸方法。使用這條連接，可以透過 ASCII 字串來進行請求與回應（表 8-1、表 8-2）。控制用連接不會傳輸資料，如果要傳輸資料，使用的是傳輸資料專用的 TCP 連接。

FTP 的控制用連接，使用的是 TCP 連接埠編號 21。在連接埠編號 21 的 TCP 上，執行檔案 GET（RETR）或 PUT（STOR）、取得檔案清單（LIST）的指令，當場就會建立傳輸檔案用的 TCP 連線。利用這個連線，可以傳輸檔案或轉發清單。資料傳輸完畢後，切斷資料轉發用的連接。接著利用控制用的連接，執行指令或回應。

一般傳輸檔案用的 TCP 連接與控制用的 TCP 連接，建立的方向相反。因此，透過 NAT 使用外部 FTP 伺服器時，無法直接建立傳輸資料用的 TCP 連接。此時比較適合加入 PASV 指令，藉此更改傳輸資料用的 TCP 連接方向。

控制用連接到使用者提出中止指示之前，都會維持連接狀態。但是，大部分的 FTP 伺服器在一段時間後，使用者沒有傳送指令時，就會強制切斷連接▼。

▼檔案傳輸不會半途中斷。在檔案傳輸完畢後，經過一段時間，沒有輸入指令時，就會切斷連接。

圖 8-7
FTP 通訊包括兩種 TCP 連接

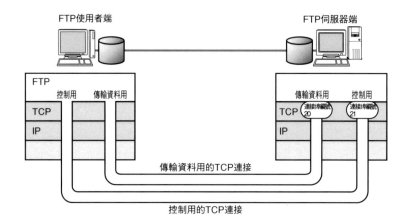

傳輸資料用的 TCP 連接，一般會使用 20 號連接埠。但是，也可以利用 PORT 指令，設定其他連接埠編號。最近為了提高安全性，通常傳輸檔案用的連接埠編號都以分配隨機亂數居多。

■ 利用 ASCII 字元進行資料傳輸

▼ ASCII
American Standard Code for Information Interchange 的縮寫。
這是可以用英文、數字、!、@ 等符號顯示的 7 位元字元編碼。

FTP 使用的請求指令，是以「RETR」等 ASCII▼字元碼為主。針對該請求提出的回應，也是用 ASCII 字元來顯示「200」等 3 個數字。在 TCP/IP 應用協定中，大部分都是使用這種 ASCII 字元碼型的協定。

在 ASCII 字元碼型的協定中，換行含有重要的意義。通常一行代表一個指令或回應，並且用空格隔開參數再傳送。指令或回應訊息是用換行來區隔，而引數或參數是以空格區分。換行是以「CR」（ASCII 字元碼的十進位是 13）與「LF」（ASCII 字元碼的十進位是 10）等兩個控制碼來定義。

表 8-1 列出了 FTP 的主要指令，而表 8-2 整理了 FTP 的回應。

表 8-1
FTP 的主要指令

· 控制存取用的指令

USER 使用者名稱	輸入使用者名稱
PASS 密碼	輸入密碼（PASSWORD）
CWD 目錄名稱	更改工作目錄（CHANGE WORKING DIRECTORY）
QUIT	正常結束

· 設定傳輸參數的指令

PORT h1,h2,h3,h4,p1,p2	設定資料連接用的 IP 位址與連接埠編號
PASV	不是伺服器對使用者端建立資料連接，而是由使用者對伺服器建立資料連接（PASSIVE）
TYPE 類型名稱	設定傳送與儲存資料時的資料類型
STRU	設定檔案結構（FILE STRUCTURE）

· FTP 服務使用的指令

RETR 檔案名稱	從 FTP 伺服器下載資料（RETRIEVE）
STOR 檔案名稱	向伺服器傳送資料（STORE）
STOU 檔案名稱	向伺服器傳送資料。如果有相同名稱的檔案，更改名稱後儲存，避免檔名重複（STORE UNIQUE）
APPE 檔案名稱	向伺服器傳送資料。如果有相同名稱的檔案，則與該檔案合併（APPEND）
RNFR 檔案名稱	用 RNTO 設定要更改名稱的檔案（RENAME FROM）
RNTO 檔案名稱	用 RNFR 更改指定檔案的檔案名稱（RENAME TO）
ABOR	處理中斷、異常結束（ABORT）
DELE 檔案名稱	刪除伺服器中的檔案（DELETE）
RMD 目錄名稱	刪除目錄（REMOVE DIRECTORY）
MKD 目錄名稱	建立目錄（MAKE DIRECTORY）
PWD	請求通知目前的目錄位置（PRINT WORKING DIRECTORY）
LIST	請求檔案清單（包含名稱、大小、更新日期等資料）
NLST	請求檔案名稱清單（NAME LIST）
SITE 字串	執行伺服器提供的特殊指令
SYST	取得伺服器的 OS 資料（SYSTEM）
STAT	顯示伺服器的 FTP 狀態（STATUS）
HELP	取得指令清單（HELP）
NOOP	不做任何操作（NO OPERATION）

表 8-2 FTP 的主要回應訊息 · 提供資料	120	Service ready in nnn minutes.
	125	Data connection already open; transfer starting.
	150	File status okay; about to open data connection.

· 與連接管理有關的回應	200	Command okay.
	202	Command not implemented, superfluous at this site.
	211	System status, or system help reply.
	212	Directory status.
	213	File status.
	214	Help message.
	215	NAME system type. Where NAME is an official system name from the list in the Assigned Numbers document.
	220	Service ready for new user.
	221	Service closing control connection. Logged out if appropriate.
	225	Data connection open; no transfer in progress.
	226	Closing data connection. Requested file action successful.
	227	Entering Passive Mode（h1,h2,h3,h4,p1,p2）.
	230	User logged in, proceed.
	250	Requested file action okay, completed.
	257	「PATHNAME」created.

· 認證與使用者名稱相關的回應	331	User name okay, need password.
	332	Need account for login.
	350	Requested file action pending further information.

· 不特定的錯誤	421	Service not available, closing control connection. This may be a reply to any command if the service knows it must shut down.
	425	Can't open data connection.
	426	Connection closed; transfer aborted.
	450	Requested file action not taken. File unavailable.
	451	Requested action aborted: local error in processing.
	452	Requested action not taken. Insufficient storage space in system.

· 與檔案系統有關的回應	500	Syntax error, command unrecognized.
	501	Syntax error in parameters or arguments.
	502	Command not implemented.
	503	Bad sequence of commands.
	504	Command not implemented for that parameter.
	530	Not logged in.
	532	Need account for storing files.
	550	Requested action not taken. File unavailable.
	551	Requested action aborted: page type unknown.
	552	Requested file action aborted. Exceeded storage allocation.
	553	Requested action not taken. File name not allowed.

8.4 電子郵件（E-Mail）

圖 8-8
電子郵件（E-Mail）

只要連接網路，即使距離遙遠，也可以立刻傳送郵件。

電子郵件顧名思義就是網路上的郵件。電子郵件可以傳送各種電腦能處理的資料，包括用電腦輸入的文章、由數位相機匯入的影像資料、以試算表軟體輸入的數值資料等。

不論旁邊的座位、鄰近的房子、其他樓層、台灣國內、國外，電子郵件可以傳送到世界各地，而且電子郵件在出差地也一樣能接收。透過電子郵件，能利用郵件群組進行統一通訊。一封電子郵件傳送到郵件群組設定的位址，就可以一次傳送給郵件群組中的成員，非常簡單。這種郵件群組通常用在公司內部或校內的事務聯繫，或針對共通話題，跨國交換資料或進行討論。由於電子郵件有這些優點，所以現在已經成為大多數人常用的服務。

8.4.1 電子郵件的結構

提供電子郵件服務的協定稱作 SMTP（Simple Mail Transfer Protocol）。SMTP 為了能快速確實將電子郵件傳送給對方，使用了 TCP 當作傳輸協定。

初期，電子郵件是由寄件者的電腦與收件者的電腦直接建立 TCP 連接來傳送。寄件者建立電子郵件之後，儲存在自己的電腦硬碟中，利用對方的電腦及 TCP 來進行通訊，把電子郵件寄到對方的電腦硬碟中。傳輸過程正常結束後，再將電子郵件從自己的電腦硬碟中刪除。假如對方的電腦因為沒有開機等原因而無法通訊時，將會等待一段時間，再重新傳送。

圖 8-9
初期的電子郵件

初期電子郵件是採取寄送電子郵件的主機與接收電子郵件的主機，
直接建立TCP連接，再傳送電子郵件的方法。

可是，這種方法必須在雙方主機都開機，且隨時連接網際網路時，
才能傳送電子郵件，否則可能無法傳送。

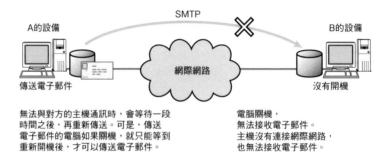

無法與對方的主機通訊時，會等待一段
時間之後，再重新傳送。可是，傳送
電子郵件的電腦如果關機，就只能等到
重新開機後，才可以傳送電子郵件。

電腦關機，
無法接收電子郵件。
主機沒有連接網際網路，
也無法接收電子郵件。

圖 8-10
現在的網際網路電子
郵件

經由電子郵件伺服器傳送電子郵件。
部分公司甚至準備了多台電子郵件伺服器。

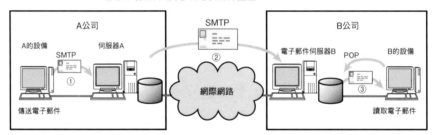

① 根據電子郵件軟體的設定，向電子郵件伺服器A傳送電子郵件。
② 參考DNS的MX記錄，向電子郵件伺服器B傳送電子郵件。
③ 根據電子郵件軟體的設定，從電子郵件伺服器B接收電子郵件。

這曾經是非常適合用來提高電子郵件可靠性的方法，但是隨著網際網路
運用的複雜化，這種結構變得無法順利執行。假設使用者的電腦為關機
狀態，寄件者的電腦與收件者的電腦雙方都沒有開機，就無法傳送電子
郵件。台灣的白天，卻是美國的夜晚。如果只在白天才開機，這樣台灣
與美國之間，就無法傳送電子郵件。網際網路是能與世界各地的人們聯
繫的服務，一定會面臨到這種時差問題。

▼由傳輸層以上的層級負責
中繼通訊，所以電子郵件伺
服器相當於 1.9.7 節說明過
的閘道。

因此，後來改成經由不會關機的電子郵件伺服器▼來傳送電子郵件，而不
是電子郵件寄件者與收件者的電腦直接建立 TCP 連接。所以收件者從電
子郵件伺服器接收電子郵件用的 POP（Post Office Protocol）協定就被標
準化。

電子郵件的結構是由 3 個元素構成，包括電子郵件位址、資料格式、傳輸協定。

8.4.2 電子郵件位址

使用電子郵件時，用到的位址就稱作電子郵件位址。若用一般郵件來比喻這種電子郵件位址，相當於住址與姓名。網際網路的電子郵件位址結構如下所示。

姓名@住址

假設

```
master@tcpip.kusa.ac.jp
```

master 是姓名，tcpip.kusa.ac.jp 就是地址。電子郵件的地址和網域名稱的結構相同。在這個例子中，kusa.ac.jp 代表組織名稱，tcpip 是 master 在接收電子郵件的電腦主機名稱，或傳送電子郵件用的子網域名稱。此外，電子郵件位址不論是個人或郵件群組，結構都是一樣的。因此，單憑位址的結構，無法分辨出兩者的差異。

現在，我們常用 DNS 來進行電子郵件的配送管理。在 DNS 中，可以儲存電子郵件位址、必須對該電子郵件位址傳送郵件的電子郵件伺服器網域名稱，這個部分稱作 MX 記錄▼。例如，在 kusa.ac.jp 的 MX 記錄中，設定 mailserver.kusa.ac.jp。這樣電子郵件位址以 kusa.ac.jp 結尾的郵件，全都會傳送給 mailserver.kusa.ac.jp。利用 MX 記錄正確設定電子郵件伺服器，能透過特定的電子郵件伺服器，管理不同的電子郵件位址。

▼ Mail Exchange

8.4.3 MIME
（Multipurpose Internet Mail Extensions）

過去有很長一段時間，網際網路的電子郵件只能處理文字格式▼。可是現在可以擴充電子郵件傳送資料格式的 MIME▼已經變得很普遍，而能傳送各式各樣的資料，包括靜態影像、影片、聲音、程式檔案等。由於 MIME 規定了應用程式的訊息格式，所以功能相當於 OSI 參考模型第 6 層表現層。

MIME 基本上由表頭與本文（資料）等兩個部分構成。表頭不能是空行，如果有空行，後面就成為本文（資料）。如果在 MIME 表頭的「Content-Type」設定「Multipart/Mixed」，並且利用「boundary ＝」後面的字串分隔▼，就可以將多個 MIME 訊息定義成一個 MIME 訊息，這就稱為 multipart（多重部分）。各個部分還是由 MIME 表頭與本文（資料）構成。

▼文字格式
由純文字構成的資料。舉例來說，原本的電子郵件若是日文，就只能傳送 7 位元的 JIS 編碼訊息。

▼ MIME（Multipurpose Internet Mail Extensions）
這是廣泛使用於網際網路，擴充電子郵件資料格式的標準，也使用於 WWW 與 NetNews。

▼寫在「boundary＝」後面的字串前面，必須加上 --，而且最後也要加上 -- 當作分隔。

「Content-Type」是表示緊接在表頭後的資料屬於哪一種，相當於 IP 表頭的協定欄位。表 8-3 整理了代表性的「Content-Type」。

表 8-3
MIME 的代表性
Content-Type

Content-Type	內容
text/plain	一般文字
message/rfc822	MIME 與本文
multipart/mixed	多重部分
application/postscript	PostScript
application/octet-stream	二進位檔案
image/gif	GIP
image/jpeg	JPEG
audio/basic	AU 格式的聲音檔案
video/mpeg	MPEG
message/external-body	包含外部訊息

圖 8-11
MIME 範例

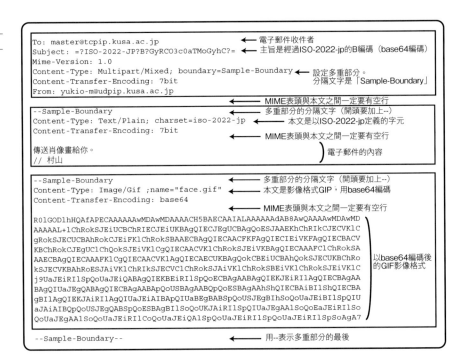

▶ 8.4.4 SMTP（Simple Mail Transfer Protocol）

SMTP 是傳送電子郵件的應用協定，TCP 的連接埠編號使用的是 25 號。SMTP 建立一個 TCP 連接之後，在此連接上進行控制、回應、傳送資料。使用者端利用文字指令提出請求，伺服器端以顯示成 3 位數字的字串來回應。

各個指令與回應的最後，一定要加上換行（CR、LF）。

表 8-4
SMTP 的主要指令

HELO <domain>	通訊開始
EHLO <domain>	通訊開始（擴充版 HELO）
MAIL FROM:<reverse-path>	寄件者
RCPT TO:<forward-path>	設定收件者（Receipt to）
DATA	傳送電子郵件的本文
RSET	初始化
VRFY <string>	確認使用者名稱
EXPN <string>	將使用者名稱擴充至郵件群組
NOOP	回應請求（NO Operation）
QUIT	結束

圖 8-12
SMTP

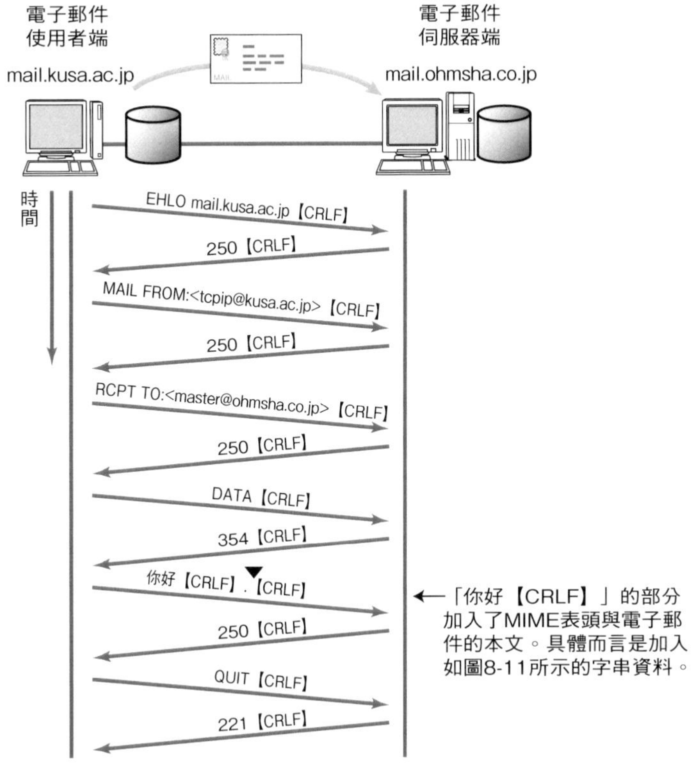

電子郵件使用者端
mail.kusa.ac.jp

電子郵件伺服器端
mail.ohmsha.co.jp

時間

EHLO mail.kusa.ac.jp【CRLF】
250【CRLF】
MAIL FROM:<tcpip@kusa.ac.jp>【CRLF】
250【CRLF】
RCPT TO:<master@ohmsha.co.jp>【CRLF】
250【CRLF】
DATA【CRLF】
354【CRLF】
你好【CRLF】.【CRLF】
250【CRLF】
QUIT【CRLF】
221【CRLF】

← 「你好【CRLF】」的部分加入了MIME表頭與電子郵件的本文。具體而言是加入如圖8-11所示的字串資料。

▼ 在 SMTP 中，以只有點（.）的行來顯示電子郵件的本文結尾。但是本文中即使有一行只單獨顯示點（.），也可以正確識別，進行通訊處理。具體來說，傳送時，電子郵件的本文開頭行如果有點（.），後面會再增加一個點（.）。接收時，若頭一行有連續兩個點，就會刪除其中一個點（.）。

隨著電子郵件的普及，隨機傳送廣告郵件或含有病毒連結的電子郵件等行為，衍生出許多問題。原本，SMTP 沒有認證寄件者的機制，所以無法防範這種垃圾郵件傳到自己的電子郵件伺服器上。因此現在採取了各種防止垃圾郵件的對策。

表 8-5
SMTP 的回應

・針對請求給予肯定確認回應

211	系統狀態及 HELP 的回應
214	HELP 訊息
220 \<domain\>	開始服務
221 \<domain\>	結束服務
250	完成提出請求的電子郵件處理
251	使用者不在這台主機上，這台主機進行轉發處理

・輸入資料

354	開始輸入電子郵件的資料，以只有點（.）的行來結束輸入

・傳輸錯誤的訊息

421 \<domain\>	無法提供服務，所以結束連接
450	電子郵件信箱不存在，無法接受請求
451	發生問題所以中斷處理
452	硬碟容量不足，無法執行請求

・發生無法繼續處理的錯誤

500	語法錯誤，無法理解指令
501	語法錯誤，無法理解引數或參數
502	沒有這個指令
503	指令的順序錯誤
504	沒有該指令的參數
550	沒有電子郵件信箱，無法執行請求
551	使用者不在這台主機上，無法接受請求
552	超過硬碟容量，所以中斷處理
553	非取得許可的電子郵件信箱，無法執行請求
554	其他錯誤

▼關於 telnet 指令的用法，請參考 P299 的專欄。

■ 試著執行 SMTP 指令

用 TELNET 連接 SMTP 伺服器時，能和下面一樣，在登入 SMTP 伺服器之後▼，手動執行表 8-4 的 SMTP 指令。

　　`telnet` **伺服器名稱或位址**　25

以打算成為 SMTP 使用者端的想法，執行 SMTP 指令，再試著對照表 8-5 的回應，就可以清楚瞭解 SMTP 協定執行的動作。

▦ 防範垃圾郵件的各種對策

SMTP 是傳送電子郵件的結構，由於規格簡單，而變成廣為普及的網路電子郵件，卻也因為沒有認證機制，比較容易被惡意使用，例如偽裝成送信者或傳送垃圾郵件等。因此現在採取了以下防範電子郵件的對策。

- 對電子郵件傳送者進行認證

  POP before SMTP…這是傳送電子郵件之前，透過 POP 進行使用者認證的機制。通過認證之後，會在一定期間內接受使用者端 IP 位址的 SMTP 通訊。

  SMTP 認證（SMTP Authentication）…這是 SMTP 的擴充功能，可以在傳送電子郵件時，由 SMTP 伺服器進行使用者認證。

- 對傳送者的域名進行認證

  SPF（Sender Policy Framework）…先在 DNS 伺服器登錄傳送端電子郵件伺服器的 IP 位址，接收端比較收到的電子郵件 IP 位址與傳送端伺服器的 IP 位址，進行域名認證，確認收到的電子郵件是否來自假的傳送者。

  DKIM（DomainKeys Identified Mail）…在傳送端的電子郵件伺服器加上電子簽章，接收端確認電子簽章是否正確，藉此查驗收到的電子郵件是否來自假的傳送者。先將傳送端電子郵件伺服器的電子簽章使用的公鑰登錄在 DNS 伺服器，接收端取得公鑰，就能認證電子簽章。

  DMARC（Domain-based Message Authentication, Reporting and Conformance）…在 SPF、DKIM 等認證傳送端域名的機制中，傳送者在 DNS 伺服器登錄並公開驗證失敗時，電子郵件的處理原則。當認證失敗時，接收端可以根據傳送者制定的原則來決定如何處理，或通知傳送者認證失敗。

- 其他對策

  OP25B（Outbound Port 25 Blocking）…這是網路服務供應商採取的策略，封鎖 TCP 連接埠 25 的 SMTP 通訊，就無法直接傳送垃圾郵件或病毒郵件。實施這個策略之後，無法直接傳送電子郵件，必須進行 SMTP 認證等使用者認證，並使用供應商指定的發信專用 submission 連接埠。

▼ **8.4.5** POP（Post Office Protocol）

POP

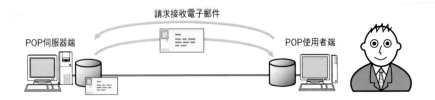

前面說明的 SMTP 是傳送電子郵件用的協定。換句話說，SMTP 是想要傳送電子郵件的電腦，向接收電子郵件的電腦傳送電子郵件時的協定。初期，網際網路以 UNIX 工作站為主，的確完全沒有問題。可是當個人電腦也想連接到網際網路時，就變得很不方便了。

個人電腦不會 24 小時開機，使用者坐在辦公桌前，才會開啟個人電腦，下班回家時，就會關機。當電腦開機時，使用者當然希望能立刻接收並瀏覽電子郵件。可是，SMTP 無法執行這種處理。SMTP 的缺點是，接收端主機無法對傳送端主機提出請求。

▼現在主要使用的是 POP3（Post Office Protocol version 3.0）。

POP ▼（Post Office Protocol）就是為了解決這個問題而提出的協定（圖 8-14）。

圖 8-14
POP 的結構

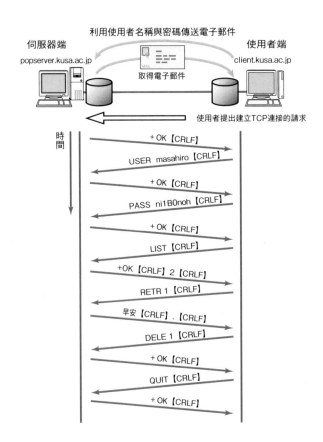

寄件者透過 SMTP 將電子郵件傳送到 24 小時開機的 POP 伺服器，使用者透過 POP，取得儲存在 POP 伺服器的電子郵件。此外，為了避免電子郵件被別人竊取，要進行使用者認證。

POP 和 SMTP 一樣，利用在伺服器與使用者之間建立一個 TCP 連接來進行資料交換。指令與回應訊息如表 8-6 所示。指令可以用簡短的 ASCII 字元碼顯示，回應訊息很簡單，只有兩種。正常的情況是「+OK」，發生錯誤時是「-ERR」。

表 8-6
POP 的主要指令

· 認證時的有效指令

USER name	傳送使用者名稱
PASS string	傳送密碼
QUIT	結束通訊
APOP name digest	認證

· 回應

+OK	正常時
-ERR	發生錯誤時

· 事務性狀態指令

STAT	狀態通知
LIST [msg]	確認設定編號的電子郵件（取得清單）
RETR msg	取得電子郵件的訊息
DELE msg	刪除儲存在伺服器中的電子郵件（QUIT 指令後執行）
RSET	重置（取消 DELE 指令）
QUIT	執行 DELE 指令，結束通訊
TOP msg n	只取得電子郵件開頭的 n 行
UIDL [msg]	取得電子郵件的唯一 ID 資料

▼ telnet 指令的用法請參考 P299 的專欄說明。

■ 嘗試執行 POP 指令

用 TELNET 連接 POP 伺服器時，能和下面一樣，在登入 POP 伺服器之後▼，手動執行表 8-6 的 POP 指令。

    `telnet` **伺服器名稱或位址**   110

和 P310 專欄介紹的 SMTP 一樣，以打算成為 POP 使用者端的想法，執行 POP 指令，再對照表 8-6 的回應。

▚ **8.4.6** IMAP
（Internet Message Access Protocol）

▼主要使用的是 IMAP4
（Internet Message Access
Protocol version 4）。

IMAP▼和 POP 一樣，都是用來接收（取得）電子郵件等訊息的協定。POP 是在使用者端進行電子郵件管理，而 IMAP 是在伺服器端進行管理。

使用 IMAP 時，不用下載伺服器上所有的電子郵件，就可以讀取。由於 IMAP 是在伺服器端處理 MIME 資料，當收到一封電子郵件中含有 10 個

▼由於 POP 無法只下載特定的附加檔案，如果想下載附加檔案，就必須下載包含附加檔案在內的整封電子郵件。

附加檔案時，可以進行「只下載第 7 個附加檔案」的處理▼。這個功能對於頻寬較窄的通訊線路，可以發揮很大的作用。此外，還能在伺服器上進行電子郵件是否讀取（已讀／未讀）或分類電子郵件的電子郵件信箱

▼使用 POP，也可以讓多台電腦下載電子郵件，但是未讀的電子郵件及電子郵件信箱仍是由各個電子郵件軟體負責管理，非常不方便。

管理，因而能建構出透過多台電腦讀取電子郵件的環境，非常方便▼。使用了 IMAP 之後，儲存在伺服器上的電子郵件，就像是使用自己電腦上的記憶體來進行處理。

使用 IMAP 之後，我們可以從個人電腦、公司電腦、隨身攜帶的筆記型電腦、智慧型手機等，讀取或寫入 IMAP 伺服器上的訊息。這樣一來，用公司電腦下載的電子郵件，就不需要轉發到筆記型電腦或智慧型手機

▼筆記型電腦或智慧型手機必須要能跟 IMAP 伺服器通訊。

上了▼。IMAP 能提供給擁有多台電腦者一個方便的使用環境。

8.5 ╱ WWW（World Wide Web）

▚ **8.5.1** 掀起網際網路熱潮的火種

▼超文字（HyperText）
在文章內的文字加上關聯性，用來參考相關內容。

全球資訊網（WWW）是將網際網路上的資料，用超文字▼的形式提供的系統。在文件內先描述其他文件的連結，就能參照網際網路上的文件。文件之間的連結就像蜘蛛網般遍及全世界，因此命名為 World Wide Web，有時也稱作 Web。將 WWW 資料顯示在畫面上的使用者端軟體，

▼ Web 瀏覽器
Web Browser，又稱作 WWW 瀏覽器或純粹稱為瀏覽器。

稱作 Web 瀏覽器▼。Web 瀏覽器包括 Microsoft 公司的 Microsoft Edge、Mozilla Foundation 的 Firefox、Google 公司的 Google Chrome、Opera Software 公司的 Opera、Apple 公司的 Safari 等。

使用 Web 瀏覽器，幾乎不會意識到資料究竟是存在哪台電腦中，只要用滑鼠點擊就能瀏覽各種相關的資料。起初只能處理文字，後來開始能讀取影像、影片。自從搜尋引擎出現之後，我們可以從廣大的網際網路上取得資料，進而促使網際網路開始急速發展。

圖 8-15

WWW

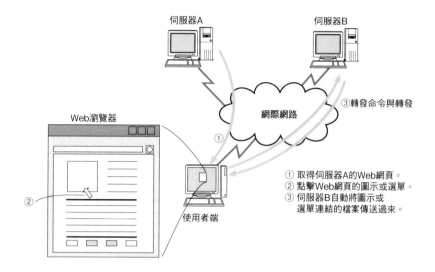

瀏覽網頁時，顯示在整個 Web 瀏覽器畫面中的影像稱作「Web 網頁
（WWW 網頁）」。公司或學校等組織，還有個人的 Web 網頁主題頁面，
稱作「首頁」。大部分的企業的網址如下

```
http://www.企業名稱.com.tw/
```

這樣可以瀏覽該企業的首頁。網頁中包含了公司簡介、產品訊息、徵才
訊息等標題，使用滑鼠點擊標題的文字或圖示，就會跳轉到對應的網
頁。除了文字內容之外，網頁還能提供影像、影片、聲音、程式等不同
種類的資料。網頁不但能取得資料，若自行建構 Web 網頁，還能向全世
界發布訊息。

▰ 8.5.2　WWW 的基本概念

WWW 定義了 3 個概念。定義存取資料的方法與位置、定義資料呈現的格
式、定義傳輸資料等操作，分別是 URI（Uniform Resource Identifier）、
HTML（HyperText Markup Language）、HTTP（HyperText Transfer
Protocol）。

▰ 8.5.3　URI（Uniform Resource Identifier）

URI 是 Uniform Resource Identifier 的縮寫，用來代表資源的表記方式
（識別碼）。URI 是能用於 WWW 之外的高通用性識別碼，支援首頁的
位址、電子郵件的位址、電話號碼等各種組合。以下是 URI 的範例。

```
http://www.rfc-editor.org/rfc/rfc4395.txt
http://www.ietf.org:80/index.html
http://localhost:631/
```

上例一般稱作「首頁的網址」、「URL（Uniform Resource Locator）」。URL 是表示網際網路資源（檔案等）位址的俗稱。相對來說，URI 不限於網際網路資源，而是可以識別所有資源的識別碼。現在有效的 RFC 文件使用的名稱是 URI 而不是 URL▼。URL 是狹義的概念，而 URI 是可以定義一切的廣義概念，WWW 之外的應用協定也可以使用。

▼ 類似的案例就像是 byte 與 octet 的關係。在協定的定義中，使用的是 octet，但平常是用 byte。

URI 顯示的組合稱作方案（scheme）▼。在 WWW 中，主要使用 URI 方案中的 http 或 https 來表示 Web 網頁的位置，或代表存取 Web 網頁的方法。URI 方案清單可以從以下 Web 網頁取得。

▼ scheme
英文的意思是有體系的計畫或組合。

```
http://www.iana.org/assignments/uri-schemes.html
```

URI 的 http Scheme 以下列格式顯示。

> http:// **主機名稱 / 路徑**
> http:// **主機名稱：連接埠編號 / 路徑**
> http:// **主機名稱：連接埠編號 / 路徑？諮詢內容 # 部分資料**

主機名稱代表網域名稱或 IP 位址，連接埠編號表示傳輸連接埠編號。關於連接埠編號的詳細說明請參考 6.2 節。省略連接埠編號時，通常 http 方案是使用 80 號。

▼ 關於 CGI 請參考 8.5.6 節。

路徑是該主機上的資料位址、諮詢內容是向 CGI 等傳遞資料▼，部分資料是表示網頁內的位置等。

按照這種表記法，可以在整個網際網路中鎖定特定資料。但是，以 http 方案表示的資料隨時都會改變，所以發現喜歡的 Web 網頁，並將該 URI（URL）儲存起來，日後仍有可能發生網頁不見或改變的情況。

表 8-7 列出了主要的 URI 方案。

表 8-7
主要的 URI 方案

方案名稱	內容
acap	Application Configuration Access Protocol
cid	Content Identifier
dav	WebDAV
fax	Fax
file	Host-specific File Names
ftp	File Transfer Protocol
gopher	The Gopher protocol
http	Hypertext Transfer Protocol
https	Hypertext Transfer Protocol Secure
im	Instant Messaging
imap	Internet Message Access Protocol
ipp	Internet Printing Protocol
ldap	Lightweight Directory Access Protocol

方案名稱	內容
mailto	Electronic Mail Address
mid	Message Identifier
news	USENET news
nfs	Network File System Protocol
nntp	USENET news using NNTP access
rtsp	Real Time Streaming Protocol
service	Service Location
sip	Session Initiation Protocol
sips	Secure Session Initiation Protocol
snmp	Simple Network Management Protocol
tel	Telephone
telnet	The Network Virtual Terminal Emulation protocol
tftp	Trivial File Transfer Protocol
urn	Uniform Resource Name
z39.50r	Z39.50 Retrieval
z39.50s	Z39.50 Session

▼ **8.5.4** HTML（HyperText Markup Language）

HTML（HyperText Markup Language）是描述 Web 網頁用的語言（資料格式），可以設定顯示於瀏覽器畫面的文字、文字大小、位置、顏色等，還能設定貼在畫面上的影像或影片，以及音樂等聲音部分。

HTML 含有超文字（Hypertext）的功能，在畫面上的文字或影像設定連結，點擊時就可以顯示其他資料。網際網路上的任何 WWW 伺服器資料也可以設定連結。一般而言，網際網路上大部分的 Web 網頁都會對相關資料設定連結。用滑鼠點擊之後，連結到各個地方，就能瀏覽世界各地的資料。

HTML 可以說是表現 WWW 共用資料的協定。架構不同的電腦，只要按照 HTML 來準備資料，呈現的結果幾乎一致。對照 OSI 參照模型，HTML 可以說是 WWW 的表現層▼。但是，現在電腦網路的表現層仍不夠完整，有時會因為使用了不同的 OS 或軟體，而出現顯示細節的差異。

▼ HTML 除了用於 WWW，也用在電子郵件上。

圖 8-16 是以 HTML 表示的資料範例。如果用瀏覽器（Firefox）載入，顯示的畫面影像如圖 8-17 所示。

圖 8-16
HTML 範例

```
<!DOCTYPE HTML PUBLIC "-//W3C//DTD HTML 4.01 Transitional//EN"
  "http://www.w3.org/TR/html4/loose.dtd">
<html lang="ja">
<head>
  <meta http-equiv="Content-Type" content="text/html; charset=UTF-8">
  <title>Mastering TCP/IP</title>
</head>
<body>
<h1>「圖解TCP/IP網路通訊協定(涵蓋IPv6)」介紹網頁</h1>
<img src="cover.jpg" alt="圖解TCP/IP網路通訊協定(涵蓋IPv6)">
<p>本網頁主要介紹在「圖解TCP/IP網路通訊協定(涵蓋IPv6)」一書的內容。</p>
<ul>
  <li><a href="feature.html">圖解TCP/IP網路通訊協定(涵蓋IPv6)的特色</a></li>
  <li><a href="feature.html">目標讀者</a></li>
  <li><a href="feature.html">尺寸／頁數／價格</a></li>
  <li><a href="feature.html">作者簡介</a></li>
</ul>
</body>
</html>
```

圖 8-17
以瀏覽器載入圖 8-16
的 HTML

■ XML 與 Java

在 WWW 中，把資料儲存成檔案，或應用程式之間的往來格式都是使用 XML
（Extensible Markup Language）。XML 可以說是從 SGML▼衍生出來的語言，和
HTML 一樣，必須在項目前後加上標籤來表示其含義。從 < 標籤名稱 > 到 </ 標
籤名稱 > 為止，當作一個檔案來處理。

最近，結合 Java 與 XML 所開發的應用程式越來越多。Oracle 公司（原 Sun
Microsystems）開發的 Java 是不用依賴平台的程式開發語言、執行環境，而 XML
是不依靠軟體供應商的資料格式。

▼ SGML
Standard Generalized
Markup Language

> Java 與 XML 相當於 OSI 參考模式第 6 層的表現層。組合這兩者，即使網路上連接了不同種類的系統，也能開發出執行相同動作的應用程式。

■ HTML5、CSS3

早期的 Web 瀏覽器只支援基本的文字資訊和圖片顯示，必須使用外掛程式才能播放聲音和影片，達到多媒體的效果。雖然這些專用的外掛程式成為豐富網際網路應用程式的平台而被廣泛使用，卻也因為安全性對策不夠即時而倍受爭議，進而產生了需要標準化的 HTML 來當作 Web 應用程式平台的需求。

在這種情況下，提出了名為 HTML5 的新規格，可以按照標準播放聲音與影片，使得建立整合各種 API 的 Web 應用程式變得輕而易舉。另外，還改善了 HTML4 以前的複雜元素及屬性，能顯示更明確的文件結構。

CSS（Cascading Style Sheet）是一種可以設定 HTML 的元素該如何顯示的語言，主要的 Web 瀏覽器都可以使用。新的 CSS3 已經可以不用圖像資料，只用 CSS3 描述用影像資料設計的按鈕。

結合 HTML5 和 CSS3 可以清楚分離文件結構與設計，能更輕易地按照電腦和智慧手機等螢幕尺寸不同的設備來完成設計。過去常需要分別準備電腦及智慧手機用的網站，但是現在可以利用 HTML5 和 CSS3，切換顯示用的 CSS。這種設計方法稱為響應式網頁設計。

8.5.5 HTTP（HyperText Transfer Protocol）

HTTP 是一種用來收送 HTML 文件、影像、聲音和影片等內容的協定。它使用 TCP 當作傳輸協定。

HTTP 是使用者端向 HTTP 伺服器（Web 伺服器）請求資訊，HTTP 伺服器（Web 伺服器）根據請求，向使用者端傳送資訊，HTTP 伺服器不會維持使用者端的狀態（稱作無狀態）。

具體而言，使用者在瀏覽器輸入 Web 網頁的 URI，就會開始進行 HTTP 的處理。HTTP 一般會使用 80 號連接埠，使用者端透過 80 號連接埠與伺服器建立 TCP 連接。利用 TCP 通訊路徑，收送指令、回應、由資料形成的訊息。

圖 8-18
HTTP 的結構

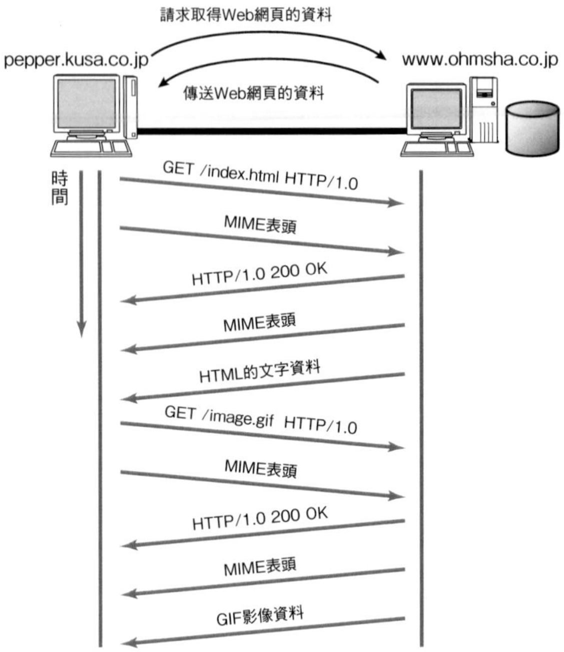

HTTP 主要使用的是 HTTP1.0 與 HTTP1.1 等兩個版本。HTTP1.0 每次收送一個「指令」、「回應」時，都會建立、切斷 TCP 連接。從 HTTP1.1 開始，建立一個 TCP 連接就能收送多個「指令」、「回應」▼，這樣可以減少建立、切斷 TCP 連接的支出，提高效率。

▼ 這種不切斷 TCP 連接的方法，稱作保持連接（keep-alive）。

表 8-8
HTTP 的主要指令與回應訊息

·HTTP 的主要指令

OPTIONS	設定選項
GET	取得指定 URL 的資料
HEAD	只取得訊息表頭
POST	在指定的 URI 登錄資料
PUT	在指定的 URI 儲存資料
DELETE	刪除指定 URI 的資料
TRACE	請求訊息回到使用者端

·提供資料

100	Continue
101	Switching Protocols

·肯定的回應

200	OK
201	Created
202	Accepted
203	Non-Authoritative Information
204	No Content
205	Reset Content
206	Partial Content

· 轉發請求（重新導向）

300	Multiple Choices
301	Moved Permanently
302	Found
303	See Other
304	Not Modified
305	Use Proxy

· 使用者端的請求內容錯誤

400	Bad Request
401	Unauthorized
402	Payment Required
403	Forbidden
404	Not Found
405	Method Not Allowed
406	Not Acceptable
407	Proxy Authentication Required
408	Request Time-out
409	Conflict
410	Gone
411	Length Required
412	Precondition Failed
413	Request Entity Too Large
414	Request-URI Too Large
415	Unsupported Media Type

· 伺服器的錯誤

500	Internal Server Error
501	Not Implemented
502	Bad Gateway
503	Service Unavailable
504	Gateway Time-out
505	HTTP Version not supported

■ HTTP 的認證

HTTP 定義的認證方式包括 Basic 認證與 Digest 認證。HTTP 伺服器可以對使用者進行認證，只有認證成功的者才會回傳內容，藉此限制存取。

Basic 認證是用 base64 編碼，使用者的 ID 與密碼在網路上傳送時是明文，但是這樣並不安全，建議搭配使用 HTTPS 的加密通訊。

Digest 認證改善了 Basic 認證用明文傳送資料的缺點，以 MD5 將使用者 ID 與密碼進行雜湊化再傳送。一般認為資料經過雜湊化之後，即使被竊取，也不易破解密碼。可是近年來，MD5 被證明是一種可以分析的雜湊演算法，而產生了安全性的疑慮。

網站的認證方式各不相同，也有像網站的登入網頁般，用 HTML 製作表單畫面的方式。

不論哪一種，通常都會使用 HTTPS 的加密通訊，避免密碼以明文狀態在網路上傳送。

■ 以更快速方便的 web 為目標（HTTP/2 與 HTTP/3）

近年來，載入網頁需要耗費比以前更多的資源。需要多個連接才能順利傳送影像豐富的網頁或影片內容，卻也因此引起網路壅塞問題。

於是在 2015 年 5 月發布 HTTP 的第二版本 HTTP/2（RFC7540），導入用一個連接進行平行處理、使用二進位檔案，減少收送的資料量、壓縮表頭、伺服器推送等技術，提高網路資源的運用效率。

此外，Web 伺服器與 Web 瀏覽器若能支援 HTTP/2，就會自動進行 HTTP/2 的通訊，使用者端不需要特別注意。

為了支援更多使用者連接，更快速地載入 Web 網頁，在 2016 年 11 月提出使用無 TCP 三向交握的 HTTP-over-QUIC 當作網際網路平台，並於 2018 年 12 月更名為 HTTP/3。

今後隨著 HTTP/3 的發展，網路將會變得愈來愈方便吧！

▼使用 telnet 指令的方法，請參考 P299 的專欄說明。

> ### ■ 嘗試執行 HTTP 的指令
>
> 用 TELNET 與 HTTP 伺服器連接時，能和下面一樣，在登入 HTTP 伺服器之後▼，手動執行表 8-8 的 HTTP 指令。
>
> ```
> telnet   伺服器名稱或位址   80
> ```
>
> 以打算成為 HTTP 使用者端的想法，執行 ASCII 字元碼的 HTTP 指令，再對照表 8-8 的回應。

▼ 8.5.6 Web 應用程式

早期的 WWW 只能顯示靜態影像和文字，但是利用在伺服器上執行程式，即可顯示結果的 CGI 機制，以及能在 Web 瀏覽器執行程式的 JavaScript，就可以使用各種應用程式。這些在 Web 瀏覽器上使用的應用程式稱作 Web 應用程式。

▊ JavaScript

Web 的基本元素包括 URI、HTML、HTTP，但是單憑這些仍無法依照條件更改成動態顯示內容。因此，在 Web 瀏覽器或伺服器端進行應用程式處理，可以提供更豐富的服務，例如網路購物或搜尋資料等。

在 Web 瀏覽器執行的程式稱作使用者端應用程式，而在伺服器端執行的程式，稱作伺服器端應用程式。

JavaScript 是嵌入 HTML 的程式設計語言，可以在多種 Web 瀏覽器上執行，屬於一種使用者端應用程式。在瀏覽器上，利用 HTTP 下載嵌入 JavaScript 的 HTML，就能在使用者端執行以 JavaScript 描述的應用程式▼。這些應用程式是用來檢查使用者輸入的數值是否超過容許範圍，或沒有輸入必填、選取欄位▼。利用 JavaScript 操作 HTML 或 XML 文件的邏輯性結構（DOM：Document Object Model），可以動態更新顯示成 Web 網頁的資料或風格。近年來，已經可以利用 JavaScript 操作 DOM，建立更動態的 Web 網站，不用從伺服器載入整個網頁。這種手法稱作 Ajax（Asynchronous JavaScript and XML）。

過去網頁是為了讓人閱讀而設計的內容，自從網頁可以動態變化之後，用程式輕易取得資料的機制開始變得普及，這種機制稱作 WebAPI。網站可以透過 WebAPI 來提供資料，方便使用者運用。使用者可以利用 WebAPI，整合必要的資料來建置系統。

例如透過 WebAPI 能輕易取得線上購物網站的熱門商品資料、氣象網站的天氣資訊等。

▼ JavaScript 是一種在瀏覽器上執行的腳本語言，近年來也出現了在伺服器上執行的功能，稱作伺服器端的 JavaScript。

▼若將檢查使用者輸入內容正確與否的工作，全都交給伺服器來處理，伺服器的負荷會過大，因此使用者端能檢查的部分，盡量由使用者端負責，較能提高效率。

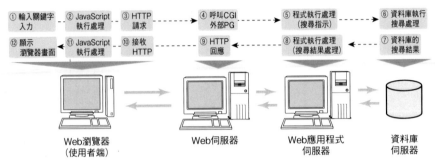

圖 8-19
JavaScript、CGI 的處理流程

① 在 Web 瀏覽器輸入關鍵字
② JavaScript進行處理（例如顯示輸入選項）
③ 透過HTTP將請求訊息傳給Web伺服器
④ 分析HTTP請求，視狀況利用CGI呼叫外部程式
⑤ 由Web應用程式伺服器的程式執行處理（執行搜尋資料庫指令）
⑥ 資料庫伺服器執行搜尋處理
⑦ 資料庫伺服器將搜尋結果回應給程式
⑧ 程式根據搜尋結果建立HTML文件
⑨ Web伺服器把HTTP回應傳給使用者
⑩ 使用者將資料傳給接收HTML的瀏覽器
⑪ JavaScript執行在瀏覽器端的處理
⑫ 在瀏覽器的畫面顯示搜尋結果

■ CGI

▼ Common Gateway
Interface

CGI▼是 Web 伺服器呼叫外部程式的伺服器端應用程式。

一般的 Web 通訊是回應使用者端的請求，只轉發儲存在 Web 伺服器硬碟內的資料。此時，轉發給使用者端的，是和平常一樣的資料（靜態資料）。使用 CGI，將會回應使用者端的請求，在 Web 伺服器端啟動其他外部程式，把使用者輸入的資料傳給該程式。在外部程式處理這份資料，建立 HTML 並把其他資料轉發給使用者端▼。

▼不一定要使用 CGI 啟動
外部程式。可以在 Web 伺
服器的內部，嵌入伺服器程
式，或者在 Web 伺服器嵌
入以編譯型語言寫的程式。

使用 CGI，能配合使用者的操作，傳送各式各樣的資料（動態資料）。論壇及購物網站中，也會使用 CGI 呼叫外部程式或存取資料庫。

■ Cookie

在 Web 應用程式中，使用了稱作 Cookie 的結構來識別使用者的資料。Cookie 是 Web 伺服器用來把資料（「標籤名稱」與「附加在標籤名稱上的值」）儲存在使用者端的機制▼。主要的功用是，讓 Web 瀏覽器記住登入資料或購物網站的購買資料等。

▼也可以對 Cookie 設定有
效期限。

Web 伺服器只要確認使用者端的 Cookie，就不需要先在伺服器端確認是否為相同對象傳來的通訊，或儲存在購物車中的商品。

WebSocket

WebSocket 是為了在 HTTP 上，讓使用者與伺服器進行雙向通訊，例如聊天 app、遊戲 app 等所開發出來的協定。原本 HTTP 是為了單向通訊而設計的協定，但是後來各種應用程式開始出現雙向即時通訊的需求。

使用 WebSocket 的應用程式通訊是先在使用者與伺服器之間進行 HTTP 通訊，再利用 HTTP 的 upgrade 請求／回應建立 WebSocket 用的通訊路徑，進行雙向通訊。WebSocket 協定由 RFC6455 定義成網際網路標準。

此外，W3C 整合了一個使用 WebSocket 的 API，開發出以 WebSocket API 為標準的 JavaScript 框架，因而被廣泛使用。

8.6 網路管理（SNMP）

8.6.1 SNMP
（Simple Network Management Protocol）

圖 8-20
網路管理

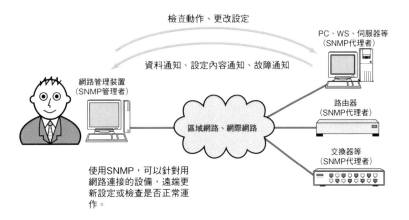

過去，網路管理是憑管理者或負責人員的記憶或直覺來進行。可是，網路的發展與擴大已經到了無法用人類的記憶或直覺來管理的程度，因此運用相關的知識，進行妥善管理，變得格外重要。在 TCP/IP 的網路管理中，SNMP（Simple Network Management Protocol）是用來取得必要資料的方法，屬於在 UDP/IP 上執行的協定。

▼ SNMPv3 不論管理者
或代理者，都稱作實體
（Entity）。

▼ MIB（Management
Information Base）
請參考 8.6.2 節。

SNMP 的管理端稱作管理者（網路監控終端），被管理者稱作代理者（路由器、交換器等）▼。制定管理者與代理者彼此通訊的規範，就是 SNMP。在 SNMP 中，稱作 MIB▼的代理者，可以檢視管理資料的資料庫值與設定一個新的值。

初期，SNMP 的安全性不夠完整。在 SNMPv2 的標準化中，也曾提出安全性機制，但是各方意見不一，結果只有原本支援 Community-Based 認證的提案（SNMPv2c）成為標準。SNMPv2c 沒有採用安全性機制。

在 SNMPv3 中，SNMP 應該具備的所有功能沒有在同一版本中達成，而是當作個別功能（元件）來定義，以組合各種版本的方式來進行通訊。

圖 8-21
SNMP 的結構

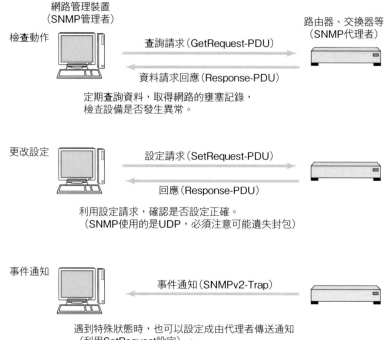

網路管理裝置
（SNMP管理者）

路由器、交換器等
（SNMP代理者）

檢查動作

查詢請求（GetRequest-PDU）
資料請求回應（Response-PDU）

定期查詢資料，取得網路的壅塞記錄，
檢查設備是否發生異常。

更改設定

設定請求（SetRequest-PDU）
回應（Response-PDU）

利用設定請求，確認是否設定正確。
（SNMP使用的是UDP，必須注意可能遺失封包）

事件通知

事件通知（SNMPv2-Trap）

遇到特殊狀態時，也可以設定成由代理者傳送通知
（利用SetRequest設定）。

SNMPv3 可以分成「訊息處理」、「安全性」、「存取控制」等 3 個部分來思考，再分別選取所需的結構。

例如，關於「訊息處理」部分，除了以 SNMPv3 定義的處理模型之外，還可以選擇 SNMPv1 與 SNMPv2 的處理模型。事實上，在 SNMPv3 中，通常使用 SNMPv2 的訊息處理來進行通訊。

在訊息處理中選擇 SNMPv2 時，會進行 8 種操作。包括查詢請求（GetRequest-PDU）、查詢上次提出的下次資料請求（GetNextRequest-PDU）、回應（Response-PDU）、設定請求（SetRequest-PDU）、統一查詢請求（GetBulkRequest-PDU）、其他管理者的資料通知請求（InformRequest-PDU）、事件通知（SNMPv2-Trap-PDU▼）、以管理系統定義命令（Report-PDU）。

一般會利用查詢請求、回應，定期檢查設備的動作，或利用設定請求來更改設備設定。SNMP 的處理可以歸納成對設備匯入資料或從設備讀取資料。這種方法稱作擷取／儲存模型（Fetch-Store Paradigm），和電腦的輸出入等基本動作一樣▼。

Trap 是在網路設備因某種原因出現變化時，用來向 SNMP 管理者通知變化狀況。使用 Trap 時，即使管理者沒有詢問代理者，當設備狀態發生變化，代理者也會傳送通知。

▌ 8.6.2　MIB（Management Information Base）

利用 SNMP 收送的資料稱作 MIB（Management Information Base）。MIB 是具有樹狀結構的資料庫，每個項目都會加上編號。

SNMP 是使用數字來存取 MIB，而這些數字都會加上我們比較容易瞭解的名稱。MIB 包含標準 MIB▼（MIB、MIB-II、FDDI-MIB 等）及各廠商自行開發的擴充 MIB。不論哪種 MIB，都是以使用 ISO ASN.1▼的 SMI（Structure of Management Information）定義的語法來描述。

MIB 相當於 SNMP 的表現層，這是網路的透明結構。SNMP 會在代理者的 MIB 代入值或取出值。這樣可以進行收集碰撞次數與流量等資料、更改介面的 IP 位址、停止或啟動路由協定、重新開機或關機等處理。

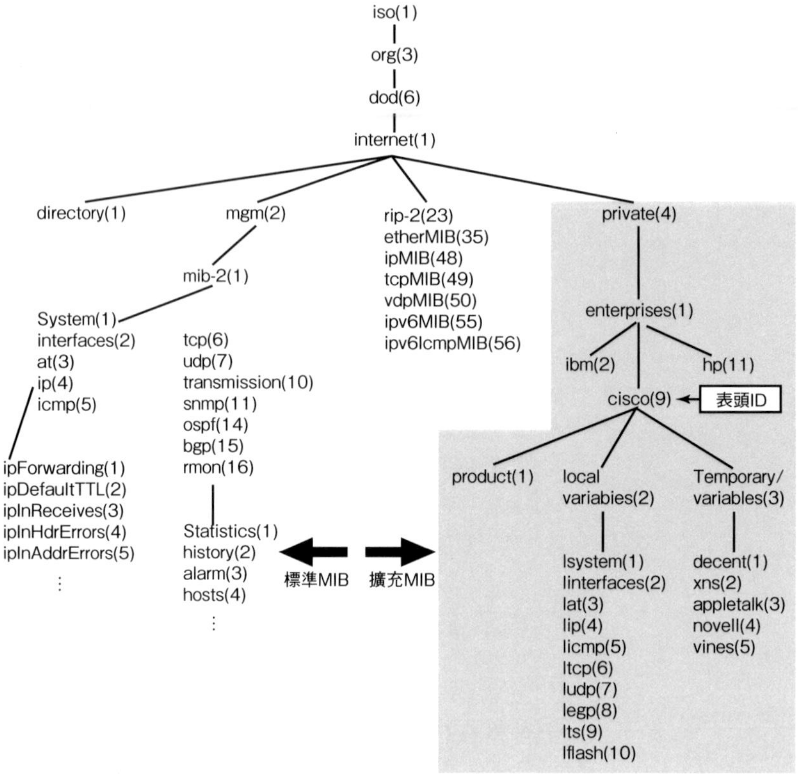

圖 8-22
MIB 樹狀結構範例（與 Cisco Systems 公司相關）

8.6.3 RMON（Remote Monitoring MIB）

RMON 是 Remote Monitoring MIB 的縮寫。相對於 MIB 一般是由監控網路設備的介面（點）參數群構成，RMON 是由監控網路線路（線）的參數群構成。

利用 RMON，可以監控的部分從點到線，範圍廣泛，能有效監控網路狀況。大部分監控的內容都是通訊傳輸的統計資料等，站在使用者的立場來看，都非常具有意義。

這樣可以瞭解某台特定主機是和誰、使用哪種協定（應用）通訊的統計資料，還能詳細分析網路上負荷較重的主機。

利用 RMON，能以終端或協定為單位，監控目前的使用狀況與通訊的方向性。不僅能管理網路，也能取得對今後在網路擴充或變更時非常有意義的資料。尤其是，監控 WAN 線路部分或伺服器區段部分的流量資料，可以取得網路使用率、鎖定對線路造成負擔的主機或協定，成為判斷網路的頻寬是否足夠的重要資料。

▍ 8.6.4 使用 SNMP 的應用範例

以下要介紹一個使用 SNMP 的應用程式。

MRTG（Multi Router Traffic GRAPHER）是將定期收集到以 RMON 連接網路的路由器流量資料圖表化的工具。從以下網址可以取得這個應用程式。

圖 8-23
利用 MRTG 將流量顯示成圖表

    http://oss.oetiker.ch/mrtg/

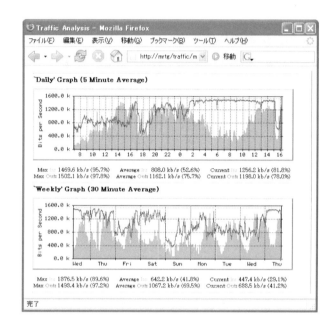

8.7 ▍ 其他應用協定

網際網路是以作為通訊用網路而發展起來，不過近年來卻廣泛使用在即時收送聲音或影像上。甚至也運用在透過網際網路的網路電話、視訊會議、直播等具有即時性、雙向性的領域。

▍ 8.7.1 多媒體通訊技術（H.323、SIP、RTP）

TCP 通訊可以進行流量控制、壅塞控制、重送控制，所以應用程式傳送的封包，有時無法快速送達目標位址。網路電話使用的 VoIP ▼或視訊會議，比起可能遺失部分封包，更加重視減少延遲及即時性。因此，進行即時的多媒體通訊時，會使用 UDP。

▼ VoIP
Voice Over IP 的縮寫。

只使用 UDP，無法進行多媒體通訊，仍需要找出網路電話或視訊會議對象，就像打電話呼叫通話對象，決定要以哪種形式收送資料的結構，而這個部分就稱作「呼叫控制」。負責呼叫控制的協定有 H.323、SIP，能配合多媒體資料的特性來傳送的協定是 RTP。此外，聲音、影像等大型多媒體資料，需要使用壓縮技術才能透過網路來進行傳輸。

組合這些技術，就能進行即時多媒體通訊。此外，在網路電話或視訊會議中，對於即時性的要求，高於一般資料通訊。因此，建構網路時，必須全面考量到 QoS、線路容量、線路品質等方面。

■ H.323

H.323 由 ITU 制定，這是在 IP 網路上用來收送聲音或影像的協定體系。原本是當作連接 ISDN 網路或 IP 網路上的電腦網而衍生出來的規格。

H.323 是由終端設備、吸收使用者資料壓縮順序差異的閘道、管理電話簿或呼叫控制的閘道管理員，以及多個終端裝置可以同時使用的多點控制單元所構成。

圖 8-34
H.323 的基本結構

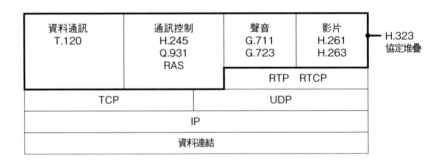

■ SIP（Session Initiation Protocol）

與 H.323 形成對比的 TCP/IP 協定是 SIP。SIP 的開發時間晚於 H.323，比 H.323 更適合用於網際網路。H.323 能支援多種規格但是比較複雜，而 SIP 的結構較為簡單。

▼例如，壓縮方法、取樣率、通道數量等。

終端裝置之間進行多媒體通訊時，需要的功能包括必須事先瞭解對方的位址、呼叫對象、針對要收送的媒體資料▼進行溝通等。此外，也需要中斷交談、傳送的功能。SIP 就是負責提供這些功能（呼叫控制或信令），相當於 OSI 參考模型的交談層。

SIP 利用在終端裝置之間收送訊息來進行呼叫控制，並且為多媒體通訊做必要的準備。但是，SIP 只負責為資料傳輸做準備，不會傳送多媒體資料。基本上，SIP 訊息是在終端裝置之間直接傳輸，但是也可以透過伺服器來轉發。SIP 是類似 HTTP 的簡單結構▼，除了 VoIP，還能運用在各種應用程式上。

▼ HTTP 取得／傳送網頁時，使用的是 ASCII 字元碼傳送請求指令以及顯示成 3 個數字的回應訊息，SIP 也同樣是使用 ASCII 字元碼。

圖 8-25
SIP 的基本結構

圖 8-26
SIP 的呼叫控制步驟（透過 SIP 伺服器）

▼ RTP 通訊不經由 SIP 伺服器，而是在 SIP 終端裝置之間進行。

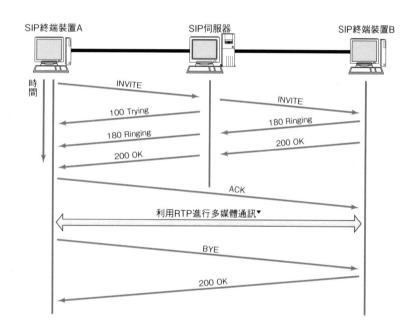

表 8-9
主要的 SIP 訊息

訊息	內容
INVITE	邀請開始交談
ACK	針對 INVITE 確認回應
BYE	結束交談
CANCEL	取消交談
RESISTER	註冊使用者的 URI

表 8-10 SIP 的主要回應訊息	100 系列	暫時的回應、資料
	100	Trying
	180	Ringing
	200 系列	請求成功
	200	OK
	300 系列	重新導向
	400 系列	使用者端的錯誤
	500 系列	伺服器端的錯誤
	600 系列	其他錯誤

■ RTP（Real-Time Protocol）

UDP 是不可靠的協定，可能會遺失封包或更改順序。如果要用 UDP 進行即時多媒體通訊，需要加上代表封包順序的封包序號，並管理封包傳送時間。而 RTP 就是負責執行這些工作。RTP 和 QUIC 一樣，是使用了 UDP 的傳輸協定。

RTP 會在各個封包加上時戳與封包序號。收到封包的應用程式，可以根據時戳的時間，調整播放時機。每傳送一個封包，封包序號就會加 1。使用封包序號，可以重新排列擁有相同時戳的資料▼順序，或掌握封包是否遺失。

▼通常一個影片資料無法完全放入一個封包中，此時雖然時戳相同，但是封包序號會變成不同數值。

RTCP（RTP Control Protocol）是輔助 RTP 通訊的一種協定，透過管理封包遺失率等通訊線路的品質，控制 RTP 的資料傳送率。

圖 8-27
RTP 通訊

▼ RTP 在功能上是一種傳輸協定，但是它是當成應用程式而非 OS 來執行。

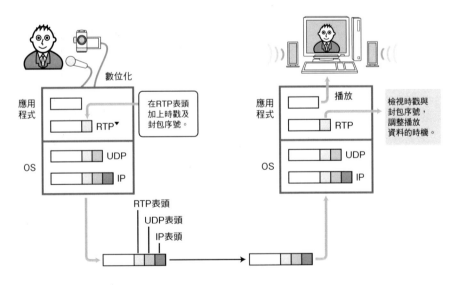

數位壓縮技術

有效壓縮資料，可以減少聲音、影像資料的總容量。若要利用有限的網路資源收送多媒體資料時，就需要用到壓縮技術。

MPEG（Moving Picture Experts Group）是決定數位壓縮規格的 ISO/IEC 工作小組，這裡制定的規格是 MPEG。MPEG2 用來播放 DVD 或數位電視，壓縮音樂使用的 MP3▼，也是屬於 MPEG 的規格。

▼正式名稱是 MPEG1 AudioLayer III。

ITU-T 還提出以 H.323 規定的 H.261、H.263，以及 ITU-T 與 MPEG 共同合作的 H.264、H.265/HEVC。除此之外，Microsoft 公司也開發了獨家規格。

這些數位壓縮技術都規定了資料的格式，所以功能相當於 OSI 參考模型的表現層。

使用 HTTP 的串流傳輸

目前介紹的 SIP、H.323、RTP 都是使用在影音多媒體應用程式中，但是透過網際網路進行通訊時，有時會受到 NAT 和防火牆的影響而無法成功通訊。

因此想出了使用 HTTP 的串流方式。首先想到的方法是透過 HTTP 下載影片內容，然後在使用者端播放。之後偽串流方式開始普及，在整個影片內容下載完畢前，就能播放已經下載的部分。

近年來，根據電腦及智慧型手機等播放環境及網路狀態傳送影片資料的 Adaptive Bitrate Streaming 成為主流。

使用 HTTP 的串流技術是由供應商自行安裝而發展起來的，但是現在已經制定出泛用性高的標準化技術 MPEG-DASH，預料未來將會變得普及。

8.7.2 P2P（Peer To Peer）

在網際網路上以電子郵件進行的通訊，屬於多個電子郵件使用者端連接一台電子郵件伺服器，形成使用者 / 伺服器模型一對 N 的通訊型態。

P2P（Peer To Peer）與這種型態不同，網際網路上的各終端裝置或主機不透過伺服器，而是採取一對一的方式直接連接，類似用無線電收發機進行一對一通話的通訊型態。P2P 的每台主機都同時擁有使用者端與伺服器端兩種功能，以對等關係互相提供服務。

部分 IP 電話也是利用 P2P 來進行通訊。採用 P2P 的方式，有時能分散聲音資料對網路造成的負擔，更有效率地運用網路資源。例如，Skype 網路電話服務，就是利用了 P2P 的功能。

除了 IP 電話之外，還有在網際網路上進行檔案交換的應用程式 BitTorrent 協定、部分群組應用程式等，也是使用 P2P 的機制。近年來深受矚目的區塊鏈分散資料管理也運用了 P2P 的技術。

圖 8-28
中央集中型與 P2P 型

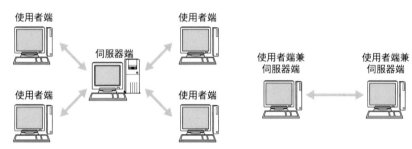

一台伺服器連接多台使用者端的中央集中型通訊型態　　　每台主機同時兼任使用者端與伺服器端一對一連接的P2P型通訊型態

但是部分環境可能無法使用 P2P。在伺服器與使用者端分開的通訊類型中，伺服器需要架設在可以利用網際網路存取的場所，但是使用者端即使位於 NAT 內側也沒有問題。如果是 P2P 就無法如此，因為需要有從網際網路跨越到 NAT 存取雙方終端裝置的結構。

8.7.3　LDAP 目錄服務

LDAP（Lightweight Directory Access Protocol）是一種存取目錄服務的協定。

在大型企業和教育機構，需要管理的使用者、設備及應用程式的數量變得很龐大。假設要瀏覽公司的入口網站，或在公司的電腦上檢視郵件，通常會使用 ID 和密碼來驗證電腦，登入作業系統，登入口網站，登入郵件伺服器。

如果要進行管理，就得事先在電腦、入口網站、郵件伺服器上設定使用者名稱和密碼，一旦數量變多，就會很麻煩。

但是若能集中管理每個設備及應用程式的使用者名稱和密碼等認證所需的資訊，可以立即確認，就很方便。

▼擁有相同功能的產品，包括 Microsoft 公司的 Active Directory、原 Novell 公司的 eDirectory 等。這些產品都支援 LDAP，也具有各自擴充功能的部分，不完全相同。因此，大部分的企業都是配合用途來挑選適合的產品。

目錄服務就是可以統一管理這些資料的機制（認證管理和資源管理）▼。

「目錄服務」是指，提供與網路上與各種資源有關的資料庫服務。目錄這個字有「位址簿」、「通訊錄」的意思，你也可以把目錄服務當作是網路上的資源管理服務。

▼ X.500
ISO（國際標準化機構）於 1988 年制定了 Directory Access Protocol（DAP）X.500，當作目錄服務的標準，X.500 是 ITU-T 的公告編號。

LDAP 是用來存取這種目錄服務的協定。目錄服務的標準化是 X.500▼，由 ISO（國際標準化機構）在 1988 年制定。LDAP 能讓部分 X.500 功能支援 TCP/IP。

如同 DNS 的目的是輕鬆管理網路上各個主機，而 LDAP 的目的是統一且輕鬆管理存在於網路上的資源。

LDAP 制定了目錄的樹狀結構與資料類型、命名規則、存取目錄的樹狀結構及安全性。

▼ LDIF（LDAP Interchange Format：LDAP 資料交換格式。）

LDAP 的設定資料形成了如圖 8-29 所示▼的結構。圖 8-30 是單純的資料樹狀結構範例。

圖 8-29
LDIF 檔案

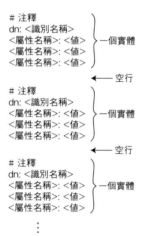

圖 8-30
LDAP 目錄資料樹狀結構（DIT）

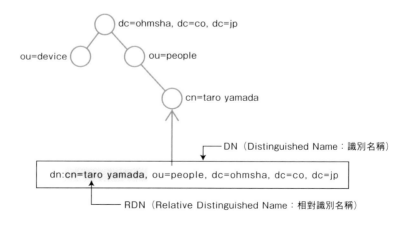

▼ **8.7.4** NTP（Network Time Protocol）

NTP 是一種應用程式協定，讓連接網路的設備時間可以同步。

如果連接網路的設備時間不一致，比方說路由器與伺服器在 log 記錄的時間不同。設備的 log 是發生問題時，用來找出原因的資料，如果時間不一致，用時間序列確認問題狀況時，就很難正確掌握何時發生了什麼事。

運用網路時，讓時戳保持一貫性非常重要。

因此出現了 NTP。NTP 是使用者伺服器型的應用程式。由要求時間資料的使用者及提供時間資料的伺服器構成，使用 UDP 123 號連接埠進行通訊。NTP 使用者從 NTP 伺服器取得資料後，會與自己的時間比對，調校差異。

NTP 伺服器要提供正確的時間資料，就得擁有正確的時間，因此 NTP 具備稱作 Stratum 的階層結構，可以將最上層 Stratum0 的 GPS 衛星及原子鐘的正確時間資料（reference clock）傳給下層的 NTP 伺服器。日本產生標準時間的 NICT（獨立行政法人情報通信研究機構）就運用了 Stratum1 的 NTP 伺服器（ntp.nict.jp）。

設定 NTP 伺服器時，必須設定上層的 NTP 伺服器，要設定主機名稱而非 IP 位址。這是考慮到 NTP 伺服器的 IP 位址可能會變動。

圖 8-31
NTP 伺服器與
Stratum 階層

▼ Stratum 是階層愈低，數字愈大，共有 16 階。參照 Stratum 1 的 NTP 伺服器成為 Stratum 2，向下層的 NTP 使用者端提供時間資料。使用者存取的 NTP 伺服器會隨著環境及設定而改變。例如，因安全性問題，可能會設定成無法直接存取外部 NTP 伺服器。此時，會在組織內設置 NTP 伺服器，讓使用者存取組織內的 NTP 伺服器。在這種情況下，圖中的 Stratum2 就是所屬組織使用的 NTP 伺服器。

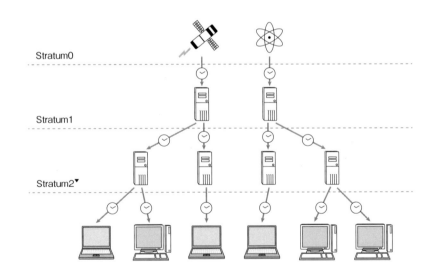

8.7.5 控制系統的協定

圖 8-32
控制系統網路範例

▼過去基於安全性問題,控制系統沒有與外部系統連線。可是為了提高方便性及生產力,有愈來愈多控制系統開始連接網際網路。比方說,透過網際網路發布鐵路交通管理系統的資料,我們就能透過智慧型手機,輕易查詢列車的位置。可是一旦與鐵路交通管理系統連線的設備中毒,就可能會影響列車安全,這件事攸關人命,所以控制系統的資安對策成為了重要的課題。

控制系統又稱作 OT ▼或 ICS ▼,其功用是進行程序控制。例如監控設備和裝置,以及自動進行的 PID 控制▼。具體來說,用於監測發電量和控制發電廠的燃料注入量、監控自來水及污水的沉澱池水位以及泵浦和閥門、監控工廠的機器人與輸送帶、管理鐵路營運(列車位置資訊、訊號控制、轉轍器控制和平交道口控制)、監控辦公樓的空調、照明、門鎖和火災警報。過去這些系統大多使用序列通訊或特殊通訊方式,但是現在使用乙太網路及 TCP/IP 的情況愈來愈多。

圖 8.32 是控制系統的示意圖。主要的構成元素包括人工操作的操作員站或 HMI▼、控制設備的 PLC▼或 DCS▼等控制器、以及成為控制對象的場域設備(感測器▼及執行器▼)。 除此之外,還有建立控制器程式的工程工作站(EWS)和記錄控制資料及過程的資料保存。

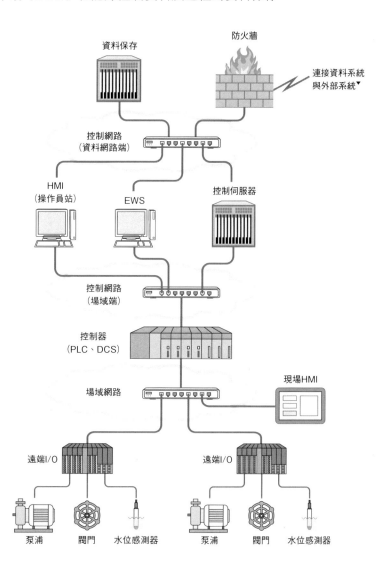

這些構成元素透過乙太網路等網路連接，然後 HMI、控制器和場域設備的控制裝置使用控制系統協定進行通訊。控制系統的協定可能會使用廠商開發的特殊協定，或是直接使用乙太網路而不使用 IP 的協定▼。不過本節要介紹的是使用 IP，在控制系統界被廣泛使用的協定▼。

▼ 不使用 IP，直接使用乙太網路的控制協定包括 EtherCAT。此外，PROFINET 支援使用 IP 的通訊，也支援不使用 IP、直接使用乙太網路的通訊。

▼ 其他還有各公司開發的獨家協定。最知名的是 Siemens 公司開發的 S7 Communication。

▼ Home Energy Management System

- ECHONET Lite

  ECHONET Lite 是日本產業協會制定，由 ISO/IEC 定義為國際標準的協定，主要的目的是為了節約能源，可以顯示及管理家中產生和使用的能源。HEMS▼可以管理能源的生產及用量，用來與智慧型電錶、太陽能發電系統、熱水器、家電等進行通信，可以在 TCP 或 UDP 上執行。

- DNP3.0（Distributed Network Protocol）

  常用於電力公司、水力設施等程序控制領域。符合 IEC 標準，可以在 TCP 或 UDP 上執行。

- FL-net

  這是日本產業協會制定，由一般社團法人日本電機工業會標準化的協定，目的是建立多廠商的 FA（Factory Automation）環境，用來控制工廠生產產品的機器人。主要使用 UDP，但也可以使用 TCP。

- BACnet（Building Automation and Control networking protocol）

  這是控制建築設施的協定。用於空調、照明、門禁、火災警報等的綜合性控制，由 ISO、ANSI 等國際標準化組織定義，可以在 UDP 上執行。

- LonTalk

  ▼ Local Operating Network

  這是大樓設施及工廠等場域網路使用的網路平台 LonWorks▼所運用的一種協定，由 ISO 和 ANSI 等國際標準化組織定義，可以在 UDP 上執行。

- Modbus/TCP

  原本是序列通訊用的 Modbus，現在可以在 TCP 上執行。原是 Modicon 公司為了控制自家的 PLC 而開發的協定，但是因為屬於開放式規格，而被廣泛使用，並成為場域網路的業界標準。

▼ real time
在稱作 deadline 的特定時間內沒有完成處理，系統就會出現錯誤。

控制系統重視即時性（real time▼）和可靠性，因此不能與資料型網路等其他網路混用，要用冗餘化及高可靠性的設備和線路來構建。

第 9 章

安全性

本章要介紹在網際網路中，網路安全的重要性以及相關技術。

7 應用層 （Application Layer）
6 表現層 （Presentation Layer）
5 交談層 （Session Layer）
4 傳輸層 （Transport Layer）
3 網路層 （Network Layer）
2 資料連結層 （Data-Link Layer）
1 實體層 （Physical Layer）

〈應用層〉
TELNET, SSH, HTTP, SMTP, POP,
SSL/TLS, FTP, MIME, HTML,
SNMP, MIB, SIP, …

〈傳輸層〉
TCP, UDP, UDP-Lite, SCTP, DCCP

〈網路層〉
ARP, IPv4, IPv6, ICMP, IPsec

乙太網路、無線網路、PPP、…
（雙絞線、無線、光纖、…）

9.1 安全性的重要性

▼ 9.1.1 TCP/IP 與安全性

▼非不特定的多數，而是特定範圍內的使用者。

起初，TCP/IP 是當作封閉範圍內▼資料交換或資料共用的工具。之後，因為對大部分的資料沒有限制、遠端也能使用的特性，而發展起來。因此，以前幾乎沒有考量到安全性有多重要。可是，在網際網路如此普及的現在，非法使用、心懷不軌的使用者引發許多企業或個人等利益損失的問題，而開始重視安全性。

網際網路是因為方便性而發展起來。如果想安全使用如此方便的網際網路，只能犧牲部分方便性，以確保網路安全。為了同時兼具「方便性」與「安全性」這兩種完全相反的事情，而進行了許多技術革新。惡意使用網際網路的技術愈來愈高明，與之抗衡的安全性技術也不斷在精進。今後，包含網路技術在內，要正確瞭解安全性相關技術，建立適當的安全策略▼，藉此妥善管理、運用網際網路變得非常重要。

▼安全策略
在公司等整個組織中，統一資料處理及安全對策的基準或概念，並以明文記錄下來。

▼ 9.1.2 網路安全

▼請參考資通安全管理法。

網路安全是指為了防止資料外洩給不相干的第三者，而採取必要措施，進行適當管理，以確保資料系統及通訊網路的安全性及可靠性▼。

如果沒有採取適合的網路安全策略，就可能發生電腦被人透過網路入侵，重要的機密資料遭到竊取，或伺服器、系統被攻擊而關閉，導致無法提供服務。此外，網頁的內容或重要檔案也可能被竄改，成為攻擊其他系統的跳板。

這種行為稱作網路攻擊。網路攻擊愈來愈高明而且十分複雜。例如勒索軟體的網路攻擊會把系統或檔案加密當作籌碼，藉此索討贖金。網路攻擊不限特定組織或企業，也可能以個人為目標，或不特定的多數。目的五花八門，包括金錢或成就感等。換句話說，我們無法預測是誰為了何種目的而發起網路攻擊。

近年來的網路攻擊從個人攻擊提升成組織化攻擊。網路犯罪者透過「暗網」私下取得聯繫，形成一個市場，從中招募成員，進行複雜又巧妙的網路攻擊。據說這些接受委託，竊取機密資料、讓服務停擺的網路犯罪者是以金錢為目的而發起網路攻擊。

▼ APT 攻擊
進階（Advanced）持續性（Persistent）威脅（Threat）。

▼ 惡意軟體
懷有惡意的軟體總稱（組合了 malware＝malicious【有惡意】與 software【軟體】兩個字）。病毒也是一種惡意軟體。

▼ Cyber Kill Chain
由 Lockheed Martin 提出的模型。

▼ Security Operation Center
這是監控網路、電腦等終端設備，偵測對企業發起的安全攻擊，進行分析及評估對策的部門或專門組織。主要著重在偵測事件。

▼ Computer Security Incident Response Team
這是指萬一在網路或電腦上發生了安全性問題，負責處理這些事件的團隊。與和SOC 不同，主要著重在事件發生後的因應處理。

▼ 間諜軟體
還有一種不會造成感染，是在使用者同意下安裝的間諜軟體。就像間諜一樣，收集使用者及裝置的資料。安裝免費軟體時，若沒有看清楚使用同意書就執行，就可能在無意間安裝了這種軟體。

在這種複雜又巧妙的網路攻擊中，包括了稱作標的型攻擊（Targeted threat）的手法。這不是對不特定多數發起攻擊，而是以特定組織內的機密資料為目標的網路攻擊。在這種標的型攻擊中，APT 攻擊▼的持續性攻擊手法變得愈來愈複雜，當惡意軟體▼入侵內部網路後，可能經過數個月才開始行動，竊取資料。

有種標的型攻擊的模式叫作網路攻擊鏈（Cyber Kill Chain）▼。這種模式將攻擊分成七個階段。首先調查員工的社群媒體資料，瞭解人際關係，收集目標組織的內部資料。接著把附加惡意軟體的電子郵件偽裝成工作相關的電子郵件，然後傳送出去，引起感染。這種惡意軟體稱作下載器，一旦開始活動，就會下載各種惡意軟體，造成感染。這些惡意軟體會透過內部網路攻擊系統漏洞，找到權限更高的電腦。當惡意軟體找到當作目標的機密資料，就把機密資料傳送到外部，並將 Log 上的活動痕跡刪除。

因此，按照標的型攻擊的每個階段來採取因應對策，上下通力合作，這點非常重要。

如上所述，網路安全已經成為企業或組織必須思考的經營風險之一。因此建立風險管理體制，設置 SOC▼和 CSIRT▼當作網路安全對策的企業愈來愈多。這些對策包括對員工實施教育訓練，避免發生安全事件，建立通報系統，萬一發生安全事件，能將傷害降到最低。

面對安全事件，必須早期發現，快速調查。發生安全事件時，最重要的是先收集資料當作證據（證據保存），才能找出原因及損失。收集、檢查、分析及報告會留下證據的硬碟、USB 隨身碟、智慧型手機等電子資料，這種行為稱作數位鑑識（Digital Forensics），查明原因及損失，有助於維護、改善安全對策。

個人也會因為感染惡意軟體▼而蒙受損失，例如 ID 或社群媒體遭到盜用，個人資料外洩，隱私受到侵害等。網路安全不僅是企業或組織需要注意，所有使用網際網路的人都應該要注意。

9.2　網路安全的構成元素

隨著網際網路的發展，對網路的依賴性愈來愈高，使得網路安全的重要性也顯得愈來愈重要。尤其是現在攻擊系統的手段非常多元化，只憑特定技術，根本無法確保整體的安全性。維持網路安全最基本的原則，就是要有事前防範對策。不是在發生問題之後，才採取因應方式，而是假想、預測可能發生的情況，盡可能對系統採取安全對策，並落實在每天的日常運作中，這點非常重要。

▼除了這張圖內的說明，還有其他功能及產品，包括綜合提供多種安全功能的 UTM（Unified Threat Management）等。

與 TCP/IP 有關的安全性，是由圖 9-1 的元素所構成▼。以下將要說明各構成元素的基礎。

圖 9-1
建構安全系統的元素

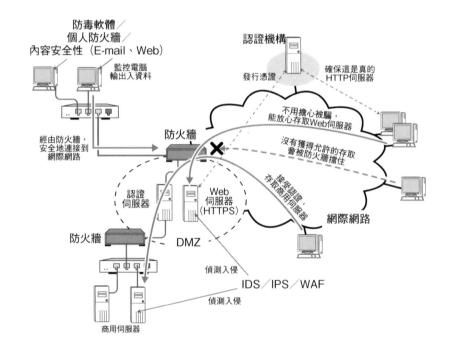

9.2.1　防火牆

▼使用 NAT（NAPT）時，可以限制外部查詢的位址，因而能發揮類似防火牆的作用。

組織內的網路與網際網路連接時，為了防範非法存取組織內部的網路，必須架設防火牆▼。

防火牆有幾種類型與型態，包括只讓特定封包通過（或不通過）的封包過濾型防火牆、利用應用程式阻斷非法連接的應用閘道型防火牆等。基本上，這些類型的概念都相同，亦即「只有特定主機或路由器暴露在危險中」。

假設網路內部連接了 1000 台主機，若要對全部的主機採取非法入侵的因應對策，將會非常麻煩。因此，利用防火牆限制存取，限定只有幾台主機能經由網際網路直接存取▼。把安全的主機與暴露在危險中的主機分開，針對有危險的主機，採取安全性對策。

▼請參考 P344 的專欄說明。

圖 9-2 的網路是其中一種防火牆範例。在路由器中，設定只轉發特定 IP 位址或連接埠編號的封包，這就是封包過濾。

只允許外部透過 80 號 TCP 連接埠與 Web 伺服器通訊，以及用 25 號 TCP 連接埠與電子郵件伺服器通訊。除此之外，其餘通訊封包全都會被丟棄▼。

▼實際上，還有 DNS 等其他必須通過的封包。

此外，提出建立連接請求的 TCP 封包，只能從內部傳送到外部。這一點在路由器轉發封包時，可以透過監控 TCP 表頭的 SYN 旗標與 ACK 旗標來達成。具體來說，當 SYN 是 1、ACK 是 0 的 TCP 封包從網際網路端流入時，會被丟棄。這樣就可以設定成允許內部連接到外部，但是外部無法連接到內部。

應用程式閘道型的防火牆是在應用層進行過濾。防火牆代替內部網路的電腦與外部主機通訊，並將通訊內容傳到內部。內部網路的電腦不會直接與外部接觸，可以避免受到外部的非法攻擊，還能檢查封包內的資料，進行嚴密的存取控制，但是相對來說，缺點是處理速度比較慢。

圖 9-2
防火牆的範例

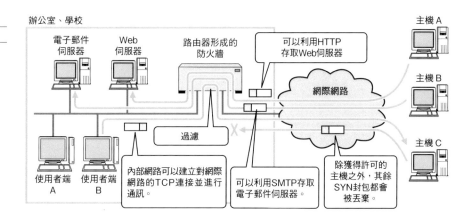

▼ **9.2.2** IDS／IPS（入侵偵測系統／入侵防禦系統）

只要是符合基本安全策略的通訊，防火牆都會讓它通過。換句話說，只要依照安全策略來進行，防火牆將無法判斷是否為惡意通訊，而讓其通過。

▼ Intrusion Detection
System

可以找出這種無法判斷的通訊，或侵入內部進行非法存取的通訊，並通知負責網路安全管理者的系統，就是 IDS ▼（入侵偵測系統）。

根據不同用途，IDS 能提供各式各樣的功能。從設置型態的觀點來看，有了架設在防火牆或 DMZ 等交界處，負責監控、偵測邊界的系統，就能配置在企業的網路中，監控整個網路或運用於個別用途的伺服器。

站在功能面的角度來看，有了定期收集 Log、監控、偵測異常狀態的功能，就能監控所有在網路上流動的封包。你也可以把 IDS 當成是為了確保多元化系統的安全性，彌補防火牆無法涵蓋區域的機制。

▼ Intrusion Prevention
System

IPS ▼（入侵防禦系統）除了 IDS 的網路監控和異常檢測功能外，還有防止非法入侵的功能。具體而言，檢測到非法存取時，可以擋下非法存取通訊。當發生規定以外的通訊時，不僅會發出通知，還能採取因應對策，與管理者收到異常通知後再採取措施的 IDS 相比，可以更快反應。

■ 何謂 DMZ？

連接網際網路的網路之中，有時會準備能直接與網際網路通訊的專用子網路，並且在該處架設伺服器。此時，這種可以隔離外部與內部的專用子網路，就稱作 DMZ（DeMilitarized Zone，非軍事區）。

將對外公開的伺服器設置成 DMZ，可以排除來自外部的非法存取。萬一這台對外公開的伺服器遭到攻擊，也不會影響到內部網路。

在設置了 DMZ 的主機中，本身也必須採取完善的安全對策。

▼ WAF（Web Application Firewall）

■ **WAF（應用程式防火牆）**

WAF▼是防止利用 Web 應用程式的漏洞，進行惡意攻擊的安全性對策。架設在執行 Web 應用程式的 Web 伺服器之前，可以偵測並防範防火牆及 IDS/IPS 難以偵測的「SQL 注入（SQL Injection）」、「跨站腳本攻擊（XSS）」、「竄改參數」等應用程式等級的攻擊。

▦ 9.2.3　防毒／個人防火牆

防毒與個人防火牆是繼 IDS/IPS、防火牆之後，另外一種網路安全對策。這是在使用者使用的電腦或伺服器上執行的軟體。可以監控該電腦收送的封包、資料、檔案，防範非法處理或中毒。

這樣能保護企業網路內的所有使用者端電腦，防範穿過防火牆進來的攻擊。

最近對於網路安全的攻擊變得非常複雜，而且手法極為精密。除了經由病毒或垃圾郵件來讓電腦中毒之外，有些還會直接攻擊作業系統的漏洞，或利用時間差及多種感染途徑，對不特定對象進行攻擊，惡意的攻擊手法愈來愈多。

防毒／個人防火牆就是為了保護 OS，亦即使用者端電腦，免於遭到這些威脅的方法。萬一設備中毒，這些方法也能避免擴大感染，減少遭受到的損失。

在防毒／個人防火牆的產品中，也開始加入排除潛在威脅及防止降低效能的功能，例如防範垃圾郵件、彈出廣告、過濾 URL，避免連接到不安全的網站。此外，還出現了其他功能，管理者透過對使用者的電腦進行程序監控，可以掌握潛伏的惡意軟體採取攻擊的跡象以及攻擊狀況，這種具備防範惡意軟體與防毒的綜合安全性對策稱作終端安全（Endpoint Security）。

▼ **9.2.4　內容安全性（E-mail、Web）**

標的型攻擊使用的方法包括讓使用者收到一封含有惡意軟體，經過巧妙加工後的電子郵件，以及引導使用者至惡意網站，顯示被惡意軟體感染的網頁或下載含有惡意軟體的內容等▼。

▼這就是水坑攻擊
（Watering Hole Attack）。

若要防範這些攻擊，就得偵測網路通訊，包括收送電子郵件、瀏覽網頁等，並採取因應對策。在伺服器與使用者之間，架設採取內容安全性對策的 SMTP 伺服器及代理伺服器，進行安全性檢查。

電子郵件採取的對策包括 SMTP 伺服器透過評估傳送端 IP 位址及傳送者認證來阻擋惡意郵件，診斷附件，隔離有問題的電子郵件，改寫電子郵件內的可疑網址（無害化），確認電子郵件的內容是否符合制定的規則。

Web 通訊則由代理伺服器擋掉可疑的網站，避免存取與業務無關的網站（URL 過濾），偵測並阻擋下載內容中的惡意軟體。

9.3　加密技術的基礎

網際網路普及之後，讓我們能收送訊息、購買商品、預約門票等，生活變得非常方便。原本瀏覽網頁或電子郵件等網際網路上流動的資料都沒有加密。而且在網際網路上，這些資料究竟經過哪條路徑，使用者並不會知道。因此，往來的資料無法完全避免洩漏給第三者的可能性。

為了避免資料外洩，進行高機密性的資料傳輸，而出現了各種加密技術。加密技術存在於 OSI 參考模型的各個層級，以確保彼此通訊的安全性。

表 9-1
加密技術的層級分類

▼ Privacy Enhanced Telnet

層級	加密技術
應用層	SSH、SSL-Telnet、PET▼等遠端登入、PGP、S/MIME 等加密電子郵件
交談層、傳輸層	SSL/TLS、SOCKS V5 的加密
網路層	IPsec
資料連結層	Ethernet、WAN 的加密裝置等、PPTP（PPP）

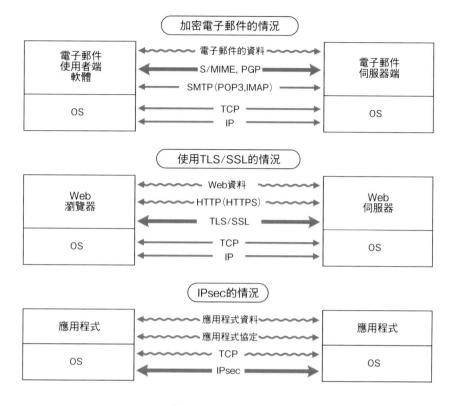

圖 9-3
在各個層級套用加密
技術

＊粗箭頭是進行加密的層級。
　利用加密保護上層資料，避免被竊聽。

▼ 9.3.1 共用金鑰加密演算法與公開金鑰加密演算法

加密是準備某個值（金鑰），並使用該值將原本的資料（明文）以一定的
演算法轉換，製作出加密後的資料（密文）。相對來說，把加密後的資料
恢復成原狀的過程，稱作解密。

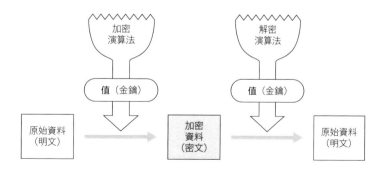

圖 9-4
加密與解密

加密與解密使用相同金鑰，稱作共用加密金鑰演算法。相對來說，加密
與解密使用不同金鑰（公開金鑰與私密金鑰），稱作公開金鑰加密演算
法。共用加密金鑰演算法的課題是，如何安全交付金鑰。公開金鑰加密
演算法單憑一把金鑰，無法將加密資料解密。因此，只要慎重保管私密

▼關於 PKI 請參考 P350 的
專欄說明。

金鑰，就可以透過電子郵件傳送、公開在網站上、或以 PKI▼發布等方
式，在網路上安全地傳送公開金鑰。可是，與共用加密金鑰演算法相
比，加密與解密的運算時間較長，如果要加密較長的訊息時，會混合使
用私密金鑰加密演算法與共用金鑰加密演算法▼。

▼請參考 9.4.2 節。

共用金鑰加密演算法包括 AES（Advanced Encryption Standard）、DES
（Data Encryption Standard），而公開金鑰加密演算法包含 RSA、DH
（Diffie-Hellman）、橢圓曲線加密演算法等。

圖 9-5
共用金鑰加密演算法
與公開金鑰加密演算
法

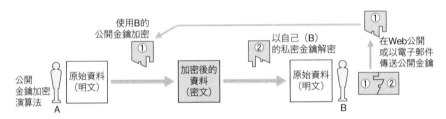

※反之，用私密金鑰加密後的資料，要以公開金鑰解密。

9.3.2 認證技術

執行安全對策時，必須識別使用者是否為本尊，並且將非正確使用者排
除在外。此時，除了加密之外，還需要使用認證技術。

目前的認證技術可以歸納成以下幾種類型。

- 利用**擁有某種資料**來進行認證

  這裡的資料是指密碼或個人識別碼。但是使用時，必須注意避免密碼
  外洩或被輕易推測出來。使用公開金鑰加密演算法進行數位認證時，
  要認證是否擁有私密金鑰。

- 利用**擁有某種東西**來進行認證

  這是利用 ID 卡、金鑰、電子憑證、電話號碼等來進行認證的方法。
  使用行動電話在網際網路上傳送資料時，可以透過行動電話的電話號
  碼或裝置資料，進行使用權限認證。

- 利用**擁有某種特色**來進行認證

  這是使用指紋、瞳孔等每個人的生物特徵來進行認證。

一般而言，從認證等級與 CP 值的觀點來考量，大部分都是組合以上三種方式來進行認證。此外，還有一種綜合管理各種終端裝置、伺服器、應用程式等認證方式的技術，稱作身分管理（Identify Management）。只要認證一次，就能存取多種不同的應用程式及系統，可以進行單一登入（Single Sign-On）。

隨著雲端服務的運用愈來愈廣泛，使得聯合身分驗證（Federation）▼的重要性與日俱增。例如讓雲端服務與公司內部系統聯合認證，使用者就不用個別驗證使用者名稱及密碼，只要在公司內的系統認證一次，就可以使用雲端服務。

▼聯合身分驗證
（Federation）
聯合身分認證的標準規格包括 OAuth、SAML、OpenIDConnect 等。

▼雜湊函數
這個函數不論輸入訊息長短，都會輸出一個固定長度的值。特色是如果輸入訊息一樣，就輸出相同值（決定性），但是輸出的雜湊值無法產生原本的輸入訊息（單向性）。函數包括 MD5、SHA-1、SHA-256 等。

另外，針對不同的輸入訊息，輸出的雜湊值相同時，稱作雜湊衝突。目前使用的雜湊函數已經採用了不易發生衝突的演算法。

▦ 防止電子資料被竄改的機制

在公開金鑰加密的應用中，有些方法可以證明電子資料（網站的內容、電子郵件的內容、電子文件的內容）。

- 指紋

  針對要交換的電子資料，計算用雜湊函數▼產生的雜湊值，這就稱作指紋。萬一資料被竄改，也能計算雜湊值，與原本的指紋做比較，如果不一樣，就可以知道資料被竄改了。

- 數位簽章

  這是可以確認傳送過來的電子資料沒有被竄，是本人傳送的技術。透過公開金鑰加密方式來交換資料指紋。傳送者用私密金鑰將資料與指紋加密後再傳送，接收者用公開金鑰把加密後的指紋解密，確認與傳送過來的資料指紋是否一致，就能瞭解是否沒有被竄改，是本人傳來的。

- 時戳

  這是可以證明電子資料在某個時間存在，以及之後沒有被竄改的技術。正式文件等資料不能更改（即使是製作該資料的人也不能改）時，先在資料加上時戳，就能證明這份資料在當時已經存在，之後也沒有被竄改。具體而言，使用者將想加上證明的電子資料指紋傳送到時戳機構（TSA）。時戳機構取得指紋，根據指紋與時間資料產生時戳標記（Time Stamp Token），之後把用私密金鑰加密的時戳傳送給使用者。如果要證明電子資料的完整性，使用時戳機構的公開金鑰把加密後的時戳標記解密，就能確認資料在當時已經存在且沒有被竄改。

■　**PKI（公開金鑰基礎建設）**

PKI（Public Key Infrastructure，公開金鑰基礎建設）是由可以信任的第三者，證明通訊對象是否為本人的結構。在 PKI 中，這種可以信任的第三者，稱作認證機構（CA, Certification Authority）。使用者透過 CA 發行的「憑證」，確認通訊對象是否為本人。

憑證中，除有憑證擁有者的資料，還包含加密資料用的金鑰，唯有擁有者能解密▼。使用這把金鑰，加密通訊內容，就可以讓非憑證擁有者無法讀取資料（信用卡資料等），進行安全性傳輸。

PKI 是使用加密電子郵件或透過 HTTPS▼與 Web 伺服器進行通訊。

▼這把金鑰稱作「公開金鑰」。只有憑證擁有者能利用自己擁有的「私密金鑰」，把用公開金鑰加密後的內容解密。關於「公開金鑰」與「私密金鑰」，請參考圖 9-5。

▼關於 HTTPS，請參考 9.4.2 節。

9.4 安全性協定

▌ 9.4.1　IPsec 與 VPN

過去，為了避免資料外洩，在傳送機密資料時，不使用網際網路等公共網路（Public Network），而改用專線建構的私人網路（Private Network），以物理方式避免竊聽與竄改。可是，專線的缺點是，費用過高。

▼關於 VPN 的說明請參考 3.7.7 節。

為了解決這個問題，後來提出了建構連接網際網路的虛擬私人網路，亦即 VPN（Virtual Private Network）▼。「即使竊取也無法破解」、「可以偵測出是否遭到竄改」，為了提高網際網路的安全性，使用了「加密」與「認證」等技術，而 VPN 就是由這些技術建構而成。

圖 9-6
利用網際網路的 VPN 結構

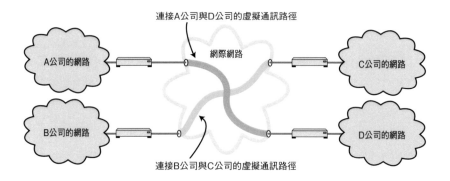

▼資料封裝加密表頭
ESP（Encapsulating
Security Payload）Header

▼認證表頭
AH（Authentication
Header）。

建構 VPN 時，最常用到的是 IPsec。IPsec 是在 IP 表頭的後方，加上「資料封裝加密表頭▼」與「認證表頭▼」，並且將緊接在表頭後的資料加密，變成不會被輕易破解的狀態。

傳送封包時，加上「資料封裝加密表頭」與「認證表頭」，對方在收到封包後，再分析這些表頭，解密收到的資料，恢復成一般的封包。透過這種處理方式，能讓加密後的資料不會被輕易破解，萬一資料在中途被竄改，也可以成為判斷是否被竄改的線索。

利用這些技術，能讓使用 VPN 的使用者毫無顧慮地運用以虛擬方式建構的安全網路。

圖 9-7
利用 IPsec 加密 IP 封包

傳輸模式（Transport Mode）

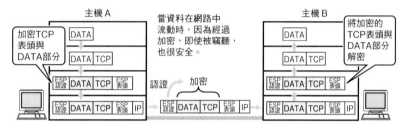

隧道模式（Tunnel Mode）

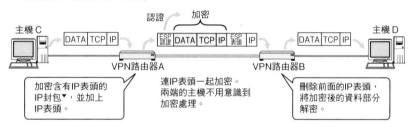

▼多數加密方式都要求加密的資料長度必須使用特定的位元長度為單位（例如以 64 位元為單位等）。因此實際上圖 9-7 的封包「DATA」與「ESP 認證」之間會插入統一封包長度用的「ESP Trailer」（填充物）。

IPsec

IPsec 是在 RFC4301「Security Architecture for Internet Protocol」制定的網路層協定，提供以 IP 封包為單位的加密／認證。由於安全性是交給網路層負責，所以上層的應用層不需要做任何改變，就能使用安全性功能。

▼ Internet Key Exchange

IPsec 是由三個 IP 的安全架構組成，包括 ESP（加密表頭）、AH（認證表頭）、IKE（金鑰交換）▼。

ESP 是與封包加密有關的擴充表頭（協定編號 50）。AH 是與認證有關的擴充表頭，確保封包沒有被竄改（協定編號 51）。ESP 與 AH 需要共用金鑰，方法由 IKE 規定。IKE 使用的是 UDP 連接埠 500 號。

使用 IPsec 彼此通訊的設備為對等（peer）關係，會在 IPsec 之間建立 SA（Security Association）單向連結。你可以把 SA 當成是 IPsec 通訊時需要的參數集合，包括安全協定、通訊模式、加密方式等。若要進行雙向 IPsec 通訊，要建立兩個 SA。

用 IPsec 進行加密通訊的步驟是，彼此交換 IKE 產生共用金鑰需要的參數[▼]，然後彼此產生共用金鑰，建立 ISAKMP SA（在 IKEv2 的 IKE-SA），進行 peer 認證。之後利用 ISAKMP SA（在 IKEv2 的 IKE_SA）的加密通訊取得建立 IPsec SA（在 IKEv2 的 CHILD_SA）用的參數，建立 IPsec SA（在 IKEv2 的 CHILD_SA）之後，按照 IPsec SA（在 IKEv2 的 CHILD_SA）的安全協定、通訊模式、加密方式進行加密通訊，把封包傳遞給上層。

▼產生共用金鑰的參數可以使用 Diffie-Hellman（DH）演算法，即使被竊取，也能確保安全性。

圖 9-8
使用 IKEv1 的 IPsec 通訊步驟

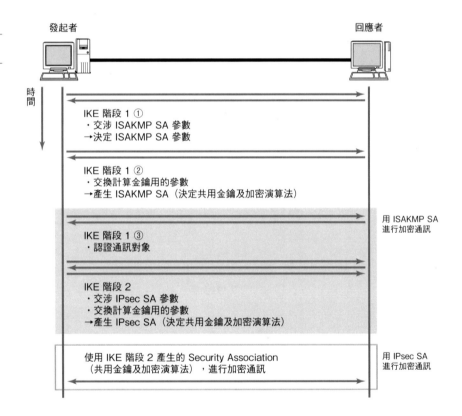

圖 9-9
使用 IKEv2 的 IPsec
通訊步驟

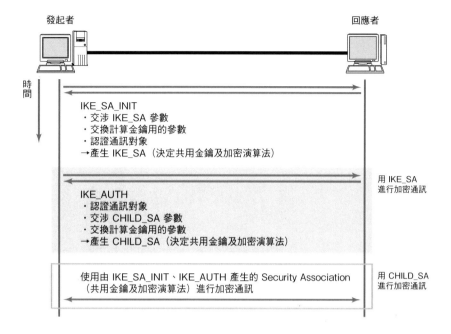

發起者　　　　　　　　　　　　　　　　　　回應者

時間

IKE_SA_INIT
・交涉 IKE_SA 參數
・交換計算金鑰用的參數
・認證通訊對象
→產生 IKE_SA（決定共用金鑰及加密演算法）

用 IKE_SA
進行加密通訊

IKE_AUTH
・認證通訊對象
・交涉 CHILD_SA 參數
・交換計算金鑰用的參數
→產生 CHILD_SA（決定共用金鑰及加密演算法）

使用由 IKE_SA_INIT、IKE_AUTH 產生的 Security Association
（共用金鑰及加密演算法）進行加密通訊

用 CHILD_SA
進行加密通訊

▉ **9.4.2** TLS/SSL 與 HTTPS

現在，透過網際網路來進行網路購物、購買高鐵票或機票、預約電影或演唱會門票等，已經變得十分普遍。此時，通常都是利用信用卡來支付這些費用。不過利用網路銀行等輸入帳戶及密碼來付費的情況也愈來愈多。

信用卡號、帳戶、密碼等個人資料，都具有極高的重要性與機密性。因此，透過網路傳送這些資料時，必須加密再傳送，以避免被其他人竊取。

▼ Transport Layer
Security/Secure Sockets
Layer。最早由 Netscape 公司提出時，名稱是 SSL，經過標準化之後，更名為 TLS。有時會把 SSL 當作兩者的總稱。

▼共用金鑰加密演算法的特色是，處理速度快，卻很難妥善管理金鑰；而公開金鑰加密演算法可以輕鬆管理金鑰，但是處理速度比較慢。TLS/SSL 是發揮兩者的優點，改善缺點，所衍生出來的方法。由於公開金鑰可以傳遞給任何人，所以不用費心管理金鑰。

Web 是採取 TLS/SSL▼的方式加密 HTTP 通訊。使用 TLS/SSL 的 HTTP 通訊稱作 HTTPS。HTTPS 是利用共用金鑰加密演算法來進行加密處理，傳送共用金鑰時，則是運用了公開金鑰加密演算法▼。

圖 9-10
HTTPS

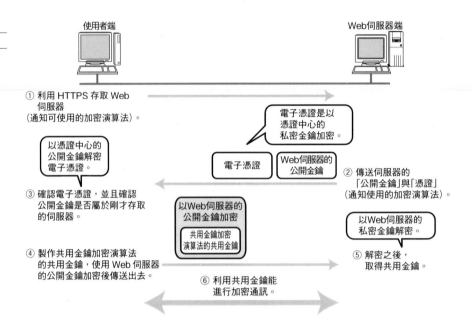

使用者端　　　　　　　　　　　　Web伺服器端

① 利用 HTTPS 存取 Web
伺服器
（通知可使用的加密演算法）。

電子憑證是以
憑證中心的
私密金鑰加密。

以憑證中心的
公開金鑰解密
電子憑證。

電子憑證　Web伺服器的
公開金鑰

② 傳送伺服器的
「公開金鑰」與「憑證」
（通知使用的加密演算法）。

③ 確認電子憑證，並且確認
公開金鑰是否屬於剛才存取
的伺服器。

以Web伺服器的
公開金鑰加密

共用金鑰加密
演算法的共用金鑰

以Web伺服器的
私密金鑰解密。

④ 製作共用金鑰加密演算法
的共用金鑰，使用 Web 伺服器
的公開金鑰加密後傳送出去。

⑤ 解密之後，
取得共用金鑰。

⑥ 利用共用金鑰能
進行加密通訊。

▼ Certificate Authority

如果要確認公開金鑰是否正確，必須使用憑證中心（CA▼）發行的憑證。主要的憑證中心資料已經先嵌入在 Web 瀏覽器中。假如發行該憑證的憑證中心資料不在 Web 瀏覽器中，就會在畫面上顯示警告訊息。此時，將由使用者判斷該憑證中心是否合法。

▼ 截 至 2018 年 8 月，TLS1.2 是最新的安裝版本，TLS1.3 由 RFC8446 制定。

▼如果必須面對廣大的使用者，就得考量到相容性

若要在 HTTPS 進行安全通訊，網站必須使用 TLS/SSL 機制。自 1994 年實施 SSL2.0 之後，許多網站都開始使 TLS/SSL，並針對協定及加密方式的漏洞進行升級▼。隨著電腦效能的提升，原本安全的加密方式，也已經出現破解方法。因此建議使用最新版本，才能使用強度更高的加密方式▼。未來 TLS1.3 可望迅速普及，可以提高安全性與效能。

此外，還有一個使用 TLS/SSL 的遠端存取 VPN 機制，稱作 SSLVPN。遠端存取 VPN 是外部的終端裝置經由網際網路連接組織內的 VPN 裝置，透過加密通訊連接 VPN。

遠端存取 VPN 分成使用 IPsec 及使用 TLS/SSL，但是這與網路層進行加密通訊的 IPsec 不同，SSL-VPN 是交談層的加密通訊，必須考慮到用途。

▰ **9.4.3** IEEE802.1X

IEEE802.1X 是只有認證過的設備才能存取網路的認證機制，常用於無線存取或機構內的區域網路。原本這是在資料連結層提供控制功能的方法，但是與 TCP/IP 也有密切的關聯性。一般來說，由使用者端的終端裝置、當作節點的無線基地台或第 2 層交換器，以及認證伺服器▼所構成。

▼在企業網路中，通常會使用 RADIUS 伺服器當作認證伺服器。

在 IEEE802.1 中，當沒有經過認證的終端裝置提出連接 AP 的請求時（圖 9-11 ①），剛開始全都無條件連接到確認連接用的 VLAN，並且給予暫時的 IP 位址。此時，終端裝置只能連接到認證伺服器（圖 9-11 ②）。

連接之後，要求使用者輸入使用者 ID 與密碼（圖 9-11 ③），由認證伺服器確認資料，再將使用者能使用的網路資料傳送給 AP 與終端裝置（圖 9-11 ④）。

接著，AP 把連線切換成該終端裝置連接網路用的 VLAN 編號（圖 9-11 ⑤）。終端裝置在切換 VLAN 之後，重置 IP 位址，重新設定（圖 9-11 ⑥），這樣才能使用該網路（圖 9-11 ⑦）。

在公共無線區域網路中，一般採取加密使用者 ID 與密碼進行認證的方式，但是透過 IC 卡或憑證確認 MAC 位址，可以更嚴格限制第三者使用網路。

▼ Extensible Authentication Protocol，可延伸的驗證通訊協定。

IEEE802.1X 是使用 EAP▼進行認證。EAP 是由 RFC3748 與 RFC5247 來定義規範。

圖 9-11
IEEE802.1X

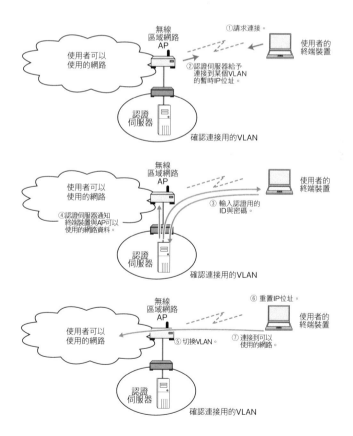

IEEE802.1X 認證是無線區域網路及有線區域網路都可以使用的技術（請參考 3.4.8）。

附錄

附錄 A　網際網路上的實用資料

A.1　國外

■ IETF（The Internet Engineering Task Force）

- http://www.ietf.org/

這是 IETF（網際網路工程任務小組）的網站。其主要介紹執行 TCP/IP 協定標準化的工作小組及郵件群組的註冊方法等。這裡也可以取得 RFC 及 Internet-Draft，還有提供 IAB 及 ISOC 等連結。

■ ISOC（Internet Society）

- https://www.internetsociety.org/

這是 ISOC（網際網路協會）的網站，也是負責 TCP/IP 協定標準化的 IETF 所屬的上層單位。

■ IANA（Internet Assigned Numbers Authority）

- http://www.iana.org/

這是 IANA 的網站。負責管理協定編號、連接埠編號等 TCP/IP 協定會用到的各種編號。其中也包含了申請註冊連接埠編號的網頁。

■ ICANN（Internet Corporation for Assigned Names and Numbers）

- http://www.icann.org/

這是 ICANN 的網站，可以取得 IP 位址、網域名稱等相關資料。

■ ITU（International Telecommunication Union）

- http://www.itu.int/

這是 ITU（國際電信聯盟）的網站，提供傳送 ITU 標準規格服務（付費）。

■ ISO（International Organization for Standardization）

- http://www.iso.org/

這是 ISO（國際標準化組織）的網站，提供與 ISO 標準規格傳送服務有關的訊息（付費）。

IEEE（Institute of Electrical and Electronics Engineers）

- http://www.ieee.org/

  這是 IEEE（美國電機電子工程師學會）的網站，提供與 IEEE 標準規格傳送服務有關的訊息（付費）。

ANSI（American National Standards Institute）

- http://www.ansi.org/

  這是 ANSI（美國國家標準協會）的網站。

A.2　台灣

TWNIC

- https://www.twnic.tw/

  這是台灣網路資訊中心的網站，提供與 IP 位址申請方法等相關資料。

TWIA

- https://www.twia.org.tw/

  這是台灣網際網路協會（TWIA, Taiwan Internet Association）的網站。

TWnic IPv6 推廣專區

- https://ipv6.twnic.tw/

  這是由 TWNIC 所設立的 IPv6 推廣網站。

附錄 B　IP 位址等級（A、B、C 級）的基礎知識

以下將詳細說明過去的 IP 位址等級，包括 A 級、B 級、C 級。

▶ B.1　A 級

A 級 IP 位址是，IP 網路位址有 8 位元，IP 主機位址有 24 位元。

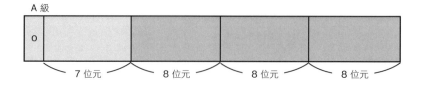

IP 網路位址的第 1 個位元是「0」，表示 IP 網路位址前 8 位元取得的值如下所示。

| 00000000 (0) | → | 01111111 (127) |

從 0 開始到 127 為止的 128 個網路位址之中，0 與 127 為保留位址（留作他用），可以使用的 IP 網路位址的數量是 128 減 2，共 126 個。

00000000.00000000.00000000.00000000 (0.0.0.0)	Reserved
00000001.00000000.00000000.00000000 (1.0.0.0)	Available
↓	
01111110.00000000.00000000.00000000 (126.0.0.0)	Available
01111111.00000000.00000000.00000000 (127.0.0.0)	Reserved

IP 主機位址在 IP 網路位址之後，所以是第 9 位元到第 32 位元，共 24 位元，這 24 位元取得的值是

| 00000000.00000000.00000000 | → | 11111111.11111111.11111111 |

共有「$2^{24}=16777216$」個位址，其中全部為「0」與全部為「1」的兩個位址是保留（Reserved）位址。因此，1 個 A 級的 IP 主機位址可以分配給 16777214 個主機位址。

⬛ **B.2**　B 級

B 級 IP 位址是，IP 網路位址有 16 位元，IP 主機位址有 16 位元。

圖 B-2
B 級

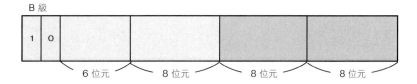

IP 網路位址開頭的 2 位元是「10」，代表 IP 網路位址的前 16 位元取得的
值如以下所示。

| 10000000.00000000（128.0）| → | 10111111.11111111（191.255）|

由於前 2 個位元固定為「10」，組合後面的 16 位元，有「$2^{14}=16384$」個
位址。在 16384 個網路位址中，128.0 與 191.255 是保留（Reserved）位
址，能使用的 IP 網路位址數量是 16384 減 2，共 16382 個。

10000000.00000000.00000000.00000000（128.0.0.0）	Reserved
10000000.00000001.00000000.00000000（128.1.0.0）	Available
↓	
10111111.11111110.00000000.00000000（191.254.0.0）	Available
10111111.11111111.00000000.00000000（191.255.0.0）	Reserved

IP 主機位址在 IP 網路位址的後方，所以是第 17 位元到第 32 位元，共
16 位元。這 16 位元取得的值是

| 00000000.00000000 | → | 11111111.11111111 |

共有「$2^{16}=65536$」個位址。其中，全部為「0」與全部為「1」的兩個
位址是保留（Reserved）位址，所以 1 個 B 級 IP 網路位址可以分配給
65534 個 IP 主機位址。

▌ **B.3** C 級

C 級 IP 位址是，IP 網路位址有 24 位元，IP 主機位址有 8 位元。

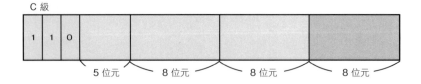

IP 網路位址的前 3 個位元是「110」，所以代表 IP 網路位址的前 24 位元取得的值如下所示。

> 11000000.00000000.00000000（192.0.0）
> ↓
> 11011111.11111111.11111111（223.255.255）

前 3 個位元固定為「110」，組合剩下的 21 位元，共有「2^{21}=2097152」個位址。在 2097152 個網路位址中，192.0.0 與 233.255.255 是保留（Reserved）位址，能使用的網路位址減 2 之後，有 2097150 個。

> 11000000.00000000.00000000.00000000（192.0.0.0）　　Reserved
> 11000000.00000001.00000001.00000000（192.0.1.0）　　Available
> ↓
> 11011111.11111111.11111110.00000000（223.255.254.0）　Available
> 11011111.11111111.11111111.00000000（223.255.255.0）　Reserved

IP 主機位址在 IP 網路位址的後方，所以是第 25 位元到第 32 位元，共 8 位元，這 8 位元取得的值是

> 00000000 ｜ → ｜ 11111111

共「2^{8}=256」個位址。其中，全部為「0」與全部為「1」的 2 個位址為保留（Reserved）位址，因此 1 個 C 級 IP 網路位址可以分配給 254 個 IP 主機位址。

附錄 C　實體層

▼ C.1　實體層的基礎知識

網路通訊最終仍要透過實體層來傳送。換句話說，本書說明過的資料連結層到應用層的資料（封包）傳送，都是透過實體層傳送到目標位址。

▼ 0 與 1 的數字串。

實體層的作用是，把位元串▼轉換成電壓高低、燈光閃爍等物理訊號，實際將資料傳送出去。接收端再把收到的電壓高低或燈光閃爍還原成原本的位元串。在實體層的規範中，制定了位元與訊號轉換的規則、電線的結構與品質、連接器的形狀等。

企業或家庭內的網路是由乙太網路或無線區域網路建構而成。當建構出來的網路連接到網際網路時，必須使用電信業者或網際網路服務供應商等提供的公眾通訊服務，可以使用的服務有實體電話線、行動電話、PHS、ADSL、FTTH、有線電視、專線等。

▼ Analog。這是以連續變化量來表現某個量的方法。例如，有著長短針的類比式手錶，利用指針在連續數字的錶盤上移動，藉此顯示時間。

按照種類來分類這些線路，大致可分成類比式▼與數位式▼。類比式是把傳送的訊號當作連續性的變化量來處理，但是數位式是以「0」與「1」這種沒有中間值的離散性變化量來處理。電腦內部是以「0」與「1」形成二進位數值來呈現，屬於數位方式。

▼ Digital。這是以「1」與「0」沒有中間值的離散數值表示某個量的方法。例如，含有液晶螢幕的數位式手錶，在秒與秒之間，沒有中間值，只以數值顯示時間。

在電腦網路被廣泛使用之前，類比式電話曾經十分盛行▼。雖然類比適合掌握自然界的現象，卻很難使用電腦來直接處理。由於類比式屬於連續性變化，因此數值不夠明確。長距離傳送時，數值可能出現微妙變化，所以不適合電腦之間的通訊▼。

▼ 原本的電話屬於類比式，透過連續性電壓變化來傳遞聲音這種連續性空氣振動。

現在，數位式通訊十分普及。由於數位通訊比較明確，長距離傳送，數值也不易出現變化▼，與電腦的親和性較高，所以 TCP/IP 通訊全都是以數位方式來進行。

▼ 使 用 數 據 機（MODEM，MOdulator-DEModulator），能利用類比式線路來進行數位通訊。數據機可以把數位訊號調變（Modulation）成類比式線路能傳送的形式，或將類比式線路收到的訊號解調（Demodulation）成數位訊號。

現在，數位方式不限於使用在通訊上，所有一切都趨向數位化。CD、DVD、MP3 播放器、數位相機、數位地面廣播電視等，過去曾經是類比式的聲音或影像，都變成數位式。這些趨勢與 TCP/IP 網路的發展與運用有著密不可分的關係。

▼ 有時受到距離的限制，必須利用中繼器來延長。此外，可能因為噪音而造成損壞，所以需要利用上層的 FCS 或檢查碼來偵測錯誤。

▰ **C.2　0 與 1 編碼**

實體層最重要的功能是把電腦能處理的「0」與「1」轉換成電壓變化或燈光閃爍的訊號。傳送端把「0」與「1」的資料轉換成電壓變化或燈光閃爍，而接收端把電壓變化或燈光閃爍還原成「0」與「1」的資料，轉換的方式如圖 C-1 所示。此外，MLT-3 這種 3 階段的訊息可以用電子訊號呈現，卻無法用燈光閃爍來顯示。

▼例如，接收端無法判斷究竟 0 是連續到 999 位元，還是到 1000 位元。

使用 100BASE-FX 等的 NRZI，若連續出現 0 時，就無法分出位元之間的分割點▼。為了避免發生這種情況，改以 4B/5B 編碼方式來傳送。這是將 4 位元的資料轉換成 5 位元符號的位元串，再進行收送處理的方式。這種符號在 5 位元之中，一定有 1 存在，可以避免出現連續 4 位元以上為 0 的情況。經過轉換之後，100BASE-FX 在資料連結層的傳輸速度為 100Mbps，但是在實用層的傳輸速度是 125Mbps。除了 4B/5B 編碼方式，還有 8B/6T、5B6B、8B10B 等編碼方式。

圖 C-1
主要的編碼方式

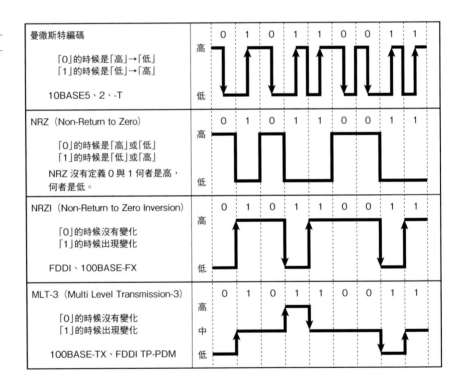

附錄 D／連接電腦的通訊媒體基礎知識

電腦連接網路時，必須透過物理媒體來連接。這些媒體除了以同軸電纜、雙絞線、光纖等有線方式連接之外，還有透過電波、紅外線等無線方式連接。

▶ D.1　同軸電纜

▼ Mbps
Mega Bits Per Second 的縮寫。每秒最大可傳送 10 的 6 次方個位元。

在乙太網路或 IEEE802.3 之中，有些會使用同軸電纜。同軸電纜的兩端為 50Ω 終端電阻（Terminator），規格分成 10BASE5 與 10BASE2，傳輸速度皆為 10Mbps▼。

▼ 10BASE5
以前也稱作 Thick Ethernet。

▼ 10BASE2
以前也稱作 Thin Ethernet。

兩者的差異是，10BASE5▼使用的是粗電纜，而 10BASE2▼使用的是細電纜。10BASE5 的連接方法是將電纜連接到收發器，可以在不影響設備使用的情況下，增設新的收發器。收發器與電腦的 NIC 是用收發器電纜連接。

圖 **D-1**
乙太網路電纜
（10BASE5）

圖 **D-2**
10BASE5 與
10BASE2 的網路結構

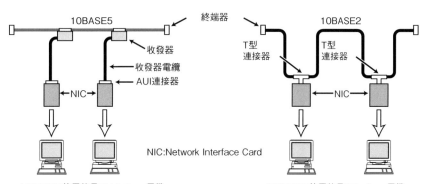

10BASE5使用的是Thick Coax電纜，透過這條電纜連接收發器、收發器電纜、NIC，再連接到設備上。

10BASE2使用的是Thin Coax電纜，將線路布建至各設備，利用T型連接器，連接NIC與設備。

相對來說，10BASE2 是透過 BNC 連接器（T 型連接器）來連接，增設時，必須暫時斷線。

▌ D.2　雙絞線

▼ Twisted Pair Cable，也稱作雙絞線電纜。

雙絞線▼是指，將兩條導線互相纏繞在一起，製作而成的電纜。這種電纜受到噪音的影響比一般導線小，可以抑制在電纜內的訊號衰退現象，有許多種類，是最常用的乙太網路（10BASE-T、100BASE-TX、1000BASE-T）媒體。

■ 訊號的傳送方式

雙絞線的訊號傳送方式有兩種。一種是以 RS-232C 為代表的傳輸方式，針對地面訊號（0V）傳送的位元串所產生的對應變化，用一條線來傳輸。另外一種是以 RS-422 為代表的傳輸方式，不使用地面訊號，將傳送位元串對應的訊號（正端訊號）與相反的訊號（負端訊號）成對傳送。由於後者是把正負端訊號當成一對，以雙絞線來傳送，所以訊號變化可以互相抵銷，能減少對其他通訊的影響。接收端是利用正負差來判斷訊號，而非使用地面訊號，所以能提高對外部電磁波干擾（噪音）的耐受性。使用雙絞線的乙太網路屬於後者。

圖 D-3
雙絞線的結構

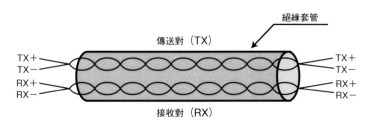

分成傳送對（Transmit Pair）與接收對（Receive Pair）來進行通訊。
這裡的 TX 是指傳送的意思，傳送端的正線顯示為 TX＋，傳送端的負線顯示為 TX－。
同樣地，RX 是指接收的意思。

圖 D-4
雙絞線的訊號傳送
方式

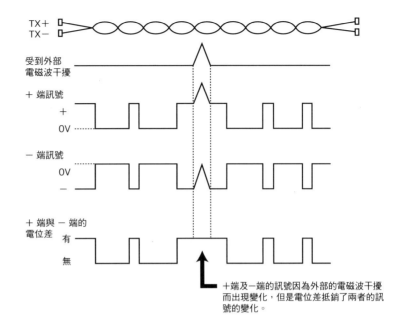

　+端及－端的訊號因為外部的電磁波干擾
而出現變化，但是電位差抵銷了兩者的訊
號的變化。

▼ STP（Shielded Twisted
Pair Cable）
遮蔽式雙絞線。

▼ UTP（Unshielded
Twisted Pair Cable）
非遮蔽式雙絞線。

▼ 在控制系統（請參考
8.7.5）中，有時 UTP 會出
現問題，此時會使用 STP
或光纖（請參考附 D-3）。

▼ Category。由 TIA/EIA
（Telecommunication
Industries Association/
Electronic Industries
Alliance，美國通訊工業協
會 / 美國電子工業協會）制
定的雙絞線規格。Category
愈大，傳輸速度愈快。

■ 雙絞線的種類

雙絞線有兩種，分別是 STP▼與 UTP▼。在電纜套管中，只有雙絞線的電
纜，稱作 UTP。在套管底下，有一層由金屬或網狀導線形成的絕緣層，
能保護內部雙絞線的電纜，稱作 STP。這種絕緣層利用電纜的一端或兩
端接地，可以避免外部的電磁波干擾▼。

與 UTP 相比，STP 較能抵抗外部的電磁波干擾，但是缺點是佈線麻煩，
而且電纜價格昂貴。

使用的雙絞線會隨著網路的種類而改變。例如 100BASE-TX、FDDI、
ATM 等以 100Mbps 傳輸速度為目標的通訊，使用的是 CAT▼5。
1000BASE-T 使用的是增強型 CAT5 或 CAT6。

表 D-1
代表性的雙絞線種類

雙絞線的種類	傳輸速度	使用的資料連結
CAT3	～ 10Mbps	10BASE-T
CAT4	～ 16Mbps	Token Ring
CAT5	～ 100Mbps/150Mbps	100BASE-TX、ATM（OC-3）、FDDI
增強型 CAT5	～ 1000Mbps	1000BASE-T
CAT6	～ 1000Mbps	1000BASE-T
CAT6A	～ 10Gbps	10GBASE-T

■ 雙絞線的組合

一般雙絞線是由兩條銅線組成一對，以四對為一組，由套管包覆成一條電纜。電纜兩端的連接器插入交換器、集線器、配線架，與通訊設備相連。如同前面說明過，使用雙絞線的通訊，能透過正端訊號與負端訊號來發揮傳輸效率。因此，用連接器連接電纜時，哪一對要連接到哪個連接點，就變得很重要。

線對與連接點的編號關係也有多種規格。在乙太網路中，使用的是 EIA/TIA568B ▼（AT&T-258A）連接方法。實際上的關係如圖 D-5 所示。

▼ EIA/TIA568B 是在大樓內的佈線規格，CATn 也是用這種規格來定義。

圖 D-5
雙絞線的組合方式

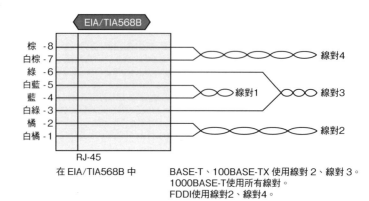

在 EIA/TIA568B 中　　　BASE-T、100BASE-TX 使用線對 2、線對 3。
1000BASE-T使用所有線對。
FDDI使用線對2、線對4。

▶ D.3　光纖電纜

在同軸電纜或雙絞線無法連接的數 km 遠距離，或要保護網路不受噪音等電磁波干擾，以及希望進行高速傳輸時，就會使用光纖電纜 ▼。

▼乙太網路使用 UTP 時，交換器到設備的電纜長度通常到 100m 為止。此外，UTP 及 STP 等導線可能會受到打雷或導電等影響，若是光纖，就不用擔心這種問題。

一般進行 100Mbps 通訊時，會使用多模式光纖，但是若要以更快的速度進行長距離通訊時，會使用單模式光纖。前者光纖本身的粗細從 50 μm 到 100 多 μm，後者只有數 μm，製造與施工都比較困難。

與其他的媒體相比，光纖的施工比較難，需要專門的技術與設備，而且價格也非常昂貴。因此，使用光纖建構網路時，必須充分考量到將來的增設計畫及擴充性，並且決定連接路徑、使用媒體、佈線數量等。

▼ WDM（Wavelength Division Multiplexing）波長分波多工。

光纖不僅用於 ATM、千兆乙太網路、FTTH，在 WDM ▼等技術出現之後，光纖也成為支援未來網路的重要通訊媒體。

WDM 是讓不同波長的光線，同時在一條光纖中流動的通訊方式。這種方式可以將 Gbps 通訊速度大幅提升至 Tbps，進行高速傳輸。在 WDM 網路內部，沒有負責轉換電子訊號的路由器或交換器，只有直接中繼光線訊號的光交換器。

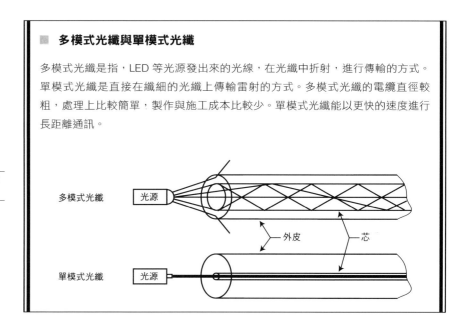

多模式光纖與單模式光纖

多模式光纖是指，LED 等光源發出來的光線，在光纖中折射，進行傳輸的方式。單模式光纖是直接在纖細的光纖上傳輸雷射的方式。多模式光纖的電纜直徑較粗，處理上比較簡單，製作與施工成本比較少。單模式光纖能以更快的速度進行長距離通訊。

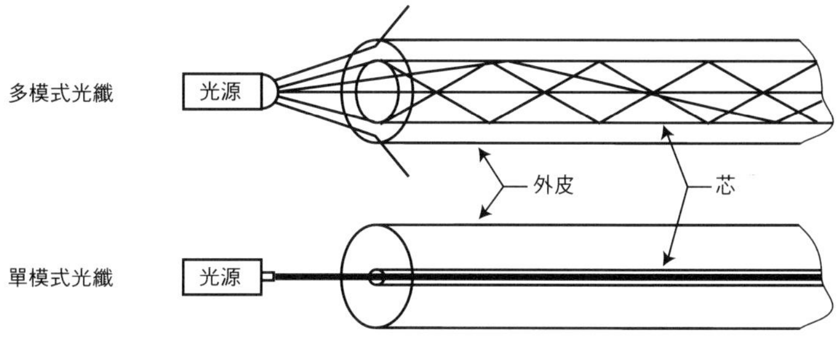

圖 D-6
多模式光纖與單模式光纖

D.4　無線

無線是使用空氣中的電磁波來進行傳輸。和行動電話、電視遙控器一樣，都不需要電纜。

不同波長的電磁波，性質也不相同。波長由短到長依序是 γ 線、X 線、紫外線、可視光線、紅外線、遠紅外線、微波、短波、中波、長波，分別有不同用途。微波以上的電磁波通稱為電波。

網路無線通訊最常使用的是紅外線與微波。在電腦之間或智慧型手機與電腦之間進行通訊的 IrDA（Infrared Data Association）等，會使用紅外線，但是通訊的距離很短。

微波的波長比短波還短，指向性較強。因此，使用在連接兩點之間的通訊線路，及利用靜止衛星的衛星線路等。在無法佈線的離島或深山裡，只要架設天線，就能利用無線通訊技術進行通訊，所以成為近年常用的通訊手法。

無線區域網路使用了 2.4GHz 的超短波頻率來進行通訊。由於電波的傳送範圍較廣，所以頻率接近時，可能會出現電波干擾，甚至無法通訊。因此，利用電波進行通訊時，必須確實管理使用的頻率。毫無控制傳送電波訊號時，可能受到干擾而無法正常通訊，所以有時需要根據頻率來取得許可，或限制輸出及使用環境▼。

▼無線區域網路使用的 2.4GHz 頻率不需要取得許可。

有些長距離無線通訊不需要取得許可。例如，使用屬於可視光線的雷射光。雷射光的安全性高，也易於處理，不過由於指向性強，必須避免因為風吹造成機器晃動。

圖 D-7
無線連接

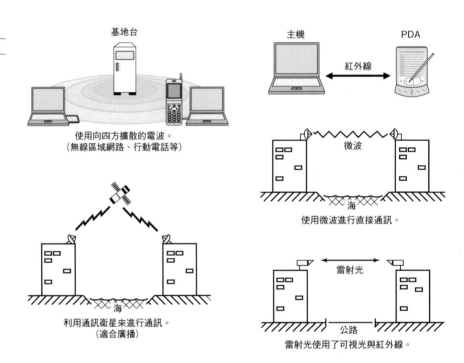

使用向四方擴散的電波。
（無線區域網路、行動電話等）

紅外線

微波
使用微波進行直接通訊。

利用通訊衛星來進行通訊。
（適合廣播）

雷射光
公路
雷射光使用了可視光與紅外線。

附錄 E 現在很少使用的資料連結

▼ E.1 FDD（Fiber Distributed Data Interface）

過去，為了利用光纖、雙絞線達到 100Mbps 傳輸速度，而在網路的骨幹或電腦之間的高速連接上使用 FDDI（光纖分散資料介面）。不過現在，已經有了千兆乙太網路的高速區域網路，所以不再使用。

FDDI 採用的是記號傳遞方式（Append Token Passing）。當網路壅塞時，記號傳遞方式容易出現網路收斂的情況。

▼ DAS
（Dual Attachment Station）

▼ SAS
（Single Attachment Station）

在 FDDI 中，各工作站是透過光纖連接成環型，一般結構如圖 3-32 所示。FDDI 為了防範環型中斷，無法通訊的問題，而形成雙重環型結構。雙環中的工作站稱作 DAS ▼，單環中的工作站稱作 SAS ▼。

圖 E-1
FDDI 網路

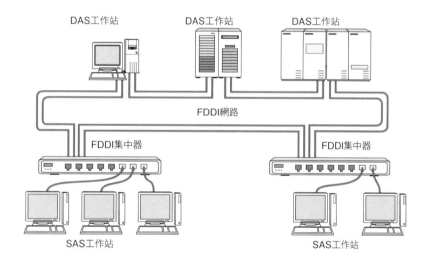

▼ E.2 記號環網路

記號環網路（Token Ring）是由 IBM 開發，採用記號傳遞方式的區域網路，能達到 4Mbps 或 16Mbps 的資料傳輸速度。FDDI 可以說是讓記號環網路發展起來的推手。

記號環網路因為設備的價格居高不下，支援的供應商也不多，所以除了 IBM 的環境，其他並不普及。而且隨著乙太網路的廣泛使用，也不再採用。

◤ E.3　100VG-AnyLAN

100VG-AnyLAN 是由 IEEE802.12 標準化的協定。VG 是 Voice Grade 的
縮寫，意思是語音等級。使用語音等級（電話用）Category 3 的 UTP
（非遮蔽雙絞線），可以達到 100Mbps 的速度。訊框格式同時支援乙太
網路與記號環網路。通訊方法為擴充記號傳遞的需求優先▼（Demand
Priority），這種方式可以由交換器來控制傳送權。由於 100Mbps 的乙太
網路（100BASE-TX）普及，現在幾乎不再使用 100VG-AnyLAN。

▼需求優先
（Demand Priority）
在訊框加上優先順序，依序
將訊息傳給對方。

◤ E.4　HIPPI

▼光纖傳輸資料介面。

HIPPI▼的資料傳輸速度是 800Mbps 及 1.6Gbps，主要用來連接各個超級
電腦。電纜的長度最長為 25 公尺，但是，如果接上光纖的轉換設備，就
可以延伸到數公里。

圖解 TCP/IP 網路通訊協定（涵蓋 IPv6）2021 修訂版

作　　者：井上　直也 / 村山　公保 / 竹下　隆史 /
　　　　　荒井　透 / 苅田　幸雄
譯　　者：吳嘉芳
企劃編輯：莊吳行世
文字編輯：江雅鈴
設計裝幀：張寶莉
發 行 人：廖文良

發 行 所：碁峰資訊股份有限公司
地　　址：台北市南港區三重路 66 號 7 樓之 6
電　　話：(02)2788-2408
傳　　真：(02)8192-4433
網　　站：www.gotop.com.tw
書　　號：ACN036100
版　　次：2021 年 02 月二版
　　　　　2024 年 09 月二版十刷
建議售價：NT$620

國家圖書館出版品預行編目資料

圖解 TCP/IP 網路通訊協定(涵蓋 IPv6) / 井上直也, 村山公保, 竹
　下隆史, 荒井透, 苅田幸雄原著；吳嘉芳譯. -- 二版. -- 臺北市：
　碁峰資訊, 2021.02
　　面；　公分
　ISBN 978-986-502-706-3(平裝)
　1.通訊協定　2.網際網路
312.162　　　　　　　　　　　　　　　　　　109021748